U0948150

黑色3·11

——日本大地震与危机应对

张玉来　等◆著

中国财政经济出版社

图书在版编目（CIP）数据

黑色3·11——日本大地震与危机应对/张玉来等著.—北京：中国财政经济出版社，2011.5

ISBN 978-7-5095-2879-2

Ⅰ.①黑… Ⅱ.①张… Ⅲ.①地震灾害-救灾-日本 Ⅳ.①P315.9

中国版本图书馆CIP数据核字（2011）第085076号

选题策划：周桂元　　责任编辑：周桂元

封面设计：楠竹文化　　版式设计：董生萍

责任印制：刘春年

中国财政经济出版社出版

URL：http：//www.cfeph.cn

E-mail：jiaoyu@cfeph.cn

社址：北京市海淀区阜成路甲28号　邮政编码：100142

发行处电话：88190406　财经书店电话：64033436

北京中兴印刷有限公司印刷　各地新华书店经销

787×1092毫米　16开　16.75印张　274 000字

2011年5月第1版　2011年5月北京第1次印刷

定价：36.00元

ISBN 978-7-5095-2879-2/F·2442

（图书出现印装问题，本社负责调换）

本社质量投诉电话：010-88190744

序　言

中国日本史学会会长　汤重南

3·11日本大地震不仅是日本人民的一场巨大灾难，同时也是全世界的一场大灾难。

创纪录的大地震、史无前例的大海啸以及最高级别的核危机，三重叠加的灾难给日本造成了怎样的破坏？它对近邻的我国有何影响？对世界又有哪些冲击？日本是怎样应对此次巨大天灾的？它给全人类带来了怎样的教训和启示……不仅日本，不仅我们，整个世界都在关注这些焦点问题。

为了及时回答上述社会所关注的问题，南开大学日本研究院的青年学者们在极其短暂的时间内撰写了这部《黑色3·11——日本大地震与危机应对》。凭借借长期从事日本研究的深厚积淀，加之对日本社会丰富的亲身感知，甚至其中还有几位作者亲历了这场大地震，这就使本书具备了两大鲜明特征——更具写实性的客观阐述以及在此基础上独特的学术分析视野，相信每位读者都能从中深切体会到这种实感和深度。

日本此次遭受的巨大天灾是史无前例的，其经济损失将是空前规模。而在经济全球化背景之下，灾害损害又不会止步于日本一个国家，它将会导致全球性的经济波动、生产链的断裂，甚至世界经济复苏进程或可能被打断。当前，福岛核危机尚未彻底解除，这就意味着此次大地震经济破坏影响仍在继续蔓延扩大之中，它不仅对长期低迷的日本经济是一个严峻考验，同时，对全球经济也形成了巨大压力。

此次大地震也对日本政治体制形成巨大冲击力。近年来，日本政坛呈现出权力更迭、政权交替的动荡不定局势。大地震前夕，上台不足两年的民主党政权，便出现了创纪录的超低支持率。事实上，此次地震在客观上“挽救”了摇摇欲坠的民主党政权。不过，地震之后的日本政局将如何变动、超党派的大联合政权能否形成、渐失民心的民主党能否担纲起率领日本人民走出天灾之患的大任，这一切都还是未知数。

作为一个天灾频繁的国家，自古以来，日本就对自然灾害形成了独具特色的认识与应对方式。丰富的经验与先进的技术相结合，使日本建立起全球最先进的防灾应急机制，具备了非常完善的制度、组织和实施保障体系，形成了制度化的全民参与防灾教育与训练机制。应该说，日本已经拥有了非常强大的灾害应对能力。然而，在此次错综复杂的复合型灾难目前，日本应对体制仍然暴露出重大缺陷。事实冉次证明，人类对大自然的真正认知还遥不可及。

福岛第一核电站发生爆炸之后，其核泄漏等级已经达到与切尔诺贝利核事故相当的最高级别七级。日本国内以及国际社会，都对东京电力公司以及日本政府处理核事故的作为和能力提出了强烈的质疑。核辐射造成的危害已经从福岛核电站灾区迅速扩展到周边地区，甚至波及海外。美国、中国、新加坡、韩国等众多国家都不得不宣布限制进口日本农产品及其加工食品。而且，日本向大海排放低浓度放射污水，也造成了海水污染，这使日本的国家形象受到严重损害。福岛核事故再次促使人类进行深深反省：在享受核电这一清洁能源所带来的便利之际，安全防护能否做到万无一失呢？

日本大地震不仅给日本，也对全人类带来了一次严重警示，它表明大自然依然是令人敬畏的。在现阶段，人类认识自然的能力仍然是很有限的，盲目自信只会带来失误错误、甚至酿成大祸。科学技术既推动了人类文明的发展，但同时也带来了与文明相悖的副产品。每一次巨大自然灾害，都会带给人类一次沉痛的历史教训，人类正是在应对灾难的过程中不断进步的。认真细致地总结经验，深刻彻底地铭记教训，这是人类不断提高自然认知能力、不断取得进步的关键。如果这部书能在这方面带来某些启示或参考，就算达到著者的目的了。

在深切哀悼地震中遇难者的同时，我们更应该深刻反思：人类到底该如何与大自然和谐相处，在此基础上实现人类文明的进步。

鉴于以上道理，我愿意向广大读者推荐此书。

是为序。

2011 年 5 月

目　录

contents

引言：噩梦突降

——骤然陷入“二战后最大危机”

2011年3月11日14时46分，日本东北部海域爆发了有记录以来的一场最大级别的地震。此次地震造成了极为严重的人员伤亡和财产损失，不仅给日本造成极大冲击，而且也对整个世界造成极大影响。至今，受灾地区仍然处于电力不足、供应链中断、放射性物质扩散的状态……严峻的现实不仅考验着日本，而且，如何做到与自然和谐相处、如何应对自然灾害，都值得全人类进行深刻地反思。

列岛位移、地球自转加速

此次地震发生在日本东北部三陆海岸牡鹿半岛东南约130公里处，震源深度24公里，震级为里氏9级，属于压力轴逆断层型地震，是太平洋板块与北美板块交界处的海沟型地震。根据日本气象厅的数据显示，此次9级地震乃是日本地震观测史上最大规模的地震，它超过了1923年7.9级的关东大地震以及1994年8.2级的北海道东部海域地震。另据美国地质调查所（USGS）的统计信息显示，此次地震也是1900

年以来全世界的第四大地震。(图0－1是由矢水隆晴拍摄的照片)

图0－1 COSMO石油千叶炼油厂大火(3月11日17:36)

资料来源:朝日新闻社,http://www.asahi.com/photonews/gallery/tsunami/tsunami1025.html。

此次大地震的受灾范围,覆盖了日本的东北部及东部的1都9县(东京都、千叶、茨城、枥木、长野、新潟、福岛、宫城、岩手、青森等)[①],其中,受灾最严重的是宫城、岩手和福岛等三县,尤其是沿海岸附近受灾惨重。震源区域是从岩手县海岸一直向南延伸到茨城县海岸,南北长约500公里,东西横跨200公里的广阔地区。陆地最大地震烈度发生在宫城县栗原市,达到7度[②],最大加速度高达2933Gal,激烈振幅持续2分钟之久。此外,仙台市也达到6度弱,而东京为5度强,距离遥远的大阪甚至也达到3度。

此次大地震的震级是经过了四次修改后才确定的。日本政府气象厅最初的速报是以7.9级公布的,但很快就修正为8.3级、8.4级,在地震当天最后调整为8.8级,称之为日本地震观测史上最大规模的地震。3月13日,

① 根据1947年通过的《灾害救助法》,日本政府厚生劳动省认定此次大地震的受灾地区为1都9县,除宫城和岩手为全县受灾外,其他地区为部分受灾。

② 震度是日本政府气象厅使用的地震等级,它不同于国际里氏分级方式,而是根据地震不同程度而分为0~7度等八个等级。为了更细化地震程度,1996年10月,日本气象厅又将5度和6度分为强弱两档,地震等级增加至10个等级。

日本政府又参考美国等国外相关观测数据，最终将地震级别调整为里氏 9 级。

此次大地震还伴随着频繁发生的前震和余震。从 3 月 9 日开始，日本东北地区就多次发生前震，其中烈度在 5 度的就达到 37 次之多。余震则更加活跃频繁，3 月 12 日在长野县北部、3 月 15 日在静冈县东部均发生了烈度超过 6 度的强烈余震，而仅 3 月 12 日 ~ 17 日，达到 5 度的大地震就多达 457 次之多。

在此次地震的巨大作用力之下，整个日本列岛都发生了位移。日本国土交通省国土地理院通过 GPS 测定显示，位于宫城县石卷市的电子基准点“牡鹿”向东南偏东方向移动了 5.3 米，向下移动了 1.2 米。而宇宙航空研究开发机构（JAXA）所属的地球观测研究中心，则通过对比 2011 年 3 月 15 日与 2010 年 10 月 28 日的卫星照片，发现较大范围震区都发生了地壳变动，特别是震源中心所在地附近海岸变动较大，而宫城县石卷市周边地基明显发生沉降并向东移动了 3 米左右。

另外，根据日本东北大学 4 月 13 日披露的最新研究报告显示，此次大地震已经造成日本东北地区所在板块向东推移了 20 ~ 30 米的距离，陆地整体向下沉降了 1 米左右。地震学专家海野德仁教授更是援引 2004 年印尼苏门答腊海岸地震资料指出，在此次地震区域的周边地区，今后很有可能发生更大规模的地震。①

而且，根据美国宇航局喷气推进实验室的地球物理学家理查德 · 格拉斯推算，日本大地震导致地球的自转加速，从而使一天的长度因此而缩短了百万分之一点八秒。

凶猛海啸瞬间吞噬广阔海岸

日本大地震还引发了极为罕见的巨大海啸。根据日本国土地理院的数据分析显示，大海啸过水面积大约 400 平方公里。而且，北起北海道的鄂霍茨

① msn－産経ニュース.「大地震誘発の可能性ある」東北大が研究成果を報告：http：//sankei. jp. msn. com/affairs/news/110413/dst11041323210066－n1. htm.

克海岸，南至小笠原群岛乃至四国岛等地，均发出了大海啸的警报。此外，甚至在九州东海沿岸以及宫古岛八重山列岛等地，也发出了海啸警报。3月12日凌晨3时左右，石川县、福井县、日本近畿地区①以及中国等地方②均发出海啸注意警报。受此次地震影响，全日本几乎所有沿海岸地区均发出了海啸警报。

海啸受灾地区主要在太平洋沿岸。巨大海啸袭击了北起北海道南至千叶县的太平洋沿岸地区，重灾区是岩手、宫城和福岛三县的临海地区。广阔的海岸瞬间就被海啸所吞噬，而在沿岸的河口地区，海啸甚至上溯数公里之远，如仙台市附近的名取川河口。根据各地海潮观测点的数据，福岛县相马港15时50分海啸高度超过7.3米，茨城县大洗港、岩手县宫古港以及岩手县釜石港的观测点，也都测得4米以上的海啸。而受灾最严重的宫城县沿海地区的观测点根本没能留下数据，在第一波和第二波海啸中完全被数十米的巨大海啸所吞没。另外也有一些观测点所测得数据都是后期规模较小的海啸，例如岩手县宫古市测得的8.5米海啸、岩手县大船渡市所测得的8米海啸以及宫城县石卷市所测得的7.6米海啸。（图0-2是由小宫路胜拍摄的照片）

图0-2　海啸过后的宫城县气仙沼市（3月22日）

资料来源：朝日新闻社，http：//www.asahi.com/photonews/gallery/110312tsunami/312tsunami102.html，照片拍摄者小宫路胜。

① 近畿地区是指日本西部京都附近的二府五县，即京都府、大阪府、三重县、滋贺县、奈良县、和歌山县、兵库县等地。

② 日本的中国地区是指鸟取、岛根、冈山、广岛、山口等五县。

那么，第一波以及第二波海啸到底达到怎样的规模呢？根据日本港湾空港技术研究所的推测数据，东北三陆海岸的海啸高度应该超过了15米。在如此规模的巨大海啸面前，沿岸地区的许多海啸防护设施都形同虚设，瞬间就被冲毁了。例如，曾经成功抵御1960年智利地震所引发海啸的岩手县宫古市防潮堤，其高10米、长达2433米。据推测，冲毁该堤坝的海啸浪高38米，这条海堤瞬间就被冲出了长达580米的巨大豁口。岩手县釜石市投资1200亿日元兴建的长达2公里、高63米的防波堤，号称“世界最高的防波堤”。该项目2009年刚刚竣工完成，在此次海啸中7成垮塌，整个釜石市都陷入了一片汪洋。巨资建设的这道防波堤所发挥的唯一作用，就是使海啸淹没釜石市的时间被推迟了6分钟。当然，在此次海啸中，也出现了依靠人工大堤成功抵挡海啸的案例。在岩手县普代村，高15.5米、长155米的防潮堤成功地抵御住海啸的肆虐，整个村子所在海岸都安然无恙。不过，这也与该地区远离海啸中心有关。

此次海啸还波及太平洋沿岸的许多国家。美国、智利、俄罗斯、新西兰等都发出了海啸警报。在印度尼西亚以及美国加利福尼亚，甚至还因海啸发生了死亡事件。

核阴云下的生产中断、电力不足

大地震之后，日本东北部地区的发达交通网络彻底崩溃，密布在该地区的高速公路、各条国道，铁道方面的新干线及其普通路线，沿海地区的数十个港口码头以及以仙台国际机场为中心的空中线路等，都骤然停运或封闭。重灾区的许多世界知名企业也先后停产，包括信越化学工业、日产汽车、索尼公司、丰田集团所属企业、瑞萨电子公司等等。

以半导体及电子产业为中心的日本制造业遭受巨大冲击，地震损害又通过供应链传导各个产业以及整个日本的各个地区。非灾区企业，往往因为同一个产业链上的灾区企业受损而受到波及，由于零部件或材料短缺而导致停产或减产状态的日本企业比比皆是。这种供应链中断现象，直接导致了日本的汽车、机械、电子以及钢铁产业的大规模停产。而且，由于日本企业普遍采纳了 JIT 生产体制①，零库存致使地震损害迅速传导到各个领域。3 月 14 日，也就是大地震发生后的第一个工作日，半导体、汽车、机械、电子、家电、钢铁甚至食品加工产业的日本企业，纷纷宣布停产，产生了多米诺骨牌效应。截至 4 月 8 日，日本最大的汽车厂商丰田公司，也仅仅恢复了 3 款混合动力车型的整车生产，而该公司实际在产的全部车型达 77 款之多。

比起供应链中断而言，更可怕的还是来自于核泄漏的威胁。由于地震及海啸的双重打击，福岛第一核电站的原子炉容器发生破损，出现了放射性物质泄漏。日本东北以及关东地区所生产的蔬菜和牛奶、甚至自来水等，均已检测出放射性物质严重超标。而且，这种现象甚至开始“走”出日本国境，在中国多数地方也检测到空气中放射性物质增加的现象。福岛核危机是否会演变成为第二个切尔诺贝利，已经成为举世瞩目的焦点。

而且，由于福岛第一、第二核电站的停用，导致以东京为核心的整个首都经济圈的电力紧张。东京电力公司（东电、东电公司、东京电力均为该公司的简称）是日本最大的电力供应企业，其最大发电能力达 6400 万千瓦，承担着为以东京为核心的一都八县供给电力的重任。而该地区不仅是日本政治和文化的中心，同时在经济上也具有举足轻重的地位。东京电力公司的电力构成中，核电占到了 28% 的比重，而福岛第一与第二核电站的发电能力合计为 910 万千瓦，占其总核电发电量的一半左右。此外，该公司的三座火力发电站也因地震受损，它们分布在从福岛南部到茨城县的太平洋沿岸，其合计发电能力也达到 920 万千瓦。而且，一直支持东京电力的东北电力公司，也因发电设备在地震中受损而陷于自身难保的境地，所以，东京圈被迫实施了轮流限电措施。

由于电力紧张，东京圈的各家铁路公司甚至被迫采取列车停开的措施，而铁路恰恰正是东京都运转的大动脉，这种削减运营次数的做法必将对东京都经济圈的经济活动产生重要影响。而且，夏季才是通常的用电高峰季节，因此，电力紧张已经成为考验灾后日本东部生产生活的关键所在。

① JIT（Just in time）即所谓准时生产体制，是丰田生产方式的重要构成，其关键特征是零库存式生产。

日元升值、股市大跌、“卖掉日本”

这场大地震也很快波及资本市场。日元升值与日经股市大跌，成为日本大地震在世界经济层面的余震反映。地震发生后的第一周，日本股市就出现大跌，3 月 14 日的日经股价平均跌破 1 万日元大关，第二天，当福岛第一核电站核泄漏事件被披露后，日经股价再下跌 1015. 34 日元，骤降至 8605. 15 日元，成为日本有史以来第三大跌幅。① 另一方面，由于担心日本投资家为规避风险而撤回海外资金，加之日本为了应对核危机以及国内救助、灾后重建等因素，国际资本纷纷购入日元投机，于是导致日元大幅升值。美元兑日元由 1 美元兑换 82 日元左右，骤然上升，甚至一度达到 1 美元兑换 76. 25 日元的历史高位。

在这种形势下，日本银行果断采取措施，一方面向市场大量注入日元，另一方面，紧急联手其他发达国家，以 G7 协调方式来阻止国际资本这种“投机性”炒作的日元升值现象。3 月 14 日，日本银行向短期货币市场注入了创纪录的 12 万亿日元的当日资金，这与 2010 年 5 月希腊危机后的大规模注入行动时隔十个月。日本央行还随即召开了金融政策紧急会议，准备继续向市场提供大量资金。截至 3 月 22 日，不到十天，日本银行总共向市场注入了 40 万亿日元②，创下了日本金融史上的新纪录。

受供应链中断、长期电力紧张等因素影响，日本企业面临着业绩恶化的危险。这种担心已经淋漓尽致地表现在股市之中，除了建设业相关企业的股票出现上涨之外，从汽车到电力、电机、机械甚至银行等服务业企业，股价均呈下行趋势。东京电力公司股票价格从 3 月 11 日的 2121 日元大幅跌至 3 月 18 日的 948 日元，一周时间竟跌破 50%。丰田、本田、日产等汽车企业股票也都出现下跌。加之，福岛核危机放射性物质污染已经扩散，这种形势引发了全球市场对于日本经济的担心，于是出现了这种股市上“卖掉日本”的行动。

---

① ［緊急特集］列島激震　未曾有の国難にどう立ち向かう？週刊ダイヤモンド2011. 3. 26.

② 日銀、2 万亿円を供給　累計 40 万亿円に. msn 産経ニュース（2011. 3. 22）：http：//sankei. jp. msn. com/economy/news/110322/fnc11032209550006 – n1. htm.

然而，最令日本人担心的还不是股市上的“卖掉日本”，而是来自实体经济中“抛弃日本”的威胁。此次大地震与1995年阪神大地震不同，阪神地区属于日本重要的消费地区，而此次地震所在的东北关东地区却是日本的生产地区。这里聚集着众多半导体通讯电子类企业，它们是全球产业链的重要构成。例如，作为世界时尚产品的苹果公司iPad2，就有5种关键部件来自这里：东芝公司生产的NAND闪存、尔必达存储公司生产的DRAM、旭化成电子公司生产的电子罗盘、旭硝子公司生产的触屏以及日本苹果公司生产的系统电池等。

虽然在半导体领域，日本具有传统的技术优势，但是这种优势并非绝对垄断，其替代也不是不可能的。例如来自韩国的三星、海力士以及中国台湾地区的半导体企业都有能力接替日本企业来为世界产业链供给产品。因此，日本对于实体经济中“抛弃日本”的担心并非杞人忧天。为了避免被抛弃，日本企业必须尽快恢复生产或是转移生产，但这又需要相当时间，特别是在核危机威胁之下，灾后重建的日程被严重拖后。

国难当头与民主党绝处逢生

此次超大地震发生之际，也正值民主党政权的菅直人第二届内阁成立不足3个月之时。在2009年8月30日日本众议院大选中，民主党以380个议席的绝对多数大胜自民党，实现了政权更迭的政治目标。然而，让人大跌眼镜的是，第一届民主党政权鸠山内阁（2009年9月16日至2010年6月8日）竟然不到一年时间，就因民主党内一系列丑闻以及美军普天间基地搬迁问题而被迫辞职。身为副总理的菅直人经过民主党的党内的选举，成功继任了首相职位。

然而，由于在是否提高消费税等问题上，菅直人态度含糊、立场不清，其国民支持率也开始迅速大跌。此后，又发生了一连串的“内忧外患”的事件。2010年8月，民主党内部又爆发了“内战”：菅直人与小泽一郎之间进行了一场党代表之争。9月，中日关系因为“撞船事件”而大有重新陷入冰点的危险。此外，在是否参加 TPP 问题上①，日本政府的态度左右摇摆，加之菅直人的阁僚们又出现了一系列“失言”问题，于是，在短短的 4 个月时间内，菅直人内阁的支持率就由 64% 降至 21%。②

2011 年 1 月 14 日，为了突破政治困境，菅直人重新改组了内阁。此次改组距离他接任首相职位仅隔 118 天，创造了日本历史上继任内阁实施内阁改组的最短时间纪录。然而，这种努力似乎也很难改变民主党的颓势。2 月 17 日，深陷献金丑闻的原民主党的小泽一郎率领 16 名国会议员宣布退出民主党，并缺席了 2011 年度政府预算案的众议院表决。3 月 6 日，外相前原诚司因接受外国人政治捐款，而被迫辞职。3 月 9 日，《朝日新闻》曝光了首相菅直人同样也接受了外国人政治献金，于是，自民党等在野党纷纷要求其辞去首相职位。民主党政权再度陷入执政窘境，内阁支持率甚至下滑至 18.9%，不支持率攀升至 62.9%。

然而，就在这“千钧一发”之际，突发大地震。这场大地震“挽救”了菅直人内阁的政治生命。地震发生时，菅直人正在国会就通过预算关联法案做最后努力，同时也就其政治献金问题接受议员质询。地震发生后，他立即在首相官邸召集各在野党党首共商“救国”大策。在野党也一改一贯对立态度，同意政治“休战”而共赴国难。最大在野党的自民党总裁谷垣祯一当即表示，希望政府全力应对地震灾害，今后可采取补充预算等方式来应对灾害，自民党将全力支持，政府有何困难都可以直接与自民党对话，表示全力支持政府抗震救灾。③

地震发生后不到 5 分钟，首相官邸危机管理中心便成立了地震对策办公室，并成立了以首相为本部长的“紧急灾害对策本部”，并当即颁布四条基本方针：①首要任务是尽全力救助人命；②最大限度派遣自卫队、警察、紧急消防救援队以及海上保安厅部队；③全力确保高速公路和干线道路通行、确保航空安全；④尽快修复生活基础设施。④ 各政党也分别成立了地震应对

---

① TPP（*Trans - Pacific Partnership*）即由新加坡、文莱、智利和新西兰等小国提出的所谓环太平洋经济合作协定组织。该组织提出要废除工业、农业以及金融服务业等全部品种的关税。

② 図解・時事世論調査，内閣支持率の推移 . jijicom. http：//www. jiji. com/jc/v? p = ve_ pol_ cabinet - support - cgraph.

③ 「与野党は一時政治休戦、補正予算でも協力へ」産経新聞号外「列島激震　宮城北部で震度 7」2011. 3. 11.

④ 「地震で首相がよびかけ、「落ち着いて行動を」」読売新聞、2011. 3. 11. http：//www. yomiuri. co. jp/politics/news/20110311 - OYT1T00739. htm

组织。民主党成立了以冈田克也干事长为本部长的“民主党东北地方太平洋海岸地震对策本部”，自民党成立了以党首谷垣祯一为本部长的“地震紧急对策本部”，公明党成立了以山口那津男代表为本部长的“东北地方太平洋海岸地震对策本部”，日本共产党成立了以志位和夫委员长为本部长的“日本共产党东北地方太平洋海岸地震对策本部”等。

此次救灾，日本政府动用了十几万自卫队官兵，也就是日本将近一半的兵力都被动员救灾。3 月 11 日当天，防卫省就成立了“灾害对策本部”，并应岩手县、宫城县等地方知事的要求，派出海上自卫队飞机，随后又调动陆上自卫队和航空自卫队参与抗震救灾。截至 3 月 27 日，日本已经调动了 106900 名自卫队员、543 架飞机、53 艘舰艇参与救灾。而且，为了应对不断扩大的灾情，防卫省还首次动员了自卫队临时军官和预备役军官。

危机远未结束

截至 2011 年 4 月 9 日，这场大地震已造成 14949 人死亡、9880 人失踪，被彻底毁坏房屋建筑多达 8.36 万间。[①] 根据日本政府的初步测算，此次大地震的直接经济损失在 16 万～25 万亿日元，在规模上超过 1995 年阪神大地震的 2 倍以上。[②] 海啸成为此次大地震的最大危害，日本综合研究所副理事长高桥进指出，那些被海啸袭击的地区，村落全部被彻底摧毁。[③]

然而，截至目前，这场灾难仍未结束。不仅余震还在持续不断，而且，最可怕的是来自福岛核危机的阴云。国际原子能机构（IAEA）总干事田野之弥早前表示，日本核危机可能会持续数周甚至数月。这种不确定性，将使此次地震对日本以及世界经济的影响难以估量。未来怎样，必须看核危机的发展趋势，也就是说，核危机决定着日本的未来……

① 平成 23 年（2011 年）東北地方太平洋沖地震の被害状況と警察措置．警察庁緊急災害警備本部平成 23 年 5 月 10 日。

② 被害総額 16 万亿～25 万亿円、政府試算　原発事故被害は含まず．MSN 産経ニュース，http://sankei.jp.msn.com/economy/news/110323/fnc11032320470016-n1.htm。

③ 大震災と経済［J］．エコノミスト 2011.4.5，p22.

I

政府对策与行动

一、“神风”袭来

——日本政府的抗震救灾

3月11日日本东北发生的特大地震，对日本政坛也形成了巨大冲击波。它对于摇摇欲坠的民主党菅直人政权而言，无异于迎来了一场“神风”。[①] 但是，民主党政权能否真正担当起带领日本民众走出这场天灾之患的使命呢？长期处于混乱而低效的日本政坛，能否也因此而出现转机？

“绝处逢生”的菅直人政府

“黑色3·11”与政治“神风”

2011年3月11日，对于执政的民主党以及菅直人首相来说，注定是不寻常的一天；对于当代日本政治史来说，或许也将是一个重要的分水岭。

① “神风”在日本是个专有名词，来源于历史典故。1268年蒙古可汗忽必烈令使者赴日要其朝贡，未果。元朝建立后，忽必烈再度两次遣使日本要其朝贡，均遭镰仓幕府拒绝。1274年、1281年忽必烈两次出兵征讨日本，但均因意外台风而铩羽。于是，日本史书将之记述为“神风”相助。二战末期，日军曾组织“神风特攻队”，以自杀式飞机冲击美军舰，期冀再次得到神的佑护。

当天早晨，菅直人首相面临着上台以来最大的政治危机。同日发行的《朝日新闻》早报头版头条大篇幅报道了其涉嫌接受违法政治资金的问题。据报载，菅直人的政治资金管理团体“草志会”，先后于2006年9月、2009年3月、2009年8月和2009年11月分四次从横滨商银信用组合（现中央商银组合）原理事手里共接受了104万日元的政治资金。捐献者签署的常用名是日本名，而据相关人士和亲友表示，该理事的国籍却是韩国。[①] 日本《政治资金规制法》规定，为了防止外国对日本政治、选举进行干预或施加影响，禁止接受外国人的政治资金。如若故意或存在重大过失的情况下，处3年以下监禁或50万日元以下罚款。政治资金丑闻的曝光，使本已处于风雨飘摇之中的菅直人政权，愈加举步维艰。

菅直人自2010年6月就任首相以来，确实一直是背运连连。上台34天后即遭遇参议院选举战，结果大败而归，陷入“非常国会”[②] 的被动局面。同年9月，菅直人赢得民主党代表选举，建立第一届改造内阁之后不久，法务大臣柳田稔就因失言问题引咎辞职。紧接着菅直人的“贤内助”官房长官仙谷由人以及国土交通大臣马渊澄夫在参议院先后遭到在野党的弹劾，问责决议案获得通过，在野党拒绝相关议案的审议，政府提交法案的通过率跌到10年来的最低水准，仅为37.8%。[③] 菅直人不得不在118天后即2011年1月再次对内阁进行改造，创造了日本政治史上内阁改造的最短纪录。

然而，新内阁立足未稳，“内忧外患”便接踵而来。2011年2月17日，民主党16位新当选国会议员造反，提出脱离民主党会派的申请。2月24日，农林水产省政务官松木谦公辞职，3月3日，民主党众议员佐藤夕子脱党。进而，3月6日，堪称菅内阁“左膀右臂”之一的外相前原诚司亦因违法接受在日韩国人20万日元政治资金而引咎辞职。据朝日新闻社2011年2月19～20日的舆论调查显示，菅直人内阁的支持率降到上台以来的最低点20%，而不支持率亦达到最高点62%。[④] 在内外交困之中，菅直人内阁的末期症状尽显，甚至连首相本人也不得不考虑何时解散众议院、交出权杖的问题。

---

① 《朝日新闻》，2011年3月11日。

② 非常国会，亦称“扭曲国会”，指日本执政党在众议院占有过半数议席，而在野党在参议院占有半数以上议席的状态。由于法案和部分人事任命需要通过参众两院才能成立，而且参议院还可以单独对首相和大臣提出问责决议案等，所以执政党需要与在野党协调立场，取得其同意或认可。

③ 《产经新闻》，2010年12月3日。

④ 《朝日新闻》早报，2011年2月21日。

首相菅直人政治资金问题的曝光，一举加速了在野党“倒阁”夺权的步伐。各在野党纷纷要求菅直人辞职。3 月 11 日，即地震发生当天上午，自民党副总裁大岛理森对记者表示：“前原外相因接受外国人资金问题而辞职，首相却对自己的事情不彻底调查，认可外国人的捐赠，实乃惊天动地、令人惊讶之举”，“首相本人首先必须彻底调查，向国会和国民说明全部实情，然后要表明如何承担责任，包括辞去首相职务。”自民党国会对策委员长逢泽一郎也声称：“若查明违反《政治资金规制法》的话，当然是首相辞职与否的问题”，“事到如今，可能要对首相提出问责决议案。”公明党干事长井上义久认为：“接受 100 万日元这么多的政治资金，首相居然不知道，这极其不正常。首相是维护国家利益的中心人物，比外相担负着更重要的职责，在查明事实的基础上，应明确提出辞职。”大家党党魁渡边喜美也认为：“像前原一样，若知道是在日韩国人而接受政治资金，菅直人应该辞去首相职务。”①

山雨欲来风满楼。从 3 月 11 日上午 8 点 55 分开始，参议院决算委员会在国会议事堂本馆 3 楼西侧的参议院第一会议室召开会议。自民党的野上浩太郎、冈田直树、冈田广等人轮番就政治资金问题严厉地追究菅直人的责任。菅直人则反复强调：“这是熟人介绍的。因为是日本名，就以为是日本国籍，完全不知道是外国国籍。确认是外国国籍之后，全额返还。”② 面对各方质询，菅直人百般辩解，以求脱身。念及民主党的三位前党首因政治资金丑闻相继去职的严峻事实，菅首相一筹莫展。

3 月 11 日 14 时 46 分，自民党的攻击刚告一段落，百年不遇的东日本大地震就袭击了整个日本列岛。心神难安的菅直人抓着扶手，在阵阵剧烈的晃动中，抬头看着会场顶棚来回摇摆的豪华吊灯。国会讨论不得不中止，委员长宣布临时休息后，首相菅直人迅速返回官邸。国会自然休会，再没有复会。

“3 月政权危机”一瞬间切换为“3 月地震危机”。面对大地震、海啸和核泄漏三重灾难叠加的日本“战后最大的国家危机”（2011 年《外交蓝皮书》），原准备一鼓作气将菅直人和民主党撵下台的自民党，不得不转变战术，从倒阁转变为“阁外合作”。在地震发生后的自民党干部会议上，笼罩

① 《读卖新闻》，2011 年 3 月 11 日。

② 第 177 届国会参议院决算委员会，第 3 号，2011 年 3 月 11 日，日本国会会议录检索系统。

着一层沉闷的气氛，总裁谷垣祯一在会议最后总结道："可以预想，本次地震受灾严重，要向政府表明，作为在野党在国会等方面予以全面合作，全心全意应对灾害。"散会后，有自民党干部慨叹道："（菅直人）真是个贼运亨通的家伙"，"（这次）让他逃啦！"①

"3・11"大地震物理性地改变了日本地壳的自然构造，也相应地改变了日本的政治生态。这突如其来的大灾难，真的能成为"政治神风"，彻底拯救民主党政权吗？

金钱丑闻缠身的民主党政权

政治资金问题本是自民党的"软肋"。众所周知，20 世纪 70 年代的洛克希德案件、80 年代的利库路特案件、90 年代的佐川快递案件、金丸信案件，先后掀翻了田中角荣首相、竹下登首相和金丸信副总裁等人。然而，民主党上台后，其又变成了民主党的"痛处"，成为民主党执政的最大困扰之一。

早在 2009 年 3 月"西松建设非法献金案"中，东京地方检察厅就逮捕了小泽的秘书大久保隆规，时任民主党代表的小泽被迫引咎辞职。在小泽干事长领导民主党选举获胜上台后，检方再次出击，让小泽深陷"土地门"。2010 年 1 月，特搜部以涉嫌违反《政治资金规制法》，逮捕了小泽的前秘书、众议员石川知裕以及接替石川的小泽前秘书池田光智，小泽的前后三任秘书全被逮捕。据东京检方调查，小泽的资金管理团体"陆山会"在 2004 年用近四亿日元购买了东京的一块地皮，但当时负责会计事务的石川未将此记入政治资金收支报告书。检方认为小泽用于购买土地的资金疑点诸多，还传讯了小泽。此事件再次影响了小泽的形象，八成以上的日本受访者认为小泽应该辞职。2010 年 6 月，小泽辞去民主党干事长职务。在日本检方两次作出"不起诉"的处理后，检察审查会最终于 2011 年 1 月作出"强制起诉"的决议。由此，小泽成为刑事被告人，将等待着法院最后的判决。

与此同时，2009 年 6 月，鸠山虚假政治资金记录问题开始曝光，其政治收支报告书中记录的一些个人捐赠者被发现早已死亡，还有一些人否认曾向鸠山捐赠。鸠山当上民主党首任首相后，旧账未了又添新账，新闻界曝出其暗中接受母亲的巨额资金，涉嫌违法献金或偷逃赠与税。2009 年 12 月，东京地方检察厅以违反《政治资金规制法》罪名起诉鸠山前秘书胜场启二

---

① 《文春周刊》，2011 年 3 月 24 日。

和芳贺大辅。胜场涉嫌将来自鸠山本人和他母亲的资金伪造成选民个人献金和政治献金筹集会的入场券收入，芳贺则被控长期疏于核查政治资金收支报告书，存在“重大过失”。不过，检方以没有证据证明鸠山直接参与政治资金虚假记录为由，决定不予起诉。对此丑闻，鸠山一直表示不知情，但在前秘书被起诉、真相暴露的情况下，被迫承认了近7年间从母亲那里接受了约12亿日元资金的事实，并补交了约6亿日元的税款。2010年6月，最终还是受政治资金丑闻的拖累，鸠山在执政8个月后引咎辞职。

小泽政治资金一案未了，前原诚司和菅直人又陷黑金泥潭。民主党与自民党实属一丘之貉的印象，深深地烙在普通国民的脑海中。金权政治本是与资本主义议会制度相伴而生的“痼疾”，民主党领导人接连暴露政治资金丑闻绝非偶然。然而，之所以一时事件多发，则源于日本社会转折期利益变动的追求，亦是政治斗争激化后的攻讦所致，暴露带有一定的偶然性，但其产生却是必然的。

概而言之，政治资金丑闻产生的主要原因有如下几点：

（1）日本议会政治的“体制病”。事实证明，政治资金丑闻并非自民党的“专利”，民主党一样“前赴后继”。选举和日常政治活动需要巨额资金，要严格依法筹集到这笔钱并非易事，通过“歪门邪道”搞钱已是政治家们的潜规则。

（2）民主党与自民党乃同根同源的体质。民主党成分复杂，但核心力量来自于分裂的自民党，其政治传统和理念并无本质差别，对“政治与金钱”的认识亦无大的不同。

（3）日本式的政治伦理。为了“安全”，日本政治家一般都避免直接接触“金钱”，而是由秘书出面操作。一旦出了问题，秘书要扛着，甚至不惜献出生命掩护“老板”，许多政治家由此躲过了法律制裁。

政权更替易、政治创新难

2009年8月，日本众议院大选，历史性地改变了日本政治的格局。执掌日本政权半个多世纪的自民党黯然下台，“艰苦创业”13年的民主党大获全胜，上台组建联合政权，实现了战后以来首次真正意义上的政权更替。

为了打破以往自民党时代“依赖官僚”的政治体制，实现“政治主导”、“官邸主导”和“首相主导”，以鸠山为首的民主党政权在上台后明确表示，要进行“战后行政大扫除”，为此新政府实施了一系列机构改革，践行民主党选举时的承诺。

第一，新设国家战略室、行政改革会议两个行政机构，旨在强化内阁综合决策功能，打破条块分割体制，摆脱官僚主导的局面。建立政治主导的“以首相为中心”的政权体制，是小泽从自民党时代就有的“夙愿”。2009年9月18日，根据鸠山首相的决定，在内阁官房设置了首相的直属机构“国家战略室”，负责财税规划、经济运营基本方针及其他内阁重要政策的策划、方案拟定和综合调整等事务。副首相菅直人兼任国家战略担当大臣。

新设的“行政改革会议”，由行政改革大臣仙谷由人掌管，议长是鸠山首相。2009年11月，“行政改革会议”对各省厅及独立行政法人等提出的预算概算中的447个项目进行了甄别，原计划削减3万亿日元，实际上削减了6770亿日元。2010年4~5月，针对独立行政法人和公益法人，行政改革会议展开了第二轮“事业甄别”。2010年10~11月，针对特别会计制度和前两次活动的执行情况，进行了第三轮“事业甄别”。这一活动最大的亮点在于“公开、透明”。甄别人员不仅吸纳了民间人士参加，还全程通过网络进行直播。以往自民党当政时代一直是“密室”确定的政府预算内容以及有关法人的内部运营状况首次公开于众，成为民主党执政以来少有的政治“卖点”。虽然自民党指责其是政治“闹剧”，但一定程度上还是获得了国民的积极支持。

第二，建立大臣、副大臣和政务官组成的“政务三方”体制，废止执政党事前审查的惯例，实现决策一元化，防止“族议员”的产生。民主党主政后，在各省厅具体决策过程中，副大臣和大臣政务官等人通过“各省政策会议”，在听取执政党议员意见或提案的基础上，汇报给大臣，召开“政务三方”会议，协调意见、拟定政策。作为官方决策，从始至终不是在执政党方面，而是在政府内进行。

第三，设置阁僚委员会，废除事务次官会议。长期以来，在自民党时代形成的“政官财三位一体”的体制下，最高职位的官僚——事务次官负责辅助大臣并监督所属机构工作，而出身议员的大臣是省厅最高长官，负责决策。然而实际上在内阁大臣频繁更换的情况下，多年以来不少省厅形成了官僚独大、把持政务的局面。在内阁会议前一天召开的事务次官会议成了重要的决策机构。鸠山上任后，废除了有着120余年沿革的事务次官会议，设立阁僚委员会，由鸠山本人亲自挂帅，带领官房长官、相关阁僚和工作人员组成阁僚委员会，让政治家亲自带头进行重大的决策和调整。与此相应，2009

年10月6日，新政府决定在国会上禁止官僚作为政府参考人进行答辩，改由大臣等政治家回答。

第四，新设“地区主权战略会议”。民主党政府的目的是将“国家与地方自治体关系由上下主从关系改变为对等合作关系”，“从根本上改变自明治维新以来的中央集权体制，以实现‘地区主权国家’”。[①] 鸠山在2009年VOICE杂志上发表的《我的政治哲学》一文中指出，废除国家对地方“附设条件的补助金”制度，改为一揽子拨款，将财源、权限大幅度地移交给基层自治体，以激发地方的自主性、责任心。

为了推进地方分权改革，2009年11月，政府新设“地区主权战略会议”。鸠山首相亲任议长，于12月主持召开了首次会议。政府方面汇报了“分权改革进程工作方案”和“地方分权改革推进计划方案”，计划将2010年作为“地区主权革命元年”，以2013年夏为目标制定《地区主权推进大纲》。

然而，简单的机构改革或调整，并不意味着就能够很容易地实现“摆脱官僚”的“政治主导”。“政治主导”不能停留在口号上，也不能是单纯形式上的政治家“主导”。民主党议员普遍缺乏执政经验，有近一半是新当选的议员，能否取代精英官僚进行实质性的有效决策，并领导指挥官僚切实贯彻实施政策是问题的核心。所以，“摆脱依赖官僚”，不是简单地“敲打官僚”，削减官僚权力，而是随着公务员制度改革，如何协调关系，利用官僚，逐步加强政治家的立案、决策能力，走向真正的“政治主导”，否则即使大量议员进入政府，也会变成“依赖官僚的脱官僚”体制。

“非常国会”下的扭曲政局

短暂执政8个月的鸠山，因美军基地搬迁和政治资金丑闻等问题，于2010年6月2日宣布辞职。6月4日，菅直人以191票对129票击败樽床伸二，第三次当选为民主党党首。当天，在国会上正式被选任为日本第94届内阁首相。民主党的表现虽不尽如人意，但草根出身的菅直人一上台，仍获得了60%的内阁支持率。[②]

菅直人初掌权柄后，他在6月11日第174届国会的施政方针演说中提出三大课题，即继续进行改革，正式实施“战后行政大扫除”；打破闭塞的

---

① “民主党政权公约”，http://www.dpj.or.jp/special/manifesto2009/pdf/manifesto_2009.pdf

② 《朝日新闻》，2010年6月10日。

状况，一并重建日本经济、财政与社会保障；推进负责任的外交安全政策。三大课题中重振日本经济是最核心的问题。在政治理念上，菅直人主张走“第三条道路”，就是“自由主义与社会民主主义的统一、融合”。[①] 面对7月参议院选举的第一大考，作为具体措施之一，菅直人提出了日本历届政府都不愿碰的“雷区”——增加消费税问题。菅直人接过原本是自民党最先提倡的“增加消费税到10%”的主张，触动了国民的敏感神经，据朝日新闻社7月3～4日进行的舆论调查显示，菅内阁成立不到一个月支持率就骤降到39%。进而，联想到民主党政权不到一年来的表现，大多数国民尽管仍对民主党抱有些许期望，但感情的钟摆还是往自民党方面倾斜了一些。在7月参议院选举中，民主党减少了10席，自民党增加了13席，执政党的参议院议席跌破121席的半数，降为110席，继2007年之后日本再次出现“扭曲国会”，只不过这次是朝野政党调换了位置。

在民主党内部不和的情况下，自民党等在野党依仗参议院优势，相继对官房长官、有关大臣等提出不信任案或问责决议案，以其人之道还治其人之身，重演民主党在野时的“伎俩”，制约着菅内阁的顺利施政，威胁着其执政基础。如何克服“扭曲国会”带来的被动局面，成为菅直人必须面对的主要难题。

挽回民心的孤注一掷

刻不容缓的危机管理

本次前所未见的危机，对执政经验不足的民主党政权来说，无疑是一场严峻的考验。地震发生后，统一的危机指挥管理机构至关重要。3月11日下午2点46分大地震发生，2点50分，政府在首相官邸的危机管理中心设置官邸对策室，召集紧急小组。菅直人从参议院会议室赶回首相官邸后，与已经到达的官房长官枝野幸男、防灾大臣松本龙三人坐镇指挥。菅直人迅速下达指示：（1）确认受灾状况；（2）确保居民安全，实施早期避难对策；

① 《自由主义与社会民主主义》，菅直人个人博客“今日一言”，2010年12月9日。

(3) 确保生命线，修复交通网；(4) 全力向居民提供确切信息。[①] 3点03分，菅直人命令各位大臣回到各自省厅收集信息。3点14分，即地震发生约半小时后，政府成立了紧急灾害对策总部，首相亲任部长。

拥有快速机动应对能力的日本自卫队成为抗震救灾的先遣队。在接到岩手县（2点52分）和宫城县（3点10分）的请求支援的讯息后，3点27分，菅直人命令防卫大臣北泽俊美："自卫队要最大限度地投入救灾活动"，除陆上自卫队的部队之外，航空自卫队和海上自卫队的飞机也赶往灾区。

3月11日下午3点37分，第一次紧急灾害对策总部会议召开。4点11分，全体内阁成员齐聚官邸，召开第二次紧急灾害对策总部会议。菅直人指出："政府要齐心协力，共同奋斗，尽全力将灾害控制到最小程度。"4点36分，政府为了处理福岛核电站事故，设置了核事故官邸对策室。4点57分，首相在官邸召开记者招待会，面向全体国民发表讲话，菅直人强调："政府将全力应对灾害，希望国民沉着冷静，开展行动。"

3月11日晚6点35分，基于防灾工作计划中"核灾害部队负责人立即准备派遣"的相关规定，陆上自卫队朝霞驻地（埼玉县等）的中央快速反应部队110人和防化车4台整装待发。晚6点42分，政府向宫城县派出调查团。随着核泄漏事态的恶化，晚上7点3分，政府基于《原子能灾害特别措施法》发布《原子能紧急事态宣言》。晚7点9分，召开原子能安全对策总部会议。核电站周围居民的避难半径，很快由2公里扩大到10公里、20公里。灾害空前，人命关天。事实上，福岛县政府已经抢在中央政府之前，要求周围居民避难。[②]

应急医疗队的建设，在关键时刻派上用场。在1995年阪神大地震后，为了应对大范围的灾害，日本政府在各地建立了"灾害派遣医疗小组"。"3·11"大地震发生后，厚生劳动省于11日当天即命令各地的"灾害派遣医疗小组"火速赶往宫城、福岛、岩手和茨城等灾区。国立医院机构灾害医疗中心（东京都立川市）装载医药用品的车辆，也驶向福岛和茨城的灾害定点医院。日本红十字会也向宫城县派出了救护队。

此外，接受外国支援亦是抗震救灾的重要一环。到地震发生第二天即3月12日下午4点，中国、美国、德国、韩国、俄罗斯等56个国家或地区提

---

① 《朝日新闻》，2011年3月12日。

② 《每日新闻》，2011年4月4日。

出对日进行人员或物资的支援。截至地震发生第三天的13日，中国、美国、韩国等9个国家派遣的救援队已经抵达日本，包括中国救援队在内，本次大部分救援队都是初次在日本开展救援活动。

随着地震受灾信息的披露和福岛核电站危机的发展，首相菅直人调整人事、增加有关人员，充实“官邸主导体制”，并且组建“第二意见咨询组织”，以应对核泄漏危机和地震救灾。在支援受灾者方面，3月13日，政府设立电力供给紧急对策总部（部长为枝野幸男官房长官），菅直人任命行政改革大臣莲舫兼任节电大臣，应对电力不足的状况；同时任命众议员辻元清美担任首相辅佐官，负责志愿者的救灾活动。3月17日，再次起用原官房长官仙谷由人为官房副长官，整体负责支援灾区生活。在核泄漏管理方面，菅直人让首相辅佐官细野豪志负责首相官邸与东京电力的联络。另外，3月26日，又起用原国土交通大臣马渊澄夫担任首相辅佐官，共同处理核泄漏事件。

鉴于地震、海啸损失规模严重和核泄漏的危险性，菅直人临时增加内阁官房参与，组建“第二意见智囊团”。3月16日，菅直人首先任命东京大学放射学专业的小佐古敏庄教授担任内阁官房参与；20日，又任命北陆尖端科技大学信息处理方面的专家日比野靖教授和防卫大学危机管理专业的山口升教授出任内阁官房参与；22、28日，又先后任命了母校为东京工业大学原子能工业专业的有富正宪教授、斋藤正树教授以及多摩大学田坂广志教授出任内阁官房参与，任命了原经济产业省原子能安全·保安院院长、东海大学国际教育中心教授广濑研吉出任内阁府参与。

“亲临一线”的攻防战

如何临危不惧，从容指挥，做出决断，是对身负重任的政治家的能力和智慧的检验。地震发生后，信息渠道并不通畅，有关福岛核电站的状况，一直处于不明朗的状态。日本举国上下都在密切关注着地震后核危机的发展状况，混乱与不安的心情笼罩着日本列岛。震后第二天即3月12日的清晨6点多，菅直人首相在内阁府原子能安全委员会委员长班目春树的陪同下，乘坐自卫队直升机前往地震一线，视察了福岛第一核电站。作为监督原子能发电安全机构的最高责任人，班目在飞机上告诉菅直人：“总理，核电站没问题，从构造上讲不会爆炸。”① 然而，当天下午3点半左右，核电站就发生

① 《每日新闻》，2011年4月4日。

了爆炸。

就菅直人首相视察核电站一事，在野党和部分人士批判其在核泄漏初期对应失当，贻误时机。事实上，在3月12日凌晨1点半，政府就向东电下达了排气的指令。而另一方面，上午约7点10分，菅直人一行抵达核电站，视察50余分钟之后离开。东电着手排气，是在菅直人首相离开后的9点多。

在3月29日参议院预算委员会上，菅直人进行了灾后第一次国会答辩。自民党的礒崎阳辅责问："据说在反应堆芯有可能熔化必须及早排气的紧迫情况下，首相坐直升机去视察，这只能说是初期处置失当"，"是在政治作秀吧"。菅直人则强调："我认为把握现场情况极其重要，向第一核电站指挥人员询问情况，有利于此后的判断"，"因视察延误的指责完全不对。"经济产业大臣海江田万里的解释是："因为收纳容器压力上升，置之不理的话，恐怕容器被破坏，首相和我决定进行排气，督促东电执行。但是，据说因断电（排气阀）无法打开，最终是手动打开的。"①

公明党的加藤修一也指出："本来就不应该去。应安心待在官邸坐镇指挥，视察反而成了干扰添乱。"菅直人则反驳道："当时情况是隔一段时间才能收到一些消息，最低限度地把握现场情况十分重要"，"时间虽短，但和现场有关人员交换了意见。有各种各样的看法，（视察）也是一线指挥的一种方法。"②

在政府和执政党内部也有人认为，在出现熔化征兆的非常时期强行去视察，延误了包括采取应急措施在内的政策决断。事态进一步恶化很可能是由于这次初期应对的失误。执政党内部有人明确表示，"首相的视察耽误了排放蒸气的实施程序"。部分政府官员认为，工作人员因顾及到"不能让在现场的首相遭辐射"，于是现场的排放蒸气工作受到了影响。与政府来往密切的专家指出"耽误时间影响很大"，并解释说错过排放蒸气的时机，也延误了海水的注入。在1号机组开始排出蒸气后约1小时，氢爆就把该机组厂房的外墙给炸飞了。然而，东京电力公司公关部在接受共同社采访时则称，实施应急措施花费较多时间是因为核电站现场辐射量很高，因此进行了认真研究。临时铺设电缆的准备工作也需要时间，与菅直人首相来访无关。③

真相到底如何，或许已经并不重要，重要的是从事件的处理中得到什么

① 《朝日新闻》，2011年3月29日。

② 《朝日新闻》，2011年3月29日。

③ 共同社3月28日电。

经验或教训，以警示后人。

是罪魁祸首还是替罪羊：东京电力

“黑色3·11”对日本以及世界的冲击，与其说是地震和随之而来的海啸，莫如说是继之而起的核泄漏危机。人们对地震海啸中数以万计的受害者报以同情、寄予哀悼之外，更是对核泄漏充满了莫名的恐惧和不安，核电站周围部分日本人的“南迁”和大量外国人的“逃离”，均有力地证明了这一点。不用说，东京电力公司这回被推到了风口浪尖之上，似乎成为千夫所指的“罪魁祸首”。

本次核泄漏的发生，除了规模空前的地震海啸的“自然”因素之外，不能不反省的是背后的“人为”原因。东京电力公司作为全球最大的民营核电营运商，属下的福岛第一核电站本身存在超期服役、设备老化的问题，最先爆炸的1号机组到2010年3月已经运转了40年，随后爆炸的2号机组也将于2013年7月迎来“40岁生日”，然而，公司还准备延长使用20年，而公司最初设计预想运行期限为30~40年。[①] 如果大地震的发生纯属偶然，那么本次事故的发生，应该说绝非偶然。因为早在1987年时，福岛核电站3号机组和2号机组都因地震发生过自动停机的事件。特别是3年多前的2007年7月，因新潟县中越大地震东京电力下属的柏崎刈羽核电站就发生过火灾，并出现过放射性污水泄漏事故。然而，各方并没有从中吸取教训，依然在塑造着日本核电的“安全神话”。正如时任东京电力副社长竹内哲夫指出的“令人捧腹的神话”那样，任何机器都会老化、受损，此乃常识，“可是原子能部门的工作人员却硬说核电站永远都是新的”。[②]

事实上，东电此前就存在篡改安全记录、隐瞒安全事故、提交虚假报告、疏于安全管理的行为。时任经济产业省原子能安全保安院院长的佐佐木宜彦，2002年在处理东电隐瞒安全事故问题时也承认了政府方面的责任。他指出：“不弄清机器受损程度和安全上的问题，不进行合理规制，是玩忽职守。”[③] 东京电力公司欺上瞒下、管理懈怠，本身难辞其咎。相关法制不完备和政府监管不力亦是事故频发的主因。因此，本次更大的核泄漏危机到来，已经不能说是什么偶然的了。

---

① 《朝日新闻》，2011年3月12日。

② 《新潟日报》，2008年6月19日。

③ 《新潟日报》，2008年6月19日。

危机管理机制的迅捷性即迅速启动固然重要，更为关键的是其有效性，即是否有效实施。核泄漏危机发生后，行动迟缓，信息阻滞，是东京电力留给日本国民的印象。3 月 11 日晚上 11 点多，在地震危机管理中心，首相营直人和经济产业大臣海江田万里、原子能安全委员会委员长班目春树、原子能安全保安院干部商议后，一致同意“应该尽早排气”。于是，3 月 12 日凌晨 1 点半，海江田向东电发出指示，令其排气降压。但是，具体能否执行，东电方面没有明确回答。据报道，政府方面非常愤怒，曾威逼道：“要不，总理下令！”①

直到 9 个小时之后的 12 日上午 10 点 17 分，福岛核电站终于才开始排气。其中，虽有停电天黑难以施工的原因。问题是直到拂晓下达的排气命令仍没有被执行。营直人到达核电站后咆哮道：“还慢条斯理地说什么，赶快排气！”熟知现场的福岛第一核电站站长吉田昌郎承诺进行排气。首相视察之后，现场的状况依然是排气究竟需要多长时间，谁也不知道。

东京电力之所以没有及时采取排气行动，一是操作规程上虽写得明白，但是一旦排气，将会使部分放射性物质排到外边，这在日本核电历史上前所未有。考虑到经营风险，“这对一个企业来说是个过于沉重的决断”。东电这样的意见，也反映到了首相官邸。虽然海江田大臣下了令，但是保安院的态度基本上没变，还是“根本上要由东京电力自己决定”。保安院的中村审议官在凌晨 2 点 20 分的集中会见中仍然表示：“最终并没有决定开启排气，过去没有排气的经验，根本上要由经营方进行判断。”② 实际上，在危急发生初期，政府还是依赖于民营公司的自行处置权。即如若能够恢复系统，就没有必要再行排气。3 月 12 日早上 6 点，当首次确认中央控制室放射能量约是通常的一千倍时，6 点 50 分，政府才基于《原子炉规制法》等，向东电下达排气命令。在核泄漏危机深化之后的注水问题上，东电同样出于经营成本考虑，不愿马上注入海水，造成废炉，延误了核泄漏处理的时机。

当氢爆炸飞核电站围墙之后，首相向东电干部怒吼：“为何不马上向官邸汇报？发生这样的事情，东电完蛋了！”急不可耐的首相营直人，在自己办公室旁的特别接待室设置了“私设总部”，让东电干部和管辖保安院的海江田大臣在那里守着执勤。某政府高官担心道：“首相责问东电干部和海江

① 《每日新闻》，2011 年 4 月 4 日。

② 《每日新闻》，2011 年 4 月 4 日。

田，却不和精通事务的官僚相商，过分拘泥于所谓的‘政治主导’。”首相周边的人指责：“东电、保安院、原子能委员会（都不愿正视这个严重事态），只能认为他们是一丘之貉！”另一方面，管辖保安院的经济产业省的干部则透露：“因为事态正在向最坏的事态发展，官邸要把东电和保安院当做替罪羊。”①

回顾核泄漏危机，实际上从一开始，危机的程度就已经超过一个民营企业所能应对的范畴，已经发展为重大的国家安全危机，政府应该以直属内阁府的最高监督机构原子能安全委员会为主接管权力，主导处理危机，而不应委于民营企业自主决定。政府与东电的“联合对策总部”直到地震发生后第五天才成立。从危机管理的角度来看，不能不说菅直人政权在危机初期的判断和处理存在重大失误。正如原官房长官、自民党众议员的中川秀直所言：“菅政权的初期判断是失败的。没有交给自卫队和美军为主的海外合作，而是采用以东电为中心的对应体制。事到如今，才承认废炉的可能性。所有的判断均陷于被动。对应过小过迟，作为危机管理，完全归于失败。”②作为在野党的一员，其看法或许有点苛求，但也指出了一些问题的原因。

救灾，防灾大臣竟“靠边站”

大地震发生后第三天，即3月13日早上，不少人才第一次吃上饭。但是数量有限，有人只好含一块儿饼干忍着。这是发生在宫城县石卷市市立住吉中学避难所的一幕。震后许多居民前往这里避难，由于周围被随之而来的海啸淹没，食品到12日深夜才送来。

截至3月13日上午，在岩手县陆前高田市第一中学避难的约有950人，物资严重不足。担任避难所对策总部副代表的中井力急切地说：“食物快没了，手头几乎什么都没有了，等着救援物资运来”，“特别是大米不够，吃点菜就好了，可是没有。”因为夜里冷，想吃点热饭，同样是没有送来。而且，汽油、取暖器、卫生纸、药物等也非常急需，特别是汽油，发电机要用，尤其需要。③

地震两周后，部分灾区仍然存在食品严重不足的情况。在水、电、煤气全部中断的宫城县石卷市，自家生活的5万人，加上避难所的3万人，共约

---

① 《每日新闻》，2011年4月4日。

② 中川秀直博客，2011年3月29日。

③ 《读卖新闻》，2011年3月14日。

8万人需要食品配给。可据石卷市方面表示，到3月24日傍晚，准备的主食仅有11万个面包和6万个饭团。25日以后，如何筹措还无着落。市内避难所24日晚和25日早上的饭，每人一共只能分一个面包和一个饭团。石卷市的负责人倾诉道，面包或饭团等一到就被吃光了，希望尽快支援。[①] 有的父母舍不得吃，将饭团留给年幼的孩子……

在地震、海啸和核泄漏危机一起袭来之时，菅直人穷于应付核泄漏危机，实际上不能不说在灾区救援对策方面晚了一步。与其说物资运送缓慢滞后，莫如说人事安排问题突出。

身为防灾大臣的松本龙，在这个非常时期却几乎看不到他的影子。"闷在官邸，连内阁会议后的例行记者招待会都不开，记者采访也是站着说两句完事儿。一问起核电站的事，'这个我不负责'，一言推脱。究竟是干什么的，完全不知道!"[②] 全国报纸政治部记者如上慨叹道。

松本龙何许人也？他是一位第三代"世袭议员"，父亲松本英一是参议院议员，祖父是前参议院副议长、号称"部落解放运动之父"的松本治一郎。祖父松本治一郎在福冈创建了一家大型综合建筑公司"松本组"，他担任顾问。2008年，松本龙的个人收入雄踞日本国会议员榜首，高达8.4366亿日元。[③] 2010年9月，他就任菅直人内阁环境大臣兼防灾大臣，在同年内阁成员财产公开中，以7.6073亿日元资产位列第一，远超第二名鹿野道彦的5968万日元。[④]

说起"世袭议员"，人们自然会想到自民党政权末期相继抛出相位的麻生太郎、福田康夫和安倍晋三，也会记得满脸贴着药膏出席记者招待会的前农林水产大臣赤城德彦，还有酩酊大醉出席西方七国财长会议的前财务大臣中川昭一。正是这些政治家子弟，由于继承了父辈的三"盘子"[⑤]，大多能够年轻当选国会议员，而对于那些"三无"人员（指无地盘、无知名度、无经济实力）来说，能跳跃国会这个"龙门"，实属凤毛麟角。"世袭议员"

---

① 日本电视新闻24小时，http://www.news24.jp/articles/2011/03/25/07179394.html

② 《现代周刊》，2011年4月4日。

③ 《东京新闻》，2009年6月30日。

④ 《东京新闻》，2010年10月30日。

⑤ 日本政坛常说的选举三大"法宝"，即"地盘"、"脸盘"和"钱盘"。"地盘"指票田，个人的选举后援会是其核心；"脸盘"是"招牌"，代表知名度，"家名姓氏"在现代政治社会生活中，仍然成为世袭子弟继承的"政治资本"；"钱盘"是议员经济实力的象征，包括政治资金和家庭财产，特别是巨额政治资金的无税继承，实际上其已经异化为私人"家产"。

中固然不乏年轻有为者，但在没有经过激烈竞争的条件下，“世袭体制”往往会产生不少缺乏韧性、能力平庸之人。

防灾大臣松本龙可能就是这么一位养尊处优的主儿。据一位某全国性报刊的编辑表示，“松本龙出身公子哥儿，难以经受这样严峻的考验，地震发生后惊慌失措，此后，记者招待会也不能开了。让这样的人当防灾大臣，菅直人本身有很大责任。”由于地震发生之初，灾害救援的最高指挥部门处于混乱状态，有关部门各自为政，所以数日内灾区救援和食品、汽油等紧急物资运送迟滞，对其后的救灾活动造成了严重的负面影响。防灾大臣松本龙被认为是“元凶”。某全国性报纸政治编辑部主任则认为：“待在官邸危机管理中心的松本龙，根本没起什么作用。”3月19日前后，在探讨让出包括防灾大臣在内位置与自民党进行“大联合”之际，实际上松本龙已经等同于被炒了鱿鱼。

于是，地震发生6天后的3月17日，菅直人不得不把刚刚被免职的前官房长官仙谷由人叫到首相官邸，委以官房副长官的头衔，全面负责处理救灾事务。

据时事通信社报道，仙谷进入官邸后，“救灾工作推倒重来，从零开始”（据仙谷周围的工作人员介绍）。为了制定救灾对策，仙谷还专门要来一张日本东北地区的大地图。从3月22日开始，在仙谷的领导和召集下，各中央部门的事务次官多次开会，救灾支援的指挥系统暂且建立。据首相府的工作人员透露，“松本应该干的工作，几乎仙谷都干了，在支援灾区业务方面，叫来官僚、发号施令的都是仙谷，松本只是个摆设。”①

“无可奈何”的朝野合作

民主党顺水推舟

上台执政一年半的民主党，犹如迷失了方向的小船，在政策方针不明、政治丑闻缠身、人气急剧低落的“政治逆风”中艰难行进时，发生了“3·11”

① 《现代周刊》，2011年4月4日。

大地震，风向为之一变。自民党等在野党失去了一鼓作气倒阁的“大义名分”，民主党则趁机高举起“团结一致”、共赴国难的大旗。

“3·11”大地震发生后，国会审议中断。日本各党相继成立了地震紧急对策总部。最大的在野党自民党总裁谷垣祯一在当天下午3点多召开的党对策总部会议上指出，（目前）“当然有必要制定补充预算等，我们要予以合作”。自民党原计划在本次国会上借助参议院优势，在本年度内阻止通过发行国债的“特例公债法案”和民主党的招牌政策“儿童补贴法案”，接着在4月10日的统一地方选举前半阶段之后向参议院提出首相问责决议案，一举逼迫菅直人辞职或解散众议院重新进行大选。在菅直人政治资金丑闻曝光后，甚至还考虑提前提出问责决议案。然而，随着大地震的发生，先前的计划都泡了汤，不得不调整。

当天下午，谷垣祯一和菅直人首相通电话，表示“因为事态严重，在国会对策等方面将给予全面合作，希望全心全意应对灾害。”① 当晚6时11分，菅直人与自民党总裁谷垣祯一、公明党代表山口那津男、国民新党代表龟井静香等在野党领导在首相官邸举行会谈，热切呼吁：“为了救国，务必予以合作。”在野党领导们也确认了补充预算的必要性，表达了合作的意向，决定暂停国会审议，还决定在首相官邸与各党之间设置热线电话。此后还设置了“党政地震灾害对策联合会议”。“政治休战”正式开始。3月17~18日，参众两院快速审议并通过了受灾地区地方选举延期的特例法。刚才还是唇枪舌剑的对手，转瞬间成为“精诚合作”的“战友”。

各在野党也试图摸索发挥建设性作用。随着核泄漏事态的恶化，在政府苦于寻找如何进行有效注水以冷却核反应堆办法的情况下，公明党3月18日最先向首相官邸提议使用混凝土灌浆机进行注水作业的建议，取得了积极效果。3月28日，民主党与自民党、公明党三党干事长举行会谈，一致决定为了筹措大地震复兴财源，修改经费法，从4月份开始，半年内削减议员三成经费，节约的近21亿日元用于灾后重建。

大联合之“骚动”

在核泄漏危机恶化、全力合作救灾的当口，一时风平浪静的日本政坛突然间卷起一股“大联合”的巨浪，让人如坠五里雾中，一时看不清日本政

① 《朝日新闻》，2011年3月12日。

局的乱像。

大地震发生8天后的3月19日下午，正在自民党总部4楼总裁室办公的谷垣祯一突然接到一个电话，是菅直人首相打来的。

“希望你入阁负责救灾事务。”

“这么重大的事情，先得党干部会议讨论后才能决定。”

“那么，就是不接受了。”

“不能这么说，先得党内协商。”

“不过，现在不答复，就是不接受邀请了。这样的话，我就马上向记者发布了。”

“稍等，这么重要的事情，得讨论后才能下结论，这是常识。请在正式答复后再发布消息。”

“不，没能得到你们同意，就意味着是拒绝了。所以，就要向记者发布。”

电话被挂掉了，稍后NHK和共同通讯社发出快报——“谷垣拒绝入阁”。

如上是4月4日日本《现代周刊》根据自民党干部描述刊载的所谓“大联合”骚动中的精彩一幕。

自民党某干部的解读是：“邀请入阁，不过是做个姿态罢了。明明知道事关联合政权的重大问题，不是一个电话，或光总裁一个人就能决定得了的，却故意设下这个圈套。目的是宣传‘自民党不合作’，做法卑鄙!”民主党内一位老资格议员的看法却是：“此前国民新党代表龟井静香建议‘建立救国内阁’，为了不违其心意，才明知会被拒绝，还是发出邀请，让自民党入阁。”还有一种有说服力的解释，据首相官邸的工作人员说，“打电话前两天，即这是3月17日复归官邸的官房副长官仙谷由人的主意。”[①] 实际上，在3月18日召开的“党政地震灾害联合会议”上，民主党干事长冈田克也已经向在野党提议，民主党欲修改内阁成员上限为17人的《内阁法》，增加3名阁僚（灾害复兴大臣、环境大臣和冲绳·北方领土问题担当大臣）。

就是否“大联合”一事，最大的在野党自民党党内意见不一。一贯倡导“自民党主导下大联合”的古贺派会长古贺诚态度积极，他认为：“借此

① 《现代周刊》，2011年4月4日，第60页。

机会，不首先考虑恢复政治信赖的话，就难以实现灾后复兴，最后希望谷垣总裁拿主意……”。前首相福田康夫表示：“现在的政权能够应对危机吗?”前首相安倍晋三也主张:“如今形势特殊，大联合也不是完全不能考虑。”前首相森喜朗则建议：“我党有各种专家，不是总裁出马，好好听听菅直人的说法，让这些人去为好。”①

4 月 4 日，谷垣总裁与前首相中曾根康弘举行会谈。中曾根就联合执政指出：“自民党单独（参加联合执政）会给今后造成障碍。应当重视与公明党的关系。”此外中曾根还表示，有必要事先考虑好何时停止合作，最好在步入正轨后就结束合作。② 5 日下午，谷垣又与前首相小泉纯一郎、海部俊树分别进行会谈，就与民主党联合执政的构想交换了意见。小泉反对联合执政构想，在会谈中反复强调：“现在是该合作的地方合作，该批判的地方批判。自民党应当好好发挥在野党的长处。”③ 同日，谷垣总裁在记者招待会上表示：“没有政策上的调整，联合执政是不可能的。”

民主党并没罢手，不断抛出橄榄枝。4 月 7 日，官房长官枝野幸男和国家战略担当大臣（民主党政策调查会会长）玄叶光一郎还破例前往自民党总部，就东日本大地震对策与自民党政调会长石破茂进行会谈。双方围绕自民党提议建立的“救灾临时交付金”制度等交换了意见。民主党政府阁僚造访自民党总部的做法极其罕见，目的或在于与自民党干部建立个人关系，为推动实现两党联合执政创造条件。4 月 12 日，菅直人首相在地震一个月后的记者招待会上，就制定救灾复兴计划继续呼吁在野党予以合作。就在前一天 4 月 11 日下午，谷垣祯一已经对记者强调：“抗震救灾方面，能够合作的，全力进行合作”，但是，“没有政策论的野合，是对国民的背叛。”这等于是拒绝了菅直人政府“大联合”的要求，将矛头直指民主党的政策纲领。

政治纲领“偷梁换柱”

“国民生活第一”是 2009 年民主党竞选时打出的口号。因此，如何履行选举承诺，制定有效的政策，促进日本经济发展，切实提高国民生活水平，成为民主党新政权的试金石。

在国民热切的期待中，面对全球金融危机的严峻形势，鸠山政权倡导

---

① 《产经新闻》，2011 年 4 月 1 日。

② 日本共同社 2011 年 4 月 4 日电。

③ 日本共同社 2011 年 4 月 5 日电。

“从混凝土到人”的理念，在2010年度所谓“守护生命的预算”中，大幅削减了18.3%的公共事业开支，增加了9.8%的社会保障经费、5.2%的文教科学研究费，[①] 从育儿、教育、医疗保险、农业和雇用等“民生”领域着手，加大改革力度，通过一些直接补助国民的措施，展开了所谓“守护国民生命、保障国民生活的政治”。

菅直人上台后继续推进所谓“第三条道路”，主张摆脱过度依赖财政、过度竞争的手法，构筑经济、财政和社会保障三位一体、良性循环的政策体系，实现“最小的不幸社会”，力求兑现选举承诺，展现政权更替的现实成果。

第一，儿童补贴是民主党新政的金字招牌。民主党创设了向每个儿童每月发放2.6万日元补贴的新制度，一直到初中毕业。2010年度（2010年4月~2011年3月）支付半额1.3万日元，全额支付从2011年度起实施。该制度不设收入限制，受到相当一部分国民的欢迎。然而，实际上在2010年6月，鉴于财源问题，民主党政府就在颁布的新政策纲领中，改为支付的儿童补贴从1.3万日元起，另加部分可根据地区情况，也可变成实物服务的形式。此外，还增加了限制条件，即从2011年度起支付对象仅限日本国内居住的人，海外居住的不在补助范围之内。

大地震发生后，考虑到灾后复兴、财政困难的状况，民主党决定过渡半年后，废止该项制度。2011年3月31日，国会通过了“儿童补贴过渡性法案”，规定将每月支付15岁以下儿童1.3万日元的补贴延长到2011年9月，期限6个月。2011年10月以后，政府打算基于现政策或自民党与公明党联合执政时代的政策，继续实行有关补贴。

表1-1　　日本儿童补贴法案及执政党方案

	预算规模	支付金额（月）	收入限制
自民党/公明党联合政权	1兆日元	0~2岁：1万日元 3~12岁：二孩以下5千日元；三孩以上1万日元	有
公明党方案	1.9兆日元	0~15岁：1万日元	有
政府实际儿童补贴2010年度	2.7兆日元	0~15岁：1.3万日元	无

① 第174届国会鸠山首相的施政方针演说，2010年1月29日。日本首相官邸主页，http://www.kantei.go.jp/jp/hatoyama/statement/201001/29siseihousin.html

续表

	预算规模	支付金额（月）	收入限制
儿童补贴过渡法案（6个月）	—	0~15岁：1.3万日元	无
2011年度的儿童补贴方案	2.9兆日元	0~2岁：2万日元：3~15岁：1.3万日元	无
民主党2009年政策纲领	5.5兆日元	0~15岁：2.6万日元	无

资料来源：《朝日新闻》，2011年3月29日。

第二，高中免费教育是民主党新政的又一大亮点。民主党采取发放补助的方式，完全减免公立高中每年约12万日元的学费。私立高中的学生，同样享受等额补助，而对于上私立高中的低收入家庭，则补贴最高达到24万日元。在经济危机的背景下，这有利于减轻普通家庭的负担，避免青少年因经济原因辍学。

第三，养老金和医疗方面。曾经引以为荣的日本养老金制度，在步入“不惑”之年后，不仅由于代际间支付与回报的不公，财政赤字状况严峻，面临制度性危机，而且由于社保厅的违规挪用、养老保险数据遗失以及滞纳养老金行为等，使日本养老金制度面临着前所未有的危机。可以说能否重建养老金制度，是民主党新政成败的关键。鸠山上台后不久，在2009年10月的参议院大会上就表示，要尽最大努力在4年内创建新的养老金制度。改革思路是：一是将国民、厚生、共济三种养老金统一为一种形式；二是创设“收入比例养老金”；三是以消费税为财源设置“最低保障养老金”。① 根据优先顺序，政府将争取在2年内解决“消失的养老金”问题，恢复国民信任，逐步摸索养老金制度改革的具体方法。

医疗制度改革同样是一个新的挑战。面对政府负担加重，医疗投入比例失衡，医护人员短缺，“医疗体制解体”的形势，民主党政权提出：“要改变以往仅从财政观点出发一味控制医护费用的方针，着手创建能够提供高效、稳定、高质量医护服务的体制。”具体做法是：一是要废除自民党2006年制定的“高龄老人②医疗制度”，创建新的医疗制度。二是将医生人数增加1.5倍，充实急诊、妇产科、儿科和外科，重建地方医疗体制。

① “民主党政权公约”，http：//www.dpj.or.jp/special/manifesto2009/pdf/manifesto_ 2009.pdf

② 高龄老人，指75岁以上的老人，日语称为“后期高龄者”。

第四，推进地区主权，扩大地方财源。作为其中的主要措施之一，民主党最初主张，为了搞活地方经济，原则上实行高速公路免费。2010年的政策纲领中该项政策已经做出调整，表明要视免费的实际效果和其他公共交通的状况，阶段性地推行免费措施。

此外，民主党还创设了农户收入补贴制度。2008年相关法案在众议院被否决。作为民主党的农业政策，该制度被列入政策纲领。民主党上台后，预定从2011年度开始，其中对稻农的补贴提前到2010年度起开始实施。目的在于促进农业自给率，推动农牧渔业的再生和发展。

到2010年6月11日"2010年民主党政治纲领"公布时，民主党的自我评价是，在179项政策中，实施的有35项，一部分实施的有59项，着手的70项，未着手的70项。[①] 其中，育儿补贴、高中教育免费、高速公路免费和农户收入补贴，被在野党自民党指责为乱花钱的"4K"（取4个日语单词的开头字母）项目，成为朝野政党争论和舆论所关注的焦点问题。改善民生，缩小差距，实现内需主导型的经济复苏，其出发点毋庸置疑，问题是在世界经济形势不稳、日本财政状况严峻、国民心态不安的情况下，这些具体的补助政策，难以产生有效需求，刺激并带动日本经济自律性的发展，却反而显出理想化的色彩和迎合民众的感觉。因此，面对前所未有的灾害，民主党在"非常国会"的政治窘境下，部分政策已经难以继续推行下去，将不得不进行调整或变更，然而，这也将进一步动摇民主党自身的政治威信和政策基础。

一场没有硝烟的战争

史无前例的军队动员

3·11大地震发生后，日本政府迅速启动危机管理机制，建立了灾害对策总部。3月11日大地震当天下午6点，防卫省正式发布了"大规模地震

① "民主党政策纲领2010"，日本民主党主页，http://www.dpj.or.jp/special/manifesto2010/data/manifesto2010.txt

灾害派遣命令”。7点30分，又发布了“核灾害派遣命令”。截至3月12日凌晨1点，派遣的部队人数为8400人，飞机约170架，舰艇约25艘。[①] 到3月12日早上7点半，以日本东北方面部队为主的派遣人员已达2万人。

“保护国民的生命、生活和财产安全是我们的使命，今天一天要全力以赴。”菅直人首相在3月12日上午第5次紧急灾害对策总部会上做出如上指示。并且，鉴于灾害严重、规模空前的状况，菅直人表明将救援军队的人数扩大为5万人。即算上已经投入的陆上自卫队2万人，还将增援包括工程部队在内的2万人，以及海上自卫队和空中自卫队1万人，总数将达到5万人的规模。[②]

紧接着，3月13日防卫大臣北泽俊美在防卫省灾害对策总部上表明，根据12日菅直人首相的命令，将把向灾区派遣的部队扩大到10万人。并且，为了提高救灾活动效率，将陆海空三军编成统一的救灾部队，由陆上自卫队东北方面总监统一指挥。[③]

为了本次救灾，截至3月20日，自卫队已经投入兵力达106600人、飞机535架、舰艇57艘。动员人数约占日本军队总数23万人的46%。3月16日，甚至首次开始动员自卫队预备役。[④]

此外，美军也参加了本次救灾行动。《读卖新闻》引述一位防卫省干部的话，即自卫队、美军派遣了“史无前例”规模的部队。截至3月27日上午9点，自卫队出动人数接近陆海空三军自卫队总人数的一半，达到106900人，飞机539架，舰艇53艘。美军也派出陆海空以及海军陆战队共16000人，飞机113架以及包括航母在内的舰艇12艘。[⑤] 日美合计救灾部队总人数超过了12万人，远远超过阪神地震时派出的1.9万人，可谓规模空前、史无前例。日本防卫省的一位干部称之为“自卫队与美军合作进行的最大规模的作战”。[⑥]

从累计出动部队人数来看，截至4月21日，日本陆海空自卫队参与救灾人员共达403万人次（42天，快报数值），已经超过阪神大地震的约220万人次（101天）。据防卫省消息，在4月21日参与救灾的人数仍为106450

① 防卫省：“2011年东北地方太平洋地震自卫队活动情况（1时）”，2011年3月12日。

② 《每日新闻》，2011年3月13日。

③ 《产经新闻》，2011年3月13日。

④ *AERA* 2011年4月4日，p.36。

⑤ 《读卖新闻》，2011年3月28日。

⑥ 《每日新闻》，2011年3月21日。

人。从 3 月 18 日以来，已连续 35 天维持 10 万人以上的救灾规模。①

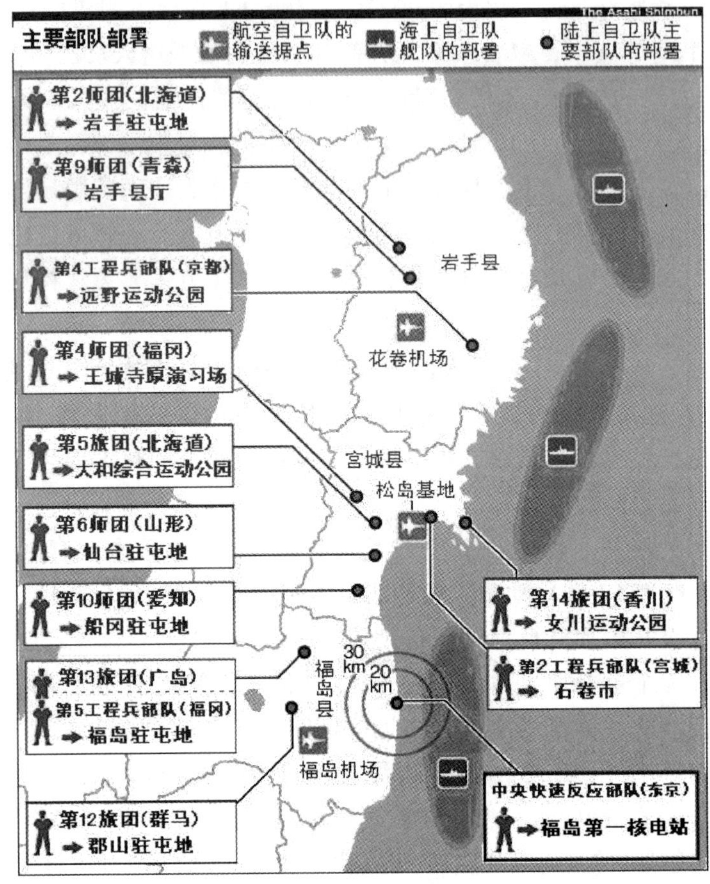

图 1-1 东日本大地震自卫队救援部署

资料来源：《朝日新闻》，2011 年 3 月 27 日。

"朋友行动"——日美联合救灾

日本大地震发生后，美国政府拨款 8000 万美元（约 68 亿日元），支持美军救援日本灾区，展开了代号为"朋友"的行动。截至 3 月 30 日，美军投入的兵力已经超过 1.8 万人，接近驻日美军人数的 1/5。美军对日本灾区的救援，可谓"史上最大的救援行动"。②

① 《读卖新闻》，2011 年 4 月 22 日。
② 日本共同社，2011 年 3 月 31 日电。

《日美安全条约》上并没有规定，发生灾害时驻留日本各地的美军有救援的义务。然而，基于日美盟国的关系，美国驻日大使罗斯于地震当天下午5点多就向日本政府提出驻日美军愿意参与救灾的申请。除驻日美军外，在日本以外地区执行任务的海军及美国本土的部队也参加了这一行动。

3月11日，以长崎县美军佐世保基地为母港的美军第七舰队两栖攻击舰“埃塞克斯”号在结束演习后，停靠在马来西亚婆罗岛休息。当地震和海啸发生后，舰长接到上级命令，要求上岸的人员立即回到舰上，结束短暂的休息，全舰2000多人赶赴日本救灾。一位海军上尉表示：“说实话，当时因为休假泡汤一度有点失望，但得知日本的情况后，这种想法就烟消云散了。”①

美军的行动，是驻日美军司令部与日本防卫省、仙台的陆上自卫队东北方面总监部密切协调后展开的。地震发生之初，美军指挥官是驻日美军司令官菲尔德（空军中将）。为了协调统一指挥各兵种参与救援，美方在东京横田基地的美军驻日司令部设立“统一支援部队”（JSF），由海军上将、美国海军太平洋舰队总司令沃尔什担任总指挥。据“朋友”行动总指挥沃尔什上将表示，每天他都要通过电话和日本自卫队参谋长联席会议主席折木良一会谈半个多小时，双方“保持密切协作”。日美军队联合救援的基础，无须说是长期以来两国构筑的相互信赖关系。两国军队具体行动的迅速展开，则本身就是基于共同训练经验基础上一次真正的救灾“实战”。正如一位自卫队干部指出，“对于本次地震、核泄漏，自卫队和美军是按照日本遭受侵略的有事体制进行应对的。（平时）和美军进行共同演习等积累了合作经验，这回是检验其真正价值的时候了。”②

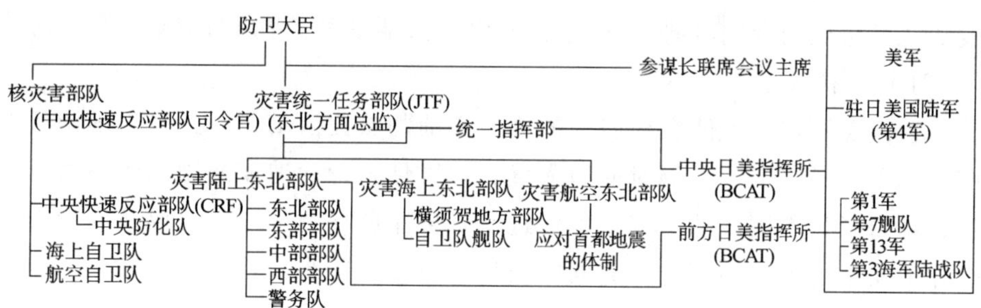

图1－2　东日本大地震日美军队联合救灾指挥系统

资料来源：《文春周刊》，2011年3月31日，第40页。

---

① 日本共同社，2011年3月31日电。

② 《读卖新闻》，2011年3月28日。

本次行动，美国不仅派遣了大量军队，还出动了包括核动力航空母舰“罗纳德·里根”号在内的百余艘舰艇，在东日本各地和三陆近海地区搜集灾害信息，运送救灾物资，搜救被困人员和遇难者，清理废墟，修复机场、港口和学校等。

地震发生后，应日方要求，美军首先派出无人侦察机“全球鹰”去现场收集信息。同时，“里根”号航母当天便赶赴灾区，10 架舰载直升机从空中发现孤立无援的受灾者之后，为其提供了饮用水、食品和棉被，FA18 战斗机则从高空拍照，从 13.1 万张照片中详细确认，看有无遗漏的受灾者。

海军登陆舰“托尔图加”号从北海道运来陆上自卫队 93 辆车和 273 名士兵，用登陆艇送到青森县的大凑港，并在八户近海向孤立的岩手县山田町空军自卫队基地运送了 13 吨水和食品。美军 3 名军官还登上日本海上自卫队护卫舰“日向号”，协调救援任务。上述的两栖攻击舰“埃塞克斯”号搭载的驻冲绳海军陆战队也赶到仙台，帮助清理机场跑道垃圾，修理机场设备。①

随着核泄漏危机的发展，美国将支援重点由搜索、救助转变为协助应对核危机。除了由关岛安德森空军基地派出“全球鹰”无人侦察机进行空中侦查，提供相关信息之外，还提供先前在伊拉克和阿富汗“服役”的机器人，代替人进入核电站内高辐射区摄像、清理碎石；还提供水泵和防化衣，支持日方工作人员的现场作业；还派遣装载冷却用淡水的驳船，支援福岛第一核电站向反应堆注水。此外，美国还先后派遣数十名核问题专家和工作人员赴日，协助日本应对核泄漏。4 月 2 日，美军还派出一支由 15 名海军陆战队队员组成的专门处理核·生物·化学武器的特遣防化部队（英文简称 CBIRF）驰援日本。

这次美军与自卫队合作展开的规模空前的救援活动，一扫因美国国务院前日本处处长凯文·马厄对冲绳人发表侮辱性言论而造成两国间的不信任气氛，赢得了日本国民的信赖，也促进了日美军队联合应对灾害以及安全防卫合作的实战能力，为深化日美同盟迈出了重要的一步。

自卫队性质与灾害救援

“也许在职时，你们没有得到国民的感谢就离开了自卫队。也许你们的

① 《每日新闻》，2010 年 3 月 21 日。

一生充满了责难与诽谤。然而，自卫队受到国民欢迎、追捧之时，就是（日本）遭到外国攻击、国家面临生死存亡之时，或者是灾难发生、调遣军队之时。换句话说，你们是‘被遗忘的人’的时候，就是国民和日本幸福的时候。你们要忍耐！”①

这段话是日本前首相吉田茂1957年2月在防卫大学第一届毕业生典礼上的讲话，可以说是指出了日本自卫队的作用或性质。《日本国宪法》第九条规定：日本国民衷心谋求基于正义与秩序的国际和平，永远放弃以国权发动的战争、武力威胁或武力行使作为解决国际争端的手段。为达到前项目的，不保持陆海空军及其他战争力量，不承认国家的交战权。

因此，1954年7月1日正式成立的日本自卫队的地位和角色，长期以来备受争议。冷战结束后，随着日本安全政策的调整，日本自卫队开始走出国门，参与联合国维和、打击海盗和参加联合军事演习。“9·11”之后，自卫队更进一步，积极支持美国在阿富汗、伊拉克展开军事行动。由于历史原因，对日本自卫队积极谋求发挥军事安全作用，有关国家心存警惕。现任官房副长官的仙谷由人，在2010年11月担任菅直人内阁官房长官时所谓“自卫队是暴力机构”的发言，流露出日本国民相当一部分人的认识或心态。

当然，在和平时期，灾害救援是部队的一项重要任务。组织纪律性强、机动能力大的自卫队，成为灾害救援中不可或缺的重要力量。1995年1月阪神大地震时，由于自卫队出动迟缓、救援不力，首相村山富市备受指责。日本政府吸取阪神地震以及其他灾害的经验和教训，简化了各县知事要求派遣军队的手续，建立了日常待机而动的快速反应部队，实现了一定震级以上地震发生时，可以自主调动自卫队的可能。即根据《自卫队法》第83条第2款，即使没有知事的要求，也可以自主决定派遣军队。

面对本次“3·11”地震、海啸和核泄漏的三重复合危机，首相菅直人一口气动员了10万自卫队，出动速度还算比较快，动员规模前所未有。截至3月20日，营救总人数为26760人，其中约73%是自卫队救助的。② 同样，自卫队不仅直接参与人员救护、物资运输、道路修复，甚至还参与了遇难者遗体的搬运和处理工作，还有一部分则直接参与了危险的核泄漏处理工

① 《产经新闻》，2011年3月17日。

② *AERA*，2011年4月4日，第36页。

作，应该说在抗震救灾方面发挥了最重要的作用。

从东京赶赴仙台救灾的一位自卫队干部，吃饭时在与当地队员谈笑中才说，“实际上，现在我家人就在避难所”。同样，在仙台陆上自卫队驻地，因保育院等地受灾，只好为自卫队家属开设了临时性的寄托所。3 月 19 日午后，一位身着迷彩服的女自卫官托付了两个孩子之后，就匆匆去执行任务。地震当天 11 日晚上，寄托的孩子有 20 多个。据“统一任务部队”指挥官君塚荣治在记者招待会上表示，东北 6 县自卫队官兵的约 2 万名亲属，仍未确认是否平安，“我们自卫官也是灾民。”①

然而，这里存在的问题是，首先如何解决救灾部队的轮换休息。本次动员部队规模超过 10 万人，加上后方进行物资补给的兵营工作人员，参与人数多达 18 万人，从日本约 24 万人规模的自卫队来看，可谓近乎“全军”总动员。救灾半月，自卫队队员大都身心疲惫。参谋长联席会议主席折木良一在 3 月 24 日的记者招待会上表示：“战士们（的疲劳）已经接近极限。”防卫大臣北泽俊美在防卫省的会议上也指出：灾害救援“预计将长期进行下去，因此应该研究一下包括部队轮换在内的今后长期的部队工作计划。”②4 月 15 日，就有一名从地震当天就被派到岩手县远野市参与救援的陆上自卫队士兵，因脑出血死亡。这已是在救援现场死亡的第二个人。

其次，是如何有效发挥部队救援能力的问题。一位在现场救援的陆上自卫队军官表示：“因为是有多少人派多少，结果造成不少现场没有装备，不适合展开救援活动。我非常懊悔，作为专业救援人员派去的部队，很多时候只能和志愿者干一样的活。”③

另外，被派往核电站第一线的自卫队防化部队，面对核泄漏却显得无计可施。因为他们平常训练的任务只是如何防止核武器袭击，如何探测敌人使用的武器，发出警报，或者是清除放射污染，分配化学武器的解毒剂等，而根本没有原子炉的知识，防护服也不能充分防止外部辐射，而且也完全不具备注水的能力。面对“无形的敌人”，他们不得不躲在车内，或者乘坐大型直升机 CH47 从空中往下洒水，效果只能是“隔靴搔痒”、“杯水车薪”。相比东京消防厅的急救队员和东京电力的现场工作人员，自卫队防化部队留给人们的是“胆小鬼”的形象。

---

① 《朝日新闻》，2011 年 3 月 21 日。

② 《朝日新闻》，2011 年 3 月 27 日。

③ 《POST 周刊》，2001 年 4 月 8 日，第 29 页。

民主党政权能否“长治久安”

震后的民主党实力

“3·11”大地震的空前灾难，一时扭转了日本政局的风向，至少使菅直人摆脱了政治资金丑闻的困扰，也打破了自民党等在野党在短期内解散众议院举行大选的如意想法，使民主党政权获得了难得的喘息机会。

菅直人政府本想借此“天赐之机”，放手一搏，以重新赢得民心，进而巩固政权基础。但是，缺乏执政经验和领导能力，囿于政治主导的菅直人政府，因救灾不力，特别是在应对核泄漏事故上措施未见及时妥当，受到国民的严厉批评。据《每日新闻》4 月 16 ~ 17 日进行的全国舆论调查显示，78% 的受访者认为在灾害处理上，菅直人没有发挥领导作用；对于政府的灾区支援方面，给予评价的为 50%，不予评价的达 46%；而对政府应对核泄漏方面，完全不予评价的为 23%，不太给予评价的为 45%，二者合计负面评价高达 68%。有 58% 的受访者，不相信政府发布的有关核电站放射性物质泄漏的信息，表明国民对核电站事故的不安和对政府的不信任。[①]

尽管本次菅内阁的支持率相比 2 月份的民调上升了 3 个百分点，达到 22%，但是作为非常时期的内阁支持率来说，算是比较低的，况且，自 2010 年 11 月以来，内阁支持率一直徘徊在 30% 以下的所谓“警戒水位”，未见明显起色。从政党支持率来看，自 2009 年政权交替以来，仅仅一年多便时过境迁。特别是进入 2011 年，菅直人虽进行了第二次内阁改造，然而，民主党仍日渐颓势。据《每日新闻》的舆论调查显示，2011 年 1 月，民主党（20%）又被自民党（21%）反超。2 月份，民主党支持率进一步降至 15%，4 月份的本次调查，民主党支持率与上次相比，又降低一个百分点，为 14%，自民党支持率则维持在 20% 的水平上。在朝野政党的博弈中，无党派的支持率却攀升到 48%。[②] 2011 年 4 月进行的地方统一选举，是民主党

① 《每日新闻》，2011 年 4 月 17 日。

② 《每日新闻》，2011 年 1 月 15 日、2 月 20 日、4 月 17 日。

建政以来的首次地方选举，结果民主党惨败，实际上这已经敲响了民主党政权下课的预备铃。

民主党的急剧式微，除了政权更替以来施政未见大的建树之外，一个重要的原因在于内部不和。1996 年 9 月成立的民主党主要成员来自先驱新党和社民党，1998 年 4 月又与民政党、友爱新党、民主改革联合合并为新的民主党，政治定位也由“第三极政治势力”转变为“实现政权更迭、成为执政党”。2003 年 7 月，民主党又与小泽一郎的自由党合并，实力大增，2007 年在通常选举中获胜，成为参议员第一大党。在实现“政权更替”的统一目标下，民主党终于在 2009 年一举实现了“夺取政权”的目标。原本民主党内部就成分复杂、政见不一，但在争取成为执政党的共同目标下，暂时维持了内部表面上的“和谐”，产生了对外一致的凝聚力。

共患难易，同享福难。当民主党走上前台、当朝执政时，围绕权位，各派之间矛盾开始暴露、激化。民主党内主要有 7 大集团，或曰派阀，就与小泽势力的远近关系，大致分为“亲小泽势力”、“反小泽势力”以及中间派，鸠山集团、旧社会党集团和旧民社党集团相对与小泽集团关系接近，而前原集团、野田集团则与菅直人集团关系较好，和小泽不睦。参见表 1－2。

表 1－2　　日本民主党的主要派阀

派系/派阀	首脑	议员人数	背景来源
一新会	小泽一郎	约 120 名	原自由党系议员、新当选议员
实现政权公约会	鸠山由纪夫	约 50 名	原先驱新党系右派议员
国家之形研究会	菅直人	约 60 名	原先驱新党系、自由主义志向
花齐会	野田佳彦	约 30 人	松下政经塾出身的议员
新政局恳谈会	舆石东、横路孝弘	约 30 名	原社会党以及原总评系议员
民社协会	川端达夫、田中庆秋	约 40 名	旧民社党、友爱新党系议员
凌云会	前原诚司、枝野幸男	约 30 名	原先驱新党的少壮派议员

资料来源：各方统计数字不同，亦前后有变。本表数字参照《日本经济新闻》2010 年 6 月 4 日。

在鸠山由纪夫当政的“小鸠时代（小泽一郎·鸠山由纪夫）”，身为副总理的菅直人受到冷遇。2010 年 9 月，菅直人与小泽竞选党代表获胜后，开始贯彻“脱小泽”路线，双方关系日渐疏远。昔日在野党时代，民主党三位巨头（鸠山、小泽、菅）同舟垂钓的情景一去不复返。当 2011 年 1 月小泽一郎因政治资金问题被东京地方检察署强制起诉后，民主党领导层 2 月做出给予其“停止党员资格”的处分。于是，2月17日，小泽的支持者渡边浩一等16名议员提出脱离众议院民主党会派的申请，2月24日，农林水产省政务官松木谦公愤而辞职。3月10日，在由约50位初次当选的直系议员组成的“北辰会”上，小泽一郎批评菅直人政权“根本不符合常规”，指出“经过选举的洗礼后，要创建一个可以牢牢掌控日本丸的政权”，表示出了众议院解散后主导政界重组的想法。① 党内小泽的支持者和反小泽的力量斗争日趋白热化，民主党政权内部人心涣散、离心离德。

地震发生一个多星期后的3月19日，菅直人与前首相鸠山由纪夫、民主党前代表小泽一郎、前外相前原诚司在首相官邸举行了会谈，希望三位民主党代表历任者在应对核电站事故及支援东日本大地震灾民等方面予以配合，但是并没有具体的指示和请求。据一位民主党中间派的干部透露，“那次会谈，是因党内‘时值情况紧急之时，可以用经验丰富的小泽’的呼声高涨，冈田（克也）才表示‘最近听到不少外边声音，可以让他们发泄发泄’，于是有了上边的会谈。从一开始就根本没有准备用他们。菅直人曾骂道‘我没错。那两个穿一条腿裤的家伙，我已经腻味了。得机会，就想把我搞下去。’”②

大地震并没有让民主党内部走向团结。地震刚过半月，3月29日，小泽派议员举行会议，认为“菅直人首相难以应对国家危机”，应该早日下台。4月民主党在地方统一选举失败后，4月12日，小泽和鸠山举行会谈，公开表明“菅直人政权难以应对东日本大地震”，“政治家应该为前期统一地方选举的惨败承担责任”。③ 同日，小泽在与亲信议员的会谈中明确指出，“为了让菅直人首相（党代表）下台，只有通过内阁不信任案”，首次提及倒阁之事，并对在野党在6月国会结束前研究提出内阁不信任案表示出赞同的看法，旨在逼迫菅直人自动下台。④

假若如此，其必将引发日本政坛一场强烈的“地震”，导致卷入朝野政党的又一次政界重组。因此，民主党内部派阀矛盾能否消弭，走向如何，直接关乎民主党政权的生死存亡，以及日本政局和日本政党体制的走向。

---

① 《朝日新闻》，2011年3月11日。
② 《POST周刊》，2001年4月8日，第30页。
③ 《读卖新闻》，2011年4月17日。
④ 《产经新闻》，2011年4月14日。

"大联合政权"能否美梦成真

史无前例的大地震袭击东日本，朝野政敌一度"政治休战"。然而，随着4月份地方统一选举战的展开，喧嚣一时的"大联合"骚动暂时沉寂，在野党"倒阁"的号炮再度鸣响。究竟执政党民主党与在野党自民党能否实现"大联合"而组建"巨型"的联合政权呢?

据4月初《读卖新闻》和TBS的舆论调查，《读卖新闻》(4月1~3日)的调查结果是64%的受访者认为"组建大联合为好"，27%的不主张联合；TBS(4月2~4日)的调查结果是"非常赞成和一定程度赞成大联合的"占55%，"不太赞成和完全不赞成的"也达到39%。[①] 同样，4月16~17日《每日新闻》的舆论调查也显示，为了应对灾害复兴，57%的受访者"赞成"民主、自民两党组建联合政权，32%的人"反对"大联合。[②] 受访民众中的赞成者比例均超过反对者。

菅直人为何主动提出组建"大联合"政权?个人到底有多少诚意姑且不论，然而，如若利用地震的时机能将自民党拉入自己的政权，一是可以解除目前扭曲国会的被动局面，维持以民主党为主的政权，顺利推行灾后复兴政策；二是可以借机打击民主党内小泽等"反对派"势力，防止其朝野联合，共同逼宫，陷自己于困境。退一步讲，即使联合不成，菅直人政权也是高姿态，而自民党却有可能落个国难之时"不合作"的名声。

然而，民主党与自民党实现"大联合"难度很大。首先是两党内部意见不一、难以调和。民主党内的小泽势力不愿意看到菅直人主导的"民自大联合"，而是想先把菅直人赶下台。自民党中对于这个"烫手的山芋"表示出积极态度的，大多是些吃冷饭的元老或派阀，他们欲借机东山再起，重掌权力。主流实力派则大多态度谨慎，不主张进入联合政权。4月14日，自民党总裁谷垣祯一在记者招待会上明确要求菅直人和民主党下台，流露出自己执掌政权的想法。他强调："这样的体制持续下去，对国民来说极其不幸!"[③]

其次，随着两党人气的逆转，自民党欲推翻民主党政府，在自己的主导下建立政权。如上所述，民主党已经风光不再，内阁支持率和政党支持率持

---

① 田崎史郎："新闻深层"，2011年4月11日，http://gendai.ismedia.jp/articles/-/2422

② 《每日新闻》，2011年4月18日。

③ 《产经新闻》，2011年4月14日。

续下滑。特别是参议院的自民党议员反对两党联合、主张倒阁的人占大多数。他们旨在利用参议院在野党的优势，重演民主党的“故伎”，逼迫民主党接受自己的政策，进而解散众议院，通过大选赢得上台主政的机会。

再次，民主党与自民党之间人际关系疏远，相互缺乏信赖。负责协调党际关系的民主党干事长冈田克也，固守原则，拘谨刻板，自民党对他评价不高，与自民党干事长石原伸晃亦不能很好地沟通。借石原伸晃的话来说，就是“民主党内没人了，能够说得成话的，也只有仙谷由人（代理代表，官房副长官）”。[①] 像这样协商组建联合政权的难事，非相当胆识和魄力之人，难以胜任。

最后，政策协调亦非易事。虽然两党同属保守政党，政策之间并无本质性区别，而且民主党2009年政策纲领中的招牌政策也相继做出调整或变更。然而，在不少政策方面，双方还存在不少分歧。民主党如若放弃自己的主要政策，也意味着背叛自己和民意，无异自取“消亡”，所以两大阵营走在一起绝非易事。

多数民众之所以赞成民主党与自民党组建“大联合”政权，其实是期待两党不要拘泥于一党私利或个人名利，相互协作，共度难关，而非真正意义上希望日本建立一个雄踞众议院89.0%、参议院79.3%议席（包括国民新党）的“超级巨型执政党”。从民主政治发展的角度，那样也未必真正符合民意和国家利益。

当然，并不完全排除建立大联合政权的可能性，两党之间局部的分化组合或有可能。日本政局瞬息万变，原本一部分人昔日就曾在同一个战壕并肩作战，1993年自民党一党优势体制结束时乱象丛生的记忆，并未遗忘。3年前福田内阁与小泽探讨“大联合”的骚动，更是记忆犹新。在日本政治的转型时期，又赶上大灾难发生的困难之际，可谓考验着日本国民，更考验着掌舵日本的政治家们的能力与智慧。

---

① 岁川隆雄：“新闻深层”，2011年4月9日，http://gendai.ismedia.jp/articles/-/2414

二、防不胜防

——不堪重负的防灾应急体系

紧急启动的灾难应急机制

东京时间2011年3月11日14时46分，日本东北部地区发生强烈地震，并引发大规模海啸。

14时46分45.6秒，日本气象厅发出第一次地震警报。此后，连续播报15次（至14时48分37.0秒）。地震级别为8.1级，地震中心为三陆冲（牡鹿半岛东南约130公里附近），中心深度为10公里。

14时50分：正在召开的参议院决算委员会中止。日本内阁召开紧急会议，首相官邸成立灾害对策中心。

14时50分：防卫省设立“灾害对策本部”。应宫城县知事要求，决定派遣自卫队支援。

14时57分：大湊地方海上自卫队出动UH－60J直升飞机救援，陆上自卫队和航空自卫队整装待命。

15时27分：日本政府紧急灾害对策本部成立，并通过《灾害应急对策基本方针》。日本首相菅直人指示防卫大臣派自卫队参与救灾活动。

防卫大臣北泽俊美命令8000名自卫队士兵奔赴灾区，最大限度开展救灾活动。

15时33分：气象厅发布海啸警报，北海道太平洋沿岸东部、中部、西部，青森县太平洋沿岸、岩手县、宫城县、福岛县、茨城县、千叶县、伊豆群岛发生大规模海啸。

16 时 36 分：日本内阁接到福岛第一核电站出现问题的报告。

16 时 54 分：日本内阁召开记者会，宣布核电站自动停止运转，但是否出现放射性物质泄漏，尚不得知。

17 时 3 分：日本政府宣布核电站处于紧急状态。首相官邸成立原子能灾害对策本部，与此同时，在福岛县原子能灾害对策中心成立原子能灾害现场对策本部。

大地震的现场直播反反复复、接连不断，电视屏幕中的画面令所有人心惊肉跳、毛骨悚然。海啸浪高竟达 14 米、四列运行中的电车竟不知去向、仙台机场竟被海水吞噬、东京交通竟全线停运……电视台播音员戴上了安全帽，一边呼吁大家镇定，一边逐一报道各地发生的受灾现状。

面对第二次世界大战以来的巨大灾难，日本的国家机器将如何运转？曾经号称世界第一的防灾体系将如何应对这场有史以来的最大危机？受灾的日本将走向何处？

“最给力”的防灾体系

天灾之国的日本

岛国日本是名副其实的“灾害大国”。经常发生的地震、火灾、海啸、火山等自然灾害构成了日本一部悲壮的抗灾史。据统计，世界上每 5 次地震中就有 1 次发生在日本周边。从 1994 年到 2003 年，全世界共发生过 960 次 6 级以上地震，其中的 220 次发生在日本。日本占 6 级以上地震的 22.9%，占世界活火山的 7%。

英文“tsunami”一词来源于日本的“津波”。早在 15 世纪，日本就有关于海啸的记录。1498 年日本东海·东南海地区发生 8.2 级地震，并引发大海啸，导致 4.1 万人死亡。1703 年元禄大地震，引起海啸高达 8 米，太平洋地带死亡和失踪人数达 20 万人。1854 年，东海·南海发生 7.4 级地震，并引发海啸，导致 4000 多人死亡和失踪。

东日本大地震的中心位于亚欧大陆板块与太平洋板块的结合部位，地质上形成了纵观东日本周边的巨大日本海沟，这里是一个大地震、大海啸的多发地。1896年，日本东北地区的三陆冲地区发生8级地震，伴随而来的海啸高达38.2米，海啸洗劫了北海道、青森、宫城、岩手等地区，造成21959人死亡，冲毁房屋10万多间，船只损失达7000多艘，海啸造成的波浪横跨太平洋，直达美国加利福尼亚和夏威夷两地区沿岸。

1923年9月1日，日本关东地区发生7.9级强烈地震。地震造成15万人丧生，200多万人无家可归，财产损失达65亿日元。

1933年，东北三陆冲地区，再次发生8.1级大地震，地震引发海啸达28.7米，沿岸3000余人死亡或失踪。

1960年，智利发生了世界地震记录史上最强烈的9.5级大地震。地震引发的海啸穿越太平洋1.8万公里，经过22.5小时跋涉，最后到达日本东北三陆沿岸，巨浪高达5.5米，导致日本太平洋沿岸142人死亡。

面对多发的地震、海啸、台风、火山等自然灾害的残酷打击与磨练，日本人逐渐形成了自己独特的岛国性格和思维方式。面对大自然的凶悍和无情，他们表现的那样无奈、宿命和淡定。从无数次地震、海啸等灾害救援活动中，日本积累了丰富的防灾抗灾知识和经验。

第二次世界大战以后，日本逐渐形成了一套系统的防灾体系。1946年12月，南海地区发生8级地震，导致1443人死亡和失踪。1947年10月，日本国会通过《灾害救助法》，明确规定了灾害救助的实施体制、适用标准、救助种类、经费支出以及国库负担比例。1959年9月21～27日，“伊势湾台风”肆虐日本，并猛烈袭击了纪伊半岛到东海沿岸的日本中部地区，造成5098人遇难，经济损失高达7000亿日元。面对惨痛的自然灾害，日本政府深刻反省了历次自然灾害面前被动、无奈地应对方式，开始综合筹划系统的防灾体系，试图通过加强灾害预防、灾害预报、灾后救助等应急体系建设，积极应对各种突发的自然灾害。1961年，国会通过《灾害对策基本法》，明确了防灾目的、防灾计划、防灾组织、灾害预防、灾害应急以及灾后重建的行动规范。为了配合《灾害对策基本法》的实施，日本政府又相继出台了一系列防灾救灾相关法律法规，并先后扩充和新建了许多防灾救灾的行政机关和研究机构，包括气象厅、消防厅、防灾局、东京大学地震研究所、京都大学防灾研究所、地震防灾减灾研究中心等，重点资助了一系列关于防灾、减灾、救助相关的重大攻关课题，并取得了许多先进的研究成果。

阪神・淡路大地震的警示

随着第二次世界大战后日本逐渐建立了系统的防灾救灾体系，但对现行日本防灾体系造成直接且最大影响的是阪神・淡路大地震。1995 年 1 月 17 日早晨 5 时 46 分，以神户、淡路为中心，发生里氏 7.3 级大地震。由于属于都市直下型地震，结果导致列车颠覆、铁路中断，高速公路立交桥断裂，商店和住宅区燃起大火。此次地震遇难者达 6434 人中，其中 80% 是由于房屋倒塌而死，还有 600 余人是由于家具等倒塌压死。神户市过半地区出现火灾，一些人由于大火窒息而死。数十万人无家可归，直接损失达 10 万亿日元以上。

阪神地震发生后，大阪管区气象台自动发出了“强烈地震通知”。5 点 50 分，大阪气象台发出无海啸发生的通报，但神户海洋气象台由于传送系统故障无法发出信息。NHK 神户广播局虽然得到了地震信息，但由于等待气象厅确认，直到 6 点 15 分才正式播出“神户发生 6 级地震”的报道。由于通信网络中断，政府无法掌握地震的实际情况。首相村山富市早晨也是通过各大电视台的现场直播，看到了浓烟滚滚的神户灾区，立刻打电话核实情况，但当时没有人知道。7 点 30 分，村山首相第一次接到正式报告。由于阪神通信网络断绝，仍无法判断具体灾情。因此，上午 10 点召开的例行会议并未对灾害进行讨论，而仅仅是决定派国土厅长官小泽洁前往神户视察。而小泽洁却直到 14 点 30 分才乘直升飞机前往灾区。虽然当地的自卫队已经投入救灾活动，但兵库县知事直到晚上 19 点 30 分才正式向自卫队提出派遣申请。

地震 6 小时后，日本国土厅成立“平成七年兵库县南部地震灾害对策本部”，并举行第一次会议。到下午 18 点 13 分，村山首相才召集内阁成员讨论地震对策，并决定由消防厅向全国 13 县调派 141 台消防车和消防队员 700 名，东京都增派 8 架消防专用直升机，接受在日美军的物资运输。由于政府行动迟缓，遭到社会各界强烈批评。1 月 20 日，日本政府成立“灾害对策本部”，村山首相任本部长，全体阁员为委员。此后，政府所属 14 省厅就食料配送、临时住宅道路修复等制定了 86 项紧急对策。同时，政府任命小里贞利为震灾对策担当大臣，全面负责处理地震灾害事宜。当时许多国家的地震救助队申请前往阪神地区参与救援，但都遭到日本政府拒绝。美军第 7 舰队的舰船已经停泊在神户湾，准备出动直升机进行救援，但是始终未能得到日本政府的许可。

阪神大地震发生后，日本政府救援滞后，并拒绝海外援助队，结果造成严重人员伤亡和财产损失。但是，灾区许多志愿者队伍却积极参加了救援行动。在灾后重建过程中，日本政府对志愿者组织给予了一定程度的支持。这些志愿者组织凭借着丰富的救灾经验，在此后发生的台湾大地震、新潟大地震中，发挥了极大应急作用。为了提高全体国民的防灾意识，1995 年 12 月，桥本内阁将每年的 1 月 17 日（阪神大地震发生日）定为全国“防灾和志愿者日”。在纪念阪神大地震中的牺牲者的同时，号召人们积极参与救灾抗灾活动。与此同时，日本政府建立了全面的防灾救灾体制，确立了完善、严密、系统的防灾体系。

循序渐进、不断完善的制度体系

二战后的日本，一方面实现了经济上的腾飞，建成了世界第二经济大国。与此同时，日本在民主和法制建设方面也成就非凡，真正实现了民主治国，依法行政。这不仅体现在日本政府的日常管理中，同时也体现在社会制度建设和国民行为方面。对于任何政府机关或公共机关来说，其行为必须在法定授权的条件下，依据法定程序开展各项活动。

在应对各种自然灾害方面，经过多年的经验积累和教训总结，日本形成了较为完善的防灾救灾的危机管理制度。依法行政、依法防灾成为日本防灾体系的一个重大特点。面对自然灾害或公共安全等突发事件，政府一方面不断总结经验教训，逐步调整现行的防灾救灾制度；另一方面则严格法定程序，依法抗灾。现在，日本国会和政府颁布的直接关于防灾抗灾的法律与规章达 54 部之多，这些法律制度主要从五个层次来规范相关防灾活动。

第一是七部防灾基本法，包括《灾害对策基本法》、《海洋污染及海上灾害防止法》、《石化总厂等灾害防止法》、《大规模地震对策特别措施法》、《原子能灾害对策特别措施法以及对东南海·南海地震防灾对策法》、《日本海沟·千岛海沟地震防灾对策法》等。

第二是十七部关于灾害预防的法律，主要包括《防砂法》、《建筑基准法》、《森林法》、《特殊土壤地带灾害防除及振兴临时措施法》、《气象业务法》、《海岸法》、《台风灾害特别措施法》、《暴雪地带对策特别措施法》、《河川法》、《活火山对策特别措施法》、《地震防灾特别措施法》等。

第三是三部关于灾害应急的法律，包括《灾害救助法》、《消防法》、

《水防法》。

第四是二十三部关于灾害恢复、复兴、财政金融措施等法律，包括《森林国营保险法》、《农业灾害补偿法》、《住宅金融公库法》、《铁道轨道整备法》、《渔业灾害补偿法》、《地震保险法》、《公营住宅法》、《空港法》、《公立学校设施灾害恢复费国库负担法》、《特大灾害财政援助法》、《地震保险法》、《受灾者生活再建支援法》等，这些法律涉及灾害救助的各个方面。

第五是四部关于救灾活动组织和落实的相关法律，包括《消防组织法》、《海上保安厅法》、《警察法》、《自卫队法》。通过对各救灾主体的组织形式和行动方针的规范，可以保证遇到重大灾害时及时有效地开展救灾活动。

应该说，1961 年通过的《灾害对策基本法》是防灾活动的基本法。在《灾害对策基本法》出台以前，日本政府已经制定了多部关于防灾活动的法律法规，之所以当时要出台一部关于防灾的基本法律，关键在于消除原防灾体系中存在的不协调和制度缺陷，从而达到灾害对策的系统化，以实现综合防灾、计划性防灾的目的。《防灾基本法》的立法目的在于，“为保护国土及国民生命、身体、财产免于灾害，应由国家、地方自治团体及其他公共机关确立必要的防灾体制，在明确责任的同时，制定防灾计划、灾害预防、灾害应急对策、灾害恢复及防灾相关的财政金融措施以及其他必要灾害对策的基本规定，整顿和推进综合性防灾行政计划，以利于维持社会秩序，确保公共福祉。”

随着战后各项防灾救灾活动的开展，该法已经进行了多次修改。特别是阪神大地震之后，鉴于日本政府在震灾应急和救助等方面反应严重迟缓的问题，日本政府和国会全面调整修订了《灾害对策基本法》，以图克服在发生重大自然灾害和公共安全危机时可能存在的制度性缺陷。1995 年 6 月和 12 月，日本国会两次修改基本法，涉及政府紧急对策体制、现场自卫队权限、地方公共团体的广域合作、志愿者、接受海外援助、高龄者和身体障碍者安排、灾害信息收集和传输等内容。

首先，此次调整放宽了设置应急对策机关的限制，强化了应急对策机关的人员配置和权力。在原来的法律中，在出现突发重大自然灾害和公共安全事件时，对于设立“非常灾害对策本部”和“紧急灾害对策本部”有比较严格的条件限制，因此可能导致行政应急行动的迟缓。阪神大地震时，从地震信息收集、上报、应对等方面都出现了严重的不协调问题。法律修改后，遇到非常灾害出现时，总理大臣可以直接决定设立非常对策本部。过去，当遇到突发的严重自然灾害时，总理大臣必须先宣布国家进入紧急状态，然后才能经过内阁讨论设立“紧急灾害对策本部”。修改法律后，不再将宣布紧急状态作为设立紧急灾害对策本部的必要条件，从而增强了政府应对紧急事态的灵活性，而且总理大臣可以不经内阁讨论，而直接决定设立非常灾害对策本部。应急对策本部的成员不仅仅包括各省厅的局长级官员，而且还包括全体阁僚。

其次，新法扩大了地方自治团体行政机关、自卫队、警察署等机构的相机灾害处理权力。在发生重大自然灾害时，除地方自治团体积极组织救援之外，市町村首长可以通过都道府县知事，请求派遣自卫队救灾，也可以向防卫厅长官通报灾害情况。与此同时，防卫厅修改了防灾业务计划，确立了自卫队自主派遣的具体标准。遇到紧急情况，自卫队可以直接出动参与地方防灾救灾活动。为保证发生重大灾害时必要车辆和人员的顺利通过，新法扩大了警察机关对特定区域的交通管制权和处置权，以确保灾区紧急救援车辆通行。

为有效实现防灾减灾效果，法律要求各级防灾机关必须实行计划性防灾。因此，中央防灾会议和地方防灾会议必须制定针对具体情况的防灾计划，以确保各项措施的有效性和针对性。在防灾减灾实践中逐渐完善的《灾害对策基本法》，为日本有效防灾减灾工作提供了体制保证，对提高日本整体防灾能力和危机管理水平起着重要指导作用。

多层次、立体交叉式组织体系

《灾害对策基本法》规定，对于突发灾害或公共安全事件，防灾抗灾主体主要包括国家、地方自治团体、指定行政机关、指定地方公共机关、指定公共机关、指定地方公共机关。指定公共机关是指独立行政法人、日本银行、日本红十字会、NHK 及其他公共机关和经营电力、煤气、运输、通信及其他公益事业的法人，而指定地方公共机关是指地方独立行政法人、港务局、土地改良区及其他公共设施管理者和在都道府县经营电力、煤气、运输、通信及其他公益事业的法人。借此，日本防灾对策基本法明确确立了各行为主体的防灾责任，从而确立了日本式防灾、减灾、灾害救助和重建的基本框架。

鉴于日本地震、海啸、火山等灾害的多发性和突发性等特点，为全面而迅速地对应各种自然灾害，日本形成了由专门防灾机关、综合防灾会议和相机性对策本部三种机构纵横交错的灾害对策组织模式。

日本政府负有“保护国土及国民生命、身体及财产免于灾害”的使命。在发生灾害或存在灾害危险时，政府机构必须动员其全部组织和机能，谋求一切防灾措施，尽量避免减少灾害或阻止灾害的发生。在制定和实施防灾预防、灾害应急对策及灾害重建的基本计划时，必须积极推动地方公共团体、指定公共机关、指定地方公共机关积极实施防灾事务或业务，指导和监督地方公共团体制定和实施区域防灾计划，并对其加以综合调整，以确保灾害费用负担的合理化。都道府县和市町村等地方公共团体则有义务制定和实施本地区的灾害应对计划。

因此，2001 年日本中央省厅改革时，内阁中单独设立“防灾担当大臣”一职，主要负责防灾防灾等相关事务，包括编制防灾计划，协调中央到地方各项防灾政策，寻求各种灾害的应对策略，收集、传播各种防灾信息和组织执行各项紧急措施，并担任国家“非常灾害对策本部长”以及“紧急灾害对策本部”副本部长（本部长由内阁总理大臣担任）。此外，在内阁官房，设立“内阁危机管理监”一职，主要职能为辅助内阁官房长官及内阁官房副长官，负责内阁官房中的危机管理事务，处理对国民生命、身体或财产危机造成重大危害或可能产生危害的紧急事态及预防。另外还在内阁官房设立“副长官辅佐”一职，专门配合内阁官房从事安全和危机管理事务。

防灾会议

由于官僚体制下的行政管理模式一般按照各部门职能进行分工，讲究各司其职，各负其责，因此往往形成一种层级制纵式命令执行结构。虽然防灾也具有一定的专业性，需要专门负责，但是对于一些巨大的突发性自然灾害，仅靠一个部门或一个地区难以很好应对，为此，必须设立综合性的协调机构，同时又必须有一个能够快速反应的全局性对策部门。

为了推进综合性防灾工作的有效进行，依据法律规定，日本分别设立“中央防灾会议”和“地方防灾会议”，统筹全国或地方的灾害预防、减灾和灾害重建活动。在突发性灾害发生时，根据发生灾害的危害程度、紧迫性等，分别设立“非常灾害对策本部”、“紧急灾害对策本部”以及各地的“现场对策本部”，全权处理涉及灾害预防和灾害救助等各种具体事务。

“中央防灾会议”作为日本内阁的政策委员会之一，由总理大臣担任会长，成员包括各内阁成员、指定公共机关首长和知名专家。中央防灾会议负责制定和推进防灾基本计划，在发生非常灾害时，制定和推动紧急措施计划，接受内阁总理大臣和防灾担当大臣的咨询，审议各类有关防灾的重要事项等。为确保防灾工作科学而有序地开展，中央防灾会议下设多个专门委员会，分别就专门事项进行调查。中央防灾会议有权要求相关行政机关、地方行政机关、地方公共团体及其他执行机关、指定公共机关的长官或其他相关人员提供资料、陈述意见或进行其他必要的合作。同时可以对地方防灾会议或地方防灾会议协议会进行必要的劝告。为了进一步提升政府的防灾决策和协调能力，2001 年，在进行中央机关改革的过程中，将原来设在国土厅的“中央防灾会议”提升至直属总理大臣的内阁府。

日本的防灾组织体系分为中央、都道府县、市町村三级制。都道府县防灾会议由都道府县知事出任会长，成员由指定地方行政机关、警备区自卫队、教育委员会、警察机关、市町村、消防机关以及指定公共机关、指定公共事业分支机构的长官或指定人员组成。地方防灾会议负责制定和推行各区域内的防灾计划，收集灾害相关资料，并就灾害应急对策和灾后重建等事宜，与都道府县相关单位进行联络和协调。

市町村防灾会议由市町村长出任会长，成员比照都道府县防灾会议的组织聘任。其主要任务是拟订市町村区域灾害应对计划，并从事灾情搜集以及制定各项灾害应对措施。地方防灾会议协议会主要是针对横跨都道府县或市町村等区域之间的防灾计划制定和执行而设立，目的在于确保防灾工作无缝开展。但是，设立时必须向内阁总理大臣或都道府县知事提出申报。

灾害对策本部

在发生重大灾害或公共危机事件时，最关键的是快速反应，否则可能造成更严重危机或灾害扩大。在日本，当发生地震、海啸等灾害时，作为临时性对策机关，往往在日本政府及地方公共团体中设立各种灾害对策本部。灾害对策本部作为应对各类突发灾害或公共危机的直接指挥机构，具有统筹全局、统领指挥的权限和职责。按照日本《灾害对策基本法》规定，灾害对策本部主要包括三种类型：即地方级一般“灾害对策本部”、政府级“非常灾害对策本部”和“紧急灾害对策本部”。

一般性地方灾害对策本部是地方公共团体防灾救灾的指挥部。当都道府县或市町村发生灾害或存在灾害的危险时，地方公共团体依据防灾计划可以设立灾害对策本部。灾害对策本部应在与地方防灾会议紧密联系的基础上，实施灾害预防及灾害应急对策。灾害对策本部还可以在灾害发生地设立现场对策本部，代为执行灾害对策本部的相关权利和事务，并全权处理现场救灾事务。

“灾害对策本部”是市町村和都道府县进行本地救灾工作的指挥部。它在组织第一线抢救工作的同时，必须及时收集灾害信息，并呈报上级灾害对策机关。为确保迅速且有效地执行灾害应对计划，法律规定，各级行政机关和公共机关必须密切配合灾害对策机关的救援工作，并且应受灾地区都道府县知事等要求，派遣合适人员参与救灾活动。

在发生非常灾害时，根据灾害规模及其他情况，总理大臣可以在内阁府设立“非常灾害对策本部”，并立刻对本部名称、所辖区域、设置地点及期间向社会公布。非常灾害对策本部由防灾担当大臣为本部长，组织实施各项灾害应急对策。当发生极端异常的重大非常灾难时，经内阁讨论，总理大臣可以在内阁府设立“紧急灾害对策本部”。总理大臣担任紧急灾害对策本部本部长，成员包括全体内阁阁僚、内阁危机管理监以及总理大臣任命的其他人员。紧急灾害对策本部负责全面实施灾害应急对策。

灾害救援机构

上述中央防灾会议、灾害对策本部等都是防灾救灾的组织或领导机构，其主要职能在于计划、组织、协调各种救灾活动。直接承担灾害救灾任务的则主要是消防、警察、自卫队及相关医疗机构。经过长期救灾的实践，日本拥有了一只训练有素、装备精良的救援队伍，并且在日本各地的灾害救援过程中发挥了主力军作用。

日本的消防厅、消防署以及消防队等机关是负责火灾、地震、台风、水灾等灾害救援和医疗急救的专门机关。在发生紧急灾害时，消防厅作为专门从事灾害救助的业务机构，负责派遣紧急消防援助队参与救援，并及时收集、整理、发布灾害信息，保持与日本内阁、相关省厅及地方自治团体的联络和沟通。日本的消防救助队员除了参加救助活动外，平时还组织各种消防演练、消防培训和消防检查。为了提高消防救助队员的救助水平，日本每年都举行全国性的救助技术大赛。

日本的消防人员分专职消防队员和由地方公务员兼职消防团员两种。目前，日本全国有各种消防机关 807 个，消防队员 16 万人，消防团员 90 万人。消防厅则主要负责培训消防队员消防技能和配置最新的消防器材，以保证消防队员能够安全有效地进行消防作业。市町村的消防本部具体负责本地的消防事务。

在发生重大灾害或事故时，为了迅速进行信息的收集、灭火、救出、救助等活动，并确保拥有先进技术和器材装备的救助队能够统一有效地进行消防救助活动，日本消防厅专门成立了“紧急灾害消防救援队”。紧急灾害消防救援队主要开展火灾事故、交通事故、水难事故、自然灾害事故、机械事故、建筑倒塌事故、化学泄漏事故等各种复杂、危险灾害事故的抢险救援工作。这支队伍由紧急指挥支援部队、后方支援部队、紧急部队、航空部队、救助部队、水上部队、灭火部队、特殊灾害部队等8个专业化部队组成。目前，日本全国的紧急灾害消防救援队共有1785个消防队，消防队员约26000人。他们已经成为日本各地进行紧急灾害救援的主力军。

日本的警察队伍同样是一支参与紧急灾害救助的一支重要力量。当发生重大灾害或者存在灾害危险时，为保护国民的生命财产，维护公共安全和秩序，警察必须迅速收集地区灾害信息，劝导和指挥居民避难，开展灾害救助，寻找失踪人员，确认遗体身份，并组织灾民进行自救，确保交通畅通，维持社会治安等。为了吸取阪神大地震时的教训，迅速准确开展灾害警备活动，1995年6月，日本全国各地在警察系统中设置了广域紧急救援队，以确保在发生重大紧急灾难时，形成跨越都道府县的广域灾害迅速救助力量。广域紧急救援队由进行救助的警备部队、确保紧急交通畅通的交通部队和从事检验和提供安全信息的刑事部队组成，全国共4700人。在发生重大灾害时，根据都道府县公安委员会的援助要求，与参与灾区救援的其他警察密切配合，从事各种灾害警备工作。

日本的自卫队作为“专守防卫”的军事组织，当灾害发生时，根据《灾害对策基本法》和《自卫队法》规定，负有参与防灾救灾的义务。但是，鉴于军事组织的特殊性，法律严格规定了自卫队派遣程序。在发生重大灾害等紧急状态时，由所在都道府县知事或灾害对策本部向防卫大臣或其指定的代理人提出书面申请，或通过电话等通讯手段提出派遣申请。防卫大臣或自卫队长官根据申请的内容和实际需要，向灾区派遣灾害救援部队，参与灾害救援活动。当发生5级以上地震等紧急灾害情况时，即使尚未接到地方派遣要求，也可以派遣自卫队进行信息收集和救援。自卫队在参与地方灾害救援时，在努力保证生命、身体和财产安全的同时，应努力实施合理的灾害预防，以防灾害发生或进一步扩大。自卫队提供的灾害救援范围一般比较广泛，包括搜寻和营救伤员、防洪抗险、预防疫病蔓延、供应饮用水和食品、运输人员和物资等。此外，基于防灾派遣相关计划，自卫队也必须经常进行各种灾害救助训练，加强对自卫队员的防灾教育。同时积极参与国家和地方公共团体组织的灾害救助训练和防水、防火训练，增强相互之间防灾救灾的协调能力。现在，日本自卫队总人数为 24 万人。每年由于各种灾害原因而派遣自卫队的次数达 800 次左右。自阪神大地震至今，总派遣人数达 225 万人。

完备而系统化的应对实施体系

经过多次自然灾害和公共安全危机事件的考验，日本各级防灾组织形成了一套应对各种灾害的系统管理机制。从中央政府的防灾担当大臣到地方都道府县以及各级公共机关的防灾专员，从中央防灾会议到地方各级防灾会议，各级机构防灾人员既各负其责，又密切配合，构成了从防灾计划的制定到灾害预防，从灾害应急到灾后重建的有效防灾救灾体系。

防灾计划

为有效推进灾害预防和灾害救助工作，依据灾害对策基本法规定，日本各级灾害对策机关制定了各种具体的防灾计划，主要包括“防灾基本计划”、“防灾业务计划”、“区域防灾计划”以及“指定区域防灾计划”四种。各种防灾计划成为日本政府及都道府县等地方机关进行防灾救灾的行动指南。

防灾基本计划由日本中央防灾会议制定，是防灾领域的最高计划。防灾基本计划的主要目的在于确立全国性综合防灾的长期计划，规范各种防灾业务计划及地方防灾计划标准，统筹日本全国的防灾减灾及灾害重建的工作。

每年中央防灾会议都要根据现实灾害情况以及灾害应急对策的执行效果，并结合最新防灾科学的研究成果，对防灾基本计划进行重新探讨，并加以必要的修正。作为整个国家应对各种灾害的基本行动指针，中央防灾会议制定或修改防灾基本计划后，必须立刻报告总理大臣，并通知各相关指定行政机关、都道府县知事、指定公共机关，并向全国公布其概要内容。

根据防灾基本计划的要求，各相关指定行政机关、指定公共机关基于各自的职能范围和业务内容，负责制定各自的防灾业务计划，在灾害发生时确保行政、电力、煤气、通信、运输等各项应急机能的正常发挥。计划内容主要涉及各行政机关和公共机关在发生灾害时所应该采取的灾害应对措施。在执行防灾业务计划时，各指定行政机关及指定公共机关应接受灾害对策本部的指示，成立内部紧急对策组织，指导各职能部门做好防灾救助准备，并迅速采取防灾措施，收集和反馈灾害相关信息，制定防灾减灾的具体行动计划。

都道府县和市町村等地方公共团体则应该结合本地区特点和可能发生的

灾害情况，制定本区域防灾计划。区域防灾计划包括本地区临时防灾机关的设置及其职责，以及灾害预防、预警避难、防灾演练、现场调查、灾情搜集、灾害救助、卫生防疫等具体对策，并做好灾害发生所必需的人力、设施、设备、物资及资金准备，以保证在灾害发生时立即组织人力物力从事救援工作。

与防灾基本计划一样，区域防灾计划每年必须根据实际执行情况和灾害风险等进行必要的调整和修改。但是，在调整地域防灾计划时，都道府县必须事先与总理大臣协商，市町村则是必须与都道府县知事协商，而且必须做到既不与防灾基本计划相冲突，也不能妨碍防灾业务计划的执行。对于都道府县之间或市町村之间的区域防灾计划，则由都道府县防灾会议协议会或市町村防灾会议协议会负责协商制定。为保证区域防灾计划的顺利执行，都道府县防灾会议会长或都道府县防灾会议协议会代表人在认为必要时，可以对管辖该区域的相关指定公共机关、公共事业机关或人员提出要求、劝告或指示，还可以要求其提供相关资料、报告和计划执行状况。

灾害预防

中国有所谓“有备无患”、“防患于未然”的行为逻辑。与此相同，在日本，基于中国古代文化传统的思维和生活习惯也比比皆是。预防灾害是所有防灾措施中的最高境界。防止灾害发生，尽量减少灾害损失，是各个国家防灾管理中的基本出发点。有多年应对各种自然灾害和人为灾害磨练的日本，从政府到普通百姓，都十分重视灾害预防工作，并形成了比较完善的灾害预防制度体系。

《灾害应对基本法》规定，各指定行政机关的首长、指定地方行政机关的首长、地方自治团体的首长以及其他执行机关、指定公共机关、指定地方公共机关与其他有实施灾害预防责任的人员为预防灾害责任人，负责建立健全灾害预防体制，做好灾害应对的组织准备。他们必须依法组织各种防灾演练活动，准备必要的设施及设备，储备必要的物资器材，并努力消除可能影响未来灾害救助的各种羁绊。依法令或灾害应对计划的规定，灾害预防的责任人应加强对预防灾害的组织管理，特别是完善灾害预测、预报及其迅速传达灾情的组织建设工作，以保证防灾相关事务或业务能迅速且稳妥地实施。

日本政府认为，防灾演练不仅能锻炼各单位的防灾减灾的实战能力，而且能及时纠正现行防灾体制中存在的问题与不足，还可以增强民众的防灾意识和防灾理念。因此，国家及地方自治团体每年都要举行各种形式的防灾演练。防灾责任人除单独或协同实施防灾演练外，为求演练更切合实际，有时在特定区域进行交通管制，禁止人车通行，使演练者和周围民众也能够切实感受到防灾责任的重大。

应急对策

在日本，各级学校、公园等公共设施一般都是防灾避难中心，是市民在遭遇灾害时最放心的躲避场所。一有地震、暴雨等巨大灾害发生时，市民一般会到那里去躲避。大部分学校都设有专门储备防灾物质的仓库，里面储存了足够紧急避险用的淡水、食品、燃料等，以备不测。在日本各社区发出的防灾通知中，总要标出小学、中学、高中所在的位置，让所有居民知道一旦发生灾害时的逃生路线和避难场所。

对于一般的区域性灾害，市町村长官作为受灾地区的第一责任人，全权组织现场救助活动。对于非常灾害、重大紧急灾害，除由“非常灾害对策本部”、“紧急灾害对策本部”统一组织协调之外，现场对策本部长作为受灾地区的第一责任人直接指挥现场救援活动。指定公共机关与指定地方公共机关根据受灾情况，必须相机采取救灾措施，或者请求、指示都道府县和市町村的相关机构采取对应措施。在灾害救助过程中，市町村长必须及时向都道府县知事通报信息，都道府县知事、指定公共机关的代表人、指定行政机关的首长必须及时向总理大臣报告受害状况以及所采取的应对措施。

在可能发生灾害或发生灾害时，为了避免灾害发生或防止灾害扩大，灾害对策机关必须及时采取灾害防御措施及其救助活动。这些措施主要包括发布、传达灾害警报或进行紧急避难的劝告或指示，为受灾者提供必要的避难所、饮食、水、生活必需品以及掩埋尸体和搜集活动，同时要预防犯罪，进行交通管制，维护灾区的社会秩序。2011 年 3 月 14 日，日本政府紧急启动物质支援程序，先后向岩手县、宫城县和福岛县紧急运送各种物资，包括食品、饮用水、防寒用品和日常生活品及药品，价值合计 302 亿日元。

灾后重建

对于重大灾害后的地方重建问题，一般由指定行政机关或地方行政机关负责实施。国家负担灾害重建的部分或全部费用，但具体数额，要根据都道府县知事或其他公共团体提供的资料和实际调查结果来合理确定。为帮助地方灾害重建，政府往往通过特别立法来确定财政援助或支援措施的标准，与此同时，还可以对地方公共团体或受灾者进行特别财政援助。

对于灾害重建来说，最主要的是住宅建设问题。因此，主管大臣在确定灾害重建费用时，不仅要考虑住宅建设费用，还必须考虑住宅改造和新建住宅的防灾标准问题，以确保其抵御未来灾害。为保证地方公共团体顺利实施灾害重建，中央政府除应尽快划拨地方交付税外，同时还应该尽快支付用于灾害重建的负担费用或补助金，并融通或协助融通地方公共团体所需的各项资金。在恢复重建之前，政府或地方公共团体只能通过临时避难所或提供临时性简易房来渡过难关。日本的救灾简易房一般约有30平方米，内有厨房、厕所、浴盆等基本生活设施。东日本大地震后，日本政府开始着手修建临时性住房，最初计划建设3万套，但考虑到灾民过多，难以全部安置，后又追加3万套简易房建设计划。此外，为尽快尽量安排灾民恢复正常生活，日本政府及公共机关所属宿舍等公共设施也开始全面向灾民开放。按照日本《受灾者生活再建支援法》的规定，对于由于自然灾害导致生活基础受到严重损失的受害者，由政府给予生活再建支援，以保证居民生活稳定和迅速实现灾害复兴。针对房屋破损情况和再建方法，一般给予100万日元以内的基础支援金。如果进行再建，则再给予200万日元以内的增加支援金。

现在，东日本大地震后重建工作才刚刚开始。4月8日，为了合理分配从全国各地汇集的捐助资金，在厚生劳动省的协助下，以专家、受灾都道县及日本红十字会、中央共同募金会为首，汇集各义务援助接受团体，共同组成了“义务援助金分配比例决定委员会”。经过委员会审议，决定对住房全部损坏、全烧或流失、死亡、失踪者第一次补助35万日元，对住宅部分烧毁、部分损坏者第一次补助18万日元，对核电站避难地带的家庭补助35万日元。在此基础上，各地方公共团体又根据情况分别追加部分补助金，如千叶、岩手等地在35万日元基础上又追加了15万日元（见表2-1）。

表2-1　日本红十字会等第一次援助金分配情况　单位：亿日元

时间	4月13日	4月13日	4月13日	4月15日	4月15日	4月15日	4月19日	4月19日	4月19日
地区	福岛县	栃木县	长野县	宫城县	新潟县	埼玉县	北海道	青森县	岩手县
金额	230.06	2.52	0.195	156.12	0.17	0.10	0.0035	2.71	101.52

政府对地方的支持主要通过补助金、地方交付税和交付金来保证。但是，补助金和地方交付税一般具有明确用途和规定金额，因此往往难以全面满足救灾重建费用。为支援东日本大地震中受灾地区的再建，日本政府计划创设数万亿规模的“复兴交付金”，全面承担受灾地区的灾害重建费用，并计划通过复兴基本法，纳入未来的补充预算中。根据东日本大地震对道路、

港湾、住宅等社会基础设施的损害情况，预计恢复重建需要16兆~25兆日元的费用，而这些仅仅靠地方公共团体根本难以负担。

此外，对于地震等自然灾害中的遇难者、伤残者家庭，政府给予一定数额的"灾害抚恤金"。当遇难者为家庭主要经济来源者时，抚恤金额度在500万日元以内，遇难者为其他一般家庭成员时，抚恤金额度在250万日元之内。如果家庭成员在震灾中致残，则给予250万日元以内不同额度的"灾害残废慰问金"。对于那些在地震中虽然没有出现人员伤亡但生活出现困难的居民，则根据"受灾者生活再建制度"，可以帮助他们申请灾害援助资金或低息贷款。此外，在纳税、支付保险费以及电视信号费等方面都给予优惠措施。

全球领先的尖端预警系统

面对频繁海啸与地震带给日本的灾难，日本政府逐步建立和完善了地震海啸预警系统。早在1981年，日本气象厅就建立了海啸预报计算机系统，但由于当时这一系统未能安装高速计算机，而且也没有配备相应的海啸基础数据，因此海啸警报效果受到极大限制。1983年，日本的海啸预测系统监测到日本中部海底发生地震，信息通过电报传到东京，专家们根据地震数据分析确定会有海啸发生，但是由于计算耗费了约20分钟，结果海啸先于预警到达目标，结果导致约100人死亡。

1999年4月，日本气象厅建立了新的海啸预警技术支撑系统。该系统采用数字模拟方式监测海啸变化情况，并根据各地海岸的地质结构和地形情况，预先在电脑上模拟了日本近海各地发生的地震，并以大约10万个地震点所发生的海啸情景为基础，计算了海啸发生时可能到达沿海各地的时间、高度和规模。据此，日本气象厅建立了海啸预警数据库，一旦发生地震，系统会从数据库里选择与此次地震震源断层的位置及规模相似的案例，自动输出可能诱发的海啸预测数据，由此实现了地区性海啸的提前预警。

现在日本的海啸预警系统已经达到世界先进水平。180个地震监测装置把地震数据传到6个计算中心，与一个庞大的地震海啸数据库进行模拟对照。一旦计算机得出海啸预警数据，则会立即自动通过全国电视网发布。另外，日本还建造了世界最大的震动平台，利用实体建筑实验找出建筑物最佳抗震设计。为加强地震检测和研究，日本气象厅在全国设置了3000个检测点，形成了严密的检测网络。现在，日本气象厅建立了24小时制度潮位与海啸监测系统 ETOS（Earth Quake Tsunami Observation System）。该系统不仅与全国的地震监测仪连接在一起，还与全国各地的监测潮位站、巨大海啸观测站、海啸监测站、远距离海啸监测点相连接。因此，在地震发生的瞬间，气象厅能够迅速计算出震中、规模、海啸可能性，并发出海啸警报和预报。此外，日本气象厅还通过 GPS 等手段，时刻监测海啸中海上的动态。

根据气象业务法规定，一旦发出地震、海啸警报，必须立刻通过地上通信和空中卫星线路以及气象资料电传网、防灾信息网等传递到中央政府、警察机构、自卫队、地方政府、通信公司、电视媒体、海上保安厅和各级消防机构，并由此迅速传递到每所学校、居民家庭、医院和海上船舶。一般来说，一旦发生地震，气象厅根据各地观测到的地震信息，能够在 2～3 秒内发出第一次播报，然后 5～10 秒钟内进行第二次播报，30～60 秒内进行最后一次播报。根据地震信息收集情况，最后播报的信息则更为精确。在播报地震预报的同时，气象台还会发表海啸警戒警报。在地震震级和海啸基本情况得到最后确认之后，气象厅会继续播报地震震级和海啸注意或解除警报。

在日本，国民如果有地震感觉，一般会马上打开电视，借此马上可以获得地震发生的详细情况。日本还开设了灾害短信业务，一旦出现震情，客户手机上立即会出现免费相关信息。信息发出的同时，消防、公安、交通、媒体、医院、学校等相关机构必须立刻做好应急准备。

3 月 11 日大地震发生后，日本政府通过广播、电视和卫星数据传输系统迅速播发了地震警报。一些订阅了特殊预报服务的人通过手机短信和电子邮件也收到了地震警报。数百万日本人在大地震发生前的大约一分钟时间内得知了地震消息。在东京，电视上正常播放的节目内容被紧急的警报声打断，代之以日本广播协会 NHK 播送的早期地震警报。电视警报出现后一分钟，第一次强烈震动撼动了首都东京地区，高层建筑开始摇晃，数百万人迅速开始紧急避难。

全民参与型防灾行动

全民式防灾教育

日本不仅建立了完善的防灾救助法律体系，而且通过日常的防灾演练和教育体系，培育全体国民的强烈防灾意识和规范灾害应对习惯。因此，在我们震惊于日本人在大地震、大海啸面前坚强、淡定的同时，应该全面认识日本的防灾教育体系。

日本人之所以具有较强的防灾意识和防灾习惯，是靠平时逐渐培养起来的，而并非与生俱来。无数次地震、海啸、火山等自然灾害的无情打击和血淋淋的现实，教育了艰难生存下来的人们，使日本人普遍充斥了强烈的岛国危机意识。1995 年的阪神大地震，导致 5 万多人死伤，建筑物和道路等基础设施受到严重损毁。创造了战后经济奇迹并以第二经济大国地位雄踞于世界的日本国民，深深震惊于地震的巨大破坏力。在巨大的地震灾害面前，他们切身感到了自然的威力、天灾的无情和人类的渺小，进而试图加强防灾建设来消除和减少灾害的损失。

日本政府注意从小培养公民的防灾意识。从幼儿园开始，经过小学、中学，各地教育机构时刻注意向孩子们灌输防灾知识。日本儿童刚上小学的时候，学校一般会让家长为孩子准备一顶防灾头巾，并告诉学生，一旦发生地震，立即戴上这顶防灾头巾，以保护自己。在平时，这些防灾头巾就套在座椅背上。虽然当真正地震发生时，这顶头巾不一定能够起到保护作用，但这对培养小学生的防灾意识创造了一个初步认知的环境。日本人强烈的防灾意识也正是在这种反复呼唤的“狼来了”中被一步步培养起来，并演变为每一个人的日常习惯。各都道府县的教育委员会一般都编有《危机管理和应对手册》或者《应急教育指导资料》等教材，用于指导中小学开展灾害预防教育。日本各类学校除了进行天然灾害应急教育外，还对学生开展预防各类人为犯罪伤害、火灾等安全教育。当日本人开车出远门时，他们一定会准备好食品、饮料、防寒服、药品等各种防灾必需品。

作为一项日常性工作，日本各地方公共团体通过各种形式加强对当地居民的防灾宣传教育。日本全国还设有许多地震博物馆和地震知识学习馆，免费开放，如大阪设立了阪神·淡路大震灾纪念馆——人和防灾未来中心，参观者可以亲身体验发生 6 级地震时切实感受，增强人们的防灾意识。为配合各地加强防灾意识，1960 年，日本政府规定每年 9 月 1 日定为“防灾日”。每到这一天，人们除了悼念 1923 年 9 月 1 日关东大地震中逝去的 10 多万遇难同胞外，还进行各种防震教育和避难演习。同时规定从 8 月 30 日到 9 月 5 日为“防灾周”，在这一周时间内，日本全国举办各种防灾活动，比如展览、研讨会、比赛等，通过各种形式培养人们的防灾意识和防灾习惯。为促进公众参与防灾救灾活动，1995年，日本政府规定每年1月17日为“灾害和志愿者日”，1月15日至21日为“灾害管理志愿者周”。这一方面是为纪念在阪神·淡路大地震中逝去的人们，同时努力唤起人们积极参与抗灾救助的互助精神，以推进志愿者活动的深入开展。除此之外，日本还有每年举办两次的“全国火灾预防运动”（3月1日和11月9日）、“防水月”（5月或6月）、“危险品安全周”（6月第2周）、“雪崩防灾周”（12月1日至7日）等各种纪念活动。

当地震等重大灾难发生时，及时开展周边居民之间的互助自救对于挽救生命、减少灾害损失来说十分重要。因为大地震发生之后，受灾地区常常是通讯系统中断，交通运输停滞，中央政府或地方救援队伍有时很难快速到达灾区。在1995年的阪神大地震中，大多数生还者是被当地民众而非后来赶到的专业救援人员从废墟中救出的。因此，对普通居民来说，掌握必要防灾避难知识，做好防灾自救准备非常重要。日本国民在日常生活习惯方面一般都严格遵守防灾规定，他们一方面按照国家标准，加强自己的住宅结构的抗震性能，检查室内家具的安全性和稳固性，同时在家里储备必要的应急食品、用品和药品。

日本政府深信，在突发公共事件来临之际，让大众及时获得准确的信息，对保障生命财产安全十分重要。因此，日本政府构建起了一个减少灾害风险的信息共享平台，利用各种可能的方法和手段，比如广播、电视、互联网络以及最为流行的手机等，让公众获得及时可靠的资讯，力争使每一个公民都能了解如何应对突发性危机的方法，尽量减少各种灾害可能给公众带来的生命财产损失。日本《放送法》规定，当自然灾害即将或已经发生时，各广播电视机构必须为防止灾害发生或减轻受灾程度做相应报道，而NHK则作为“指定公共机关”，必须及时发布各种防灾信息。此外，都道府县及市町村长官在必要时可以要求NHK播放防灾信息。各级地方公共团体则经常通过编印小册子，以及通过广播、电视、报刊、杂志、联网等媒体为公众提供各种应急教育。日本的防灾教育内容简单实用，富有针对性，各界群众易于接受。

制度化、常态化防灾演练

在日本，人们不仅要了解防御地震、海啸、洪水等自然灾害的知识，为了以防万一，还必须掌握防灾自救的基本技能。日本政府和各地防灾机关每年都要在全国范围内组织大规模的防灾演练活动。一些大企业、机关则经常举行各种形式的防震、防火演习。学校和居民区等人口集中的地方，一般都在周边地区设有规范的避难场所和疏散路线。在疏散集中点，一般常年配备有各种抗灾物资，如帐篷、衣物、药品等，并有专门的管理人员和救援队伍。

据中央防灾会议“地震对策专门调查会”报告估计，一旦在东京发生7.3级直下式地震，会造成12.7万栋建筑物倒塌，31万栋房屋起火，5600人死亡，15.9万人受伤，607处桥梁损毁，导致392万人回家困难。为尽量减少将来发生巨大地震时的灾害程度，各地积极采取措施，加强防灾演练。东京都内的小学每月都要举行这类演习，以便使小学生真正遭遇地震等灾害时不至于过分慌乱，使其养成遇到灾害进行紧急避难的习惯。防灾演练还会随着学生年龄变化而不断加强。

近年来，一种类似角色训练的仿真演练方法被推广应用。在这种演练中，参加人员事先不会得到任何关于演练的灾害的信息，而必须根据演练过程中随时获取的信息来作出判断和决策，并根据具体演习情况进行汇总反馈，以求找出防灾体制的漏洞。这种防灾演练方式对检验和提高决策人员的应变能力具有很大帮助。正是在这种经常性和专业化教育之下，面对此次9.0级大地震的惨重灾难，日本民众才会表现出令我们异常惊异的“淡定”。

日本的各级防灾演练不仅在各级学校举行，当毕业生走向社会后，同样必须参加各单位组织的防灾演练。各公司不仅参与地方公共团体组织的各种演练活动，有时还会自己组织防灾演练。为了锻炼人们在危机时刻不至于发生混乱和恐慌，在东京，作为防灾演练的一种形式，有些公司会突然让新社员在某个月黑风高的晚上步行回家，并命令其次日就行进详细路线和体会向公司述职。由于大多数东京的上班职员住在离单位二三十公里甚至更远地方，因此，走完全程一般至少需4个多小时，有时甚至要走一夜。通过这种实际的防灾演练，人们能够切实体验灾害发生时交通停滞的痛苦。目前许多大公司采用了这种培训方法。

在日本的各大公司，每位员工的办公桌下都免费配置了一个“防灾应急箱”。虽然各个公司的“防灾应急箱”规格不尽相同，但大都包括两罐应急食品、两瓶饮用水、一幅棉手套、一盒火柴、两根蜡烛、一件雨衣、一个尼龙袋以及药品、绷带等物品。这些物品基本上可以满足灾害发生时的自救需要，从而可以最大限度地延长地震后幸存人员等待救援的时间。为了避免食品等过期，各公司会定期更换“防灾应急箱”。

在阪神大地震中，日本各地志愿者达到 130 万人。1995 年被称为“志愿者元年”。日本政府鼓励各种志愿者组织发展，并在宣传、提供训练场所和培训条件等方面提供支持。现在，日本各地社区成立了许多“灾害管理志愿者”组织，这些志愿者组织平时进行抢险救灾演练，遇到自然灾害时积极投入救灾活动。除此以外，各地区还成立了许多群众自发组织的防灾救灾团体，如消防团、水防团、防火俱乐部等。这些自发的群众性组织，以“自己的家园自己守护”为基本理念，经常性地进行各种防灾训练，普及防灾知识，检查安全隐患，保管与维修防灾器材。一旦发生灾情，他们能立即投入初期救灾、疏散居民、抢救伤员、收集和传递信息等工作，对控制灾情扩大和二次灾害的发生起到了不可或缺的作用。

严格标准化的建筑防震

在 2011 年 3 月 11 日日本发生的 9.0 级大地震中，日本建筑物的超强抗震能力令世人惊叹。许多高楼虽然像轮船那样大幅摇晃，甚至墙体开裂，玻璃碎裂，但整栋建筑屹立不倒。日本政府严格执行的建筑物超强抗震标准的价值得到了最好的检验。在这次大地震中，绝大多数死亡和失踪的人员并不是因为房屋倒塌，而是由于无法躲避的强大海啸的冲击。

作为一个地震多发的国家，日本在建筑抗震、防火等安全方面的规定十分苛刻。早在 1919 年，日本政府就制定了《城市街道建筑物法》，其中就有关于房屋建筑结构、高度等的明确规定。1923 年关东大地震之后，日本修订法律，首次引入建筑耐震标准。由于在 1923 年关东大地震中砖结构房屋损毁严重，自此开始，砖结构建筑逐渐淡出日本建筑领域，取而代之的是以轻型墙面材料为主的钢筋混凝土结构。为了提高传统木结构建筑的抗震能力，日本普通民宅一般采用箱体设计，这样在地震发生时，房屋即使整体翻滚，但也不至于损毁或造成严重人员伤亡。此外，专业技术人员还会定期对民宅进行抗震加固和等级评定，对于现存的不符合抗震结构的房屋，在进行房屋防震加固时，政府会酌情给予居民适当的补贴。

1950 年，日本废除《城市街道建筑物法》，颁布《建筑基准法》。其后，每发生一次大地震，日本建设省（后并入国土交通省）都会组织力量进行建筑抗震调查，根据调查结果提出对《建筑基准法》的修改意见。1995 年，阪神地震发生后，日本政府又连续 3 次修改《建筑基准法》，把各类建筑物的抗震基准提高到最高水准。按照现行建筑基准法，商务楼必须能够抵抗 8 级地震不倒，有效使用期限必须超过 100 年。

按照日本《建筑基准法》的规定，一个建筑工程在获得政府部门开工许可后，除了要上交设计图纸、施工图纸外，还必须提交建筑抗震报告书。法律甚至还规定，只有一级建筑师以上的人才有资格编制抗震报告书。通常情况下，普通的一栋八九层公寓楼，抗震报告书动辄厚达二三百页。2006 年，著名的一级建设师姉歯秀次因为伪造防耐震强度而被捕入狱。

此外，一些城市还开始兴建“抗震抗灾公寓”。这种公寓抗灾功能强，具备共同的储备粮仓库、抗灾饮用水井和紧急医疗救护室，甚至还拥有供直升机起降的场地。日本目前研制成功了一套自动化电脑地震报警系统，它能够在大地震发生几秒钟内自动切断煤气、水、电等公共设施的供应。与此同时，日本政府还积极推广用公共机构和住宅的独立单元式安全供电、供水等设备。

重视校舍建筑质量是日本建筑的一大特点。日本人流行着这样一种逻辑，那就是，“杀人的不是地震，而是建筑”。1923 年关东大地震时，不少学校教学楼倒塌，结果造成学生集体遇难的情况，这主要是因为当时日本的学校建筑大多是木结构或砖瓦结构。受到此次大地震的强烈刺激，日本文部省认为，“学校是承担着日本未来的孩子们托付生命的地方”，所以必须绝对确保学生的生命安全。因此，日本政府以“学生的生命维系着国家未来”为最高原则，全面提高学校建筑的抗震性。通过多年的校舍加固工程和政府大力支持，日本的学校尤其是中小学变成了日本国民在进行紧急避难的法定场所。在二战后日本发生的多次地震灾害中，学校建筑成为最后不倒的建筑物之一。因此，吉田茂在《激荡的百年史》一书中说：“日本为了兴邦，大力普及教育，几乎每个村庄最好的建筑物就是那里小学的校舍。”

根据防灾计划，地方自治团体行政机关、消防署、警察署、学校、医院、公园为指定的防灾据点。都道府县或市町村在修建道路、公园等城市基础设施时，必须同时建立具有医院、行政、福利、避难、储备等机能的公共设施和公益设施，以保证在受灾时最低限度的都市机能。在日常情况下，人们可以在都市中安心生活，在非常时期，能够进行有效的防灾避难。因此，日本城市建设的目标是建立防灾型街区、防灾型城市。为了避免地下管线在地震中损坏，日本的电缆线路一律采用空中架线。虽然城市中电线杆林立，不利于市容环境建设，但为了确保城市的防灾救助功能，日本政府和各地方公共团体仍然坚持将城市安全建设置于重要位置。

日本是最早制定建筑耐震基准的国家。虽然现在还不能准确预测地震，但日本在建筑的耐震基准、耐震设计、耐震技术等方面处于世界领先水平。即使是建筑物倒塌，在建筑物中的人也不至于被压死。为了抵御地震的破坏，现在日本的高层建筑普遍采用了一种地基地震隔绝的技术。这种技术就是在建筑的底部安装弹性橡胶垫，或者摩擦滑动承重座缓冲装置来抵御地震。日本鹿岛建设还发明了一种防震大楼的建筑方法：即将弹簧安装在大楼的地基上，这种防震大楼的特点是：在大楼地基的基础部分和大楼主体部分之间安装上弹簧，让大楼处在一种漂浮状态。由于弹簧是一种能够吸收地震和其他振动的中介物，无论地基如何晃动，大楼本身都不会受到过于强烈的冲击。实验证明，6~7 级的地震经过弹簧抵消后，其震动都会降低到原来的 1/10。

人类无法阻止地震等自然灾害的发生，因此，做好防震工作是加强防灾减灾的关键。日本政府十分强调加强建筑物的抗震性能，他们为日本国民免费提供住宅抗震性能测定。对于不能达到抗震要求的住宅改造，政府给予一定的财政补助。对于那些没有经济能力修补住宅的民众，政府则建议他们对卧室或者哪怕只是床的周围进行加固。在地震频发的日本，一种新型廉价防震加固技术悄然兴起，这种技术采用树脂材料作为抗震“绷带”包裹建筑物支柱，从而达到防止支柱在地震时发生倒塌的目的。《朝日新闻》报道，日本“构造品质保证研究所”科研人员开发的这种防震加固技术被称为“SRF 工艺”。这种抗震“绷带”采用树脂纤维制造，形状类似安全带。施工时，将抗震“绷带”涂上黏合剂，包裹固定在建筑物支柱上。地震发生时，支柱即使出现内部损伤也不会倒塌，这可以确保建筑物内人员的生存空间。具体而言，以一座每层有 12 间教室的 4 层教学楼为例，加固工程当时在日本通常需要花费 5000 万日元（1 美元约合 105 日元）到 1 亿日元，采用新技术后，仅需花费 500 万日元左右。如果是木质建筑，仅需数十万日元。工程施工也相当简单，这一新技术已经用于 250 多个建筑项目，包括新干线铁路高架桥、医院以及约 40 栋学校建筑物等。

天灾还是人祸

地处太平洋西北岸的日本列岛，是名副其实的天灾大国。面对地震、海啸、火山、台风等多重灾难的击打，日本国民无数次感受于自然灾害的无情，无数次感叹于人生历程的宿命，无数次感知于生存力量的启示。他们逐渐形成了生活的顽强、执着和淡定。然而，在福岛第一核电站的核泄漏事故面前，日本国民在防灾经验和教训的基础上，不断完善的防灾制度，不断加强的防灾研究，不断提高的防灾水平，不断进行的全民防灾演练，竟然是那样地苍白无力，无所适从。面对无觉、无味、无声的核辐射，面对东京电力公司领导每天束手无策下的低头道歉，面对各家权威机构不断爆出的令人难以置信的危害数据，人们除了怨恨、叹息、无奈之外，似乎已经别无选择。人们不禁要问，号称世界第一安全的日本核电安全防御体系为什么竟这样的不堪一击？

应急体制怎形同虚设

2011 年 3 月 11 日的东日本大地震，不仅引发了日本有记录以来的大规模海啸，不仅夺走了 2 万多条鲜活的生命，而且还直接引发了福岛第一核电站危机。至今，日本福岛第一核电站的核泄漏仍然没有得到有效控制。

为了保证核电站安全，日本政府曾经颁布了一系列法律规定，制定了一系列防灾计划，各地公共团体组织了无数次的原子能防灾演练。然而，在福岛第一核电站的 7 级泄漏事故面前，这一切都是那样的苍白无力。核电站周边被疏散的福岛居民，心中充满了愤恨、无奈、失望……，美国《反战》网站在题为“日本的核诅咒”一文中指出，“昔日的广岛、长崎，今天的福岛”，日本的核诅咒“如同从坟墓中腾起的幽灵，在这个无所畏惧的国家徘徊不散”。

1954 年，日本国会第一次通过核能预算 2.5 亿日元，而这距离日本遭受原子弹轰炸还不到 10 年。1966 年 7 月，日本茨城县那珂郡东海村日本第一座核电站开始运转。考虑到资源自给率低，核电不排放温室气体，对环境有利等因素，日本决定将发展核能列为“基本国策”。目前，日本正在运营的核电站共 17 座，包括核电机组 55 个，在亚洲名列第一。

日本曾被人们认为是世界上“最安全、最先进”的核电国家。然而，在核电发展史上，日本曾经发生过多起核电事故。日本核电企业和原子能规制机关为了维护自己利益和“安全无忧”形象，曾经多次隐瞒核安全隐患及泄漏事故。1978 年 11 月 2 日，东京电力福岛第一原子能发电站 3 号机组发生临界事故，由于操作失误，导致 5 根控制棒拔出，幸好被前来值班的副站长发现，从下午 3 点到晚上 10 点半，经紧急修理，持续 7.5 小时的临界状态得以解除。对此，东京电力既没有内部传达，也未向监管机构汇报，并导致后来多次发生此类事故。这次事故直到发生 29 年后的 2007 年才被揭发出来。

在原子能利用方面，日本制定了一系列相关法律法规。1955 年，日本国会通过《原子能基本法》，并确立了原子能利用的“和平、安全、民主”三原则。原子能基本法以“通过促进原子能的研究开发、利用，致力于提高人类社会福利和国民生活水平”为目的，强调“原子能利用限于和平目的，以保证安全为宗旨，在民主运营的条件下自主进行，公开其成果，进而推进国际合作。”1956 年，根据原子能基本法及相关法律规定，成立了作为总理府附属机构的日本原子能委员会，委员长由国务大臣担任，并经两院同意。

1974 年，日本自己制造的第一艘核动力潜艇“陆奥”下水，但是在首航过程中却发生了核泄漏事件，结果导致陆奥市人民坚决反对“陆奥”回港靠岸。鉴于核安全问题的重要性，1978 年，为进一步强化原子能安全保障，日本政府在修改《原子能基本法》的基础上，专门成立了原子能安全委员会，主要负责规划、审议和决定原子能研究、开发及利用相关事项中的安全保障事务，其中包括制定、审议和决定关于原子能利用政策的安全保障规制、核燃料及原子炉相关规制中的安全保障规制、防止原子能利用所导致的损害等规范政策等。但是，原子能安全委员会并不是直接的原子能规制机关，不能对原子能企业进行直接监督检查。与此相对，原子能安全保安院作为经济产业省的专门负责各种能源设施和产业活动的安全保障机关，负责执行原子能安全委员会制定的相关规制，并接受其监督。主要任务是预防各种安全事故发生，迅速应对已发生事故，并坚决防止再次发生相同事故。

1999 年，在东海村核电站发生临界事故（JCO 事故）的严重刺激下，日本进一步修改原子能相关法律，进一步扩大了原子能安全委员会的职权，强化了原子能安全委员会对规制行政机构的监督检查职能，并通过新制定的《原子能灾害对策特别措施法》，加强了防灾对策功能，增加了对安全规制中的危机信息处理、安全文化等新政策课题的灵活应对权力。原子能安全委员会也从总理府转入内阁府，并设立事务局。

目前，在日本，关于原子能利用和管理相关的法律主要包括三个部分：

（1）基本法部分：《原子能基本法》，《原子能委员会及原子能安全委员会设置法》,《日本原子能研究开发机构法》,《相关国际条约》。

(2) 规制法部分:《核原料物质、核燃料物质及原子炉规制法》,《放射线损害防止措施——防止放射性同位素等放射线损害法》,《特定放射性废弃物最终处理法》,《防止放射线伤害技术基准法》,《电力事业法》(发电用原子炉规制),《道路运送车辆法》(放射性物质陆上运输规制),《船舶安全法》(核动力船规制及放射性物质等海上运输规制),《航空法》(放射性物质航空运输规制),《劳动安全卫士法》(从事放射线业务的劳动者安全保障规制),《药事法及医疗法》(放射性医药品等规制)。

(3) 安全保障法部分:《灾害对策基本法》(放射性物质大量放出等灾害措施),《原子能灾害对策特别措施法》,《原子能损害赔偿法》。

上述关于原子能利用相关的法律以及由各省厅制定的具体行为规制,构成了系统的原子能研究、开发和利用的基本准绳。在原子能灾害对策方面,结合原子能利用的特殊性和灾害基本法的基本原则,原子能事业者防灾业务计划制定、原子能防灾组织建立、灾害信息通报、防灾资材修整、紧急状态的宣布、原子能灾害对策本部成立、应急措施的实施以及灾害赔偿等问题都做了明确规定。应该说,如果严格执行上述业务规制和法律,一般来说,就可以避免许多不该出现的原子能事故。然而,号称规制大国的日本,享有“规矩”声誉的日本人,却导演了一幕幕核能危机事故,并在大地震、大海啸的冲击下,演出了一场至今无法收场的“福岛核电事故”。

从 1987 年至 1995 年,东京电力公司在对下属核电厂进行检查和维修时,发现有些反应堆管道存在裂痕,但该公司未按规定向核安全管理部门报告,也没有及时检修。在核安全管理当局规定的一些检查项目中,该公司也存在“隐瞒事实及提交虚假报告”的问题。2000 年 7 月和 11 月,东京电力公司的隐瞒行为被举报。2002 年,东京电力公司承认与 29 起编造虚假检查报告的事件有关,约 100 名公司员工参与了篡改事件。结果公布后,东京电力公司董事长、社长等 5 名高管相继辞职。为此,东京电力公司被迫暂时关闭了所有 17 座反应堆,以备彻底检查。其中福岛第一核电站 1 号机组由于未按要求进行安全壳密封试验而被要求强制关闭 1 年。

1999 年 9 月,茨城县东海村一家核燃料厂发生核物质泄漏,造成 2 名工人死亡,辐射范围几十公里,当地 30 多万居民避难。2007 年 1 月,东京电力公司在向经济产业省提交的调查报告中承认,从 1977 年起,在对下属福岛第一核电站、福岛第二核电站和柏崎刈羽核电站的 13 座反应堆总计

199次的定期检查中，存在篡改数据和隐瞒安全隐患的行为。这其中就包括造成本次福岛核事故中的堆芯紧急冷却系统失灵问题，相关数据曾在1979年至1998年间先后28次被篡改。在2007年3月，东京电力公司总经理向公众承认，该公司曾隐瞒了1978年发生过严重的核反应堆事故。

福岛第一核电站的问题机组已经使用了40年，而且采用的是基本被淘汰的技术。2006年就曾发生过放射性物质泄漏事故。在日本，运行30年的核电机组即被视为“高龄”机组。由此可见，福岛第一核电站1号机组称得上是“超高龄”机组了。虽然日本并未规定核电机组的强制“退休年龄”，但规定“高龄”机组应根据设备老化情况进行保守运行。福岛核电站1号机组设计年限为40年，本应在2011年3月26日退役报废。但东京电力公司却申请继续延长使用20年。更为难以理解的是，在2011年2月7日，原子能安全·保安院居然批准了其继续使用10年的申请。而这或许正是造成此次核电站难以承受巨大地震灾害的原因之一。

福岛核危机缘何产生

东日本地震发生后，特别是在接到福岛第一核电站核泄漏报告以后，日本政府虽然成立了一个个对策本部，采取了一系列应对措施，但是，直到今天，仍然未能真正找到解决福岛核电站危机的有效办法。这使我们不禁要问，一直自称“安全第一”，而且建立了世界上最完善防灾体系的日本，面对核泄漏问题，何以如此惊慌失措？何以如此束手无策？造成核泄漏的原因到底是冷却动力问题还是地震造成设备损毁问题？是核电站设计结构存在问题还是事后处置失当呢？

2011年3月11日，9.0级大地震和大规模海啸导致日本东京电力公司福岛第一核电站冷却系统失灵，从而将日本拖入了远比大地震、大海啸更加可怕的“核灾难”之中。作为拥有百年历史的东京电力公司，在《财富》杂志2010年全球500强中名列第128位。作为民营企业，它是日本最大的电力公司，其发电量占日本全国电力的1/3。其中福岛第一核电站、福岛第二核电站、柏崎刈羽核电站三个核电站总装机容量为1731万千瓦，占东京电力公司全部装机容量的约1/3，为日本最大的核电企业。

东京电力公司社长清水正孝主张，福岛第一核电站放射性物质泄漏的最主要原因是海啸超出了预想的水平，设备因遭海啸破坏而丧失功能。然而，事实上，东京电力的核电站问题很早就被人们提出过。当年，担任第一核电站设计和安全性检查的东芝技术人员曾经建议，应该考虑发生 9 级大地震或飞机直接坠落到反应堆上的可能性。但他的建议被付之一笑，“没有必要考虑千年一次的事情”，基于此，东电以不会发生 8 级以上的大地震为由，没有在设计上考虑出现更大规模地震或海啸的影响。

按设计标准，福岛第一核电站海堤可防 6 米高海浪。2004 年，印度尼西亚苏门答腊岛附近海域遭遇强震并触发海啸，影响印度洋周边多个国家。由于印度南部的一座核电站受淹，从而引发日本国内对核电站安全的担忧。2007 年，东京电力公司工程师阪井年明带领一个研究团队基于对福岛第一核电站安全状况的分析，向公司提交了研究报告，认为在 50 年内，福岛第一核电站遭遇高度超过 6 米海浪的几率为大约 10%。但是，“由于海啸现象的不确定性，存在海浪高度超过（核电站）设计防护高度的可能。”然而，东电没有依据这一研究结果修正任何安全方案。2011 年 3 月 11 日，地震引发大规模海啸，福岛第一核电站遭遇的海浪高度大约为 14 米。

据日本经济新闻报道：早在 2007 年，日本物理学家兼技术评论家樱井淳曾对日本的核能发电系统在冷却功能瘫痪时所使用的备用电源——应急柴油发电机的设置方式提出过质疑。他认为，在核电站的设备中，当由于地震停电时，最重要的是要确保应急柴油发电机的功能。万一柴油发电机失灵的话，就无法为控制室及冷却系统设备供应电力，这样不仅可能造成炉心融化，即使是废料池的燃料也可能陷入熔融的危险状态。而福岛第一核电站发生的现实情况是，地震后 2 台应急柴油发电机同时失灵，并最后导致了最坏结果的发生。

2006 年 3 月 1 日，在国会答辩中，日本共产党议员吉井英胜曾经指出，包括福岛第一核电站在内的 43 个核电机组的海啸对策存在问题，并警告说，一旦冷却水丧失，将可能出现炉心融化的危险。对此，当时的经济产业大臣二阶俊博曾表示考虑对策，但实际上未作任何调整。12 月 13 日，吉井向内阁提出了质问意见书，强调“应该摆脱由于发生巨大地震导致安全机能丧失等的核电站危险，必须保护国民的安全”。当时的安倍首相则答以“我国目前还没有出现过由于应急用柴油机失灵导致反应堆停止的事例，也没有因为电源不能保障而丧失冷却功能的事例。”2010 年 4 月 9 日，在众议院经济产业委员会上，吉井提出了同样的问题。当时的经济产业大臣直嶋正行断言：“通过多重防护，可以防止事故发生，不会出现危险，我们已经形成了这种机制。”

在处置核泄漏问题上，东京电力公司的反应迟钝导致外界一片质疑之声。由于屡屡贻误战机，东电最终未能将这场灾难控制在更小的范围之内。2011年3月11日地震发生后，受海啸冲击，福岛第一核电站紧急制冷系统电源失效，1号机组首先出现水蒸气。3月12日上午，即地震过后的第二天，东电应该进行海水冷却工作，但直到当天晚上核电站发生爆炸，并且在菅直人首相的强硬命令下才开始采用海水冷却。东电之所以迟迟不愿意使用海水，关键在于担心东电公司会因此利益受损，害怕由于海水冷却会损害东电对电站的长期投资，因为注入海水可能会使核反应堆永久无法运行。这从一个侧面也反映了东电管理层极端不负责任的原子能安全意识。他们不仅严重缺乏对发生重大核安全事故的处理机制，而且也根本没有意识到核安全事故的严重危险性。

因此，核事故出现初期，最了解核电站内部构造的核电机组制造商技术专家虽然已经第一时间赶到了东电本部，并希望能出谋划策，但一直未被东电接纳。直到地震3天后，事态失控，东电才开始与外面的技术专家沟通。同样最初被东电拒之门外的，还有来自美国的援助。日本政府官员透露，核泄漏事态一发生，美国方面就提出支援要求，但遭到东电拒绝。

地震发生后，由于东京电力公司未能意识到问题的严重程度，没有在第一时间发布福岛核电站冷却系统失灵的消息。加上瞒报事故真相，使日本错过了应对核电事故的最佳时期。

人定胜天，还是防不胜防

对于地震的研究，人类还处于初级阶段。以前人们的研究重点是防灾预测地震方面，但由于我们对地球内部知识和信息的欠缺和地球表面复杂多变，一直未能取得较大进展。基于现在人类对地球板块学说、地震学说的研究成果，现在人们将研究重点开始转向准确和迅速预报地震灾难上。由于日本正处于亚欧大陆板块、太平洋板块、菲律宾板块的交界地带，这里集中了世界上20%的地震和7%的火山，成为各种自然灾害多发地带。长期的地震、海啸、火山、火灾等自然灾害的冲击，使日本积累了丰富的震灾经验和教训，并建立了较为先进的地震预报系统。面对东日本大地震、大规模海啸、严重的核事故的三重打击，日本人或许表现了一定程度的坚强、淡定。然而，面对自然力量的凶悍、无情，人们或许应该重新思考人类力量的极限！

按照日本地震学家的研究，最近几十年内，日本列岛可能发生大地震的地区主要有三个，即东海·东南海地震海沟型、日本海沟·千岛海沟周边海沟型地震和关东直下式地震。从2008年开始，日本研究人员在对1707年日本历史上最严重地震之一的“宝永地震”进行了计算机模拟研究后发现，当时东海、东南海和南海海域发生连锁地震时，宫崎县近海的日向滩一带很可能也发生了地震，这说明当时可能发生了四大海域的连锁地震。本州岛中部至四国岛的太平洋一侧的东海、东南海和南海可能连锁发生大地震，造成巨大灾害。如果今后四大地震连锁发生，四国岛西部沿岸和九州太平洋沿岸的晃动程度将达到原先预测的1.5倍，海啸高度将达到5米至10米，是目前设想的1.5倍至2倍，日本西太平洋沿岸的大部分地区将受到海啸袭击。因此，日本政府制定的针对三大地震连锁发生的对策，可能需要重新加以探讨。

2003年7月28日，中央防灾委员会成立“日本海沟·千岛海沟周边海沟型地震专门调查会”，该委员会经过17次会议研究和整理，对可能发生的地震强度、海啸高度、火灾、死亡、建筑物损害、经济灾害等进行了推测。2006年1月，调查会提交《日本海沟·千岛海沟周边海沟型地震专门调查会报告》。报告认为，未来日本海沟·千岛海沟附近可能发生8级以上的地震，地震引起的海啸可能会达15米左右。

从千叶县的沿岸到三陆沿岸，再从三陆沿岸到经十胜沿岸，直到泽捉岛的千岛海沟周边地区，随着太平洋板块向大陆板块的沉入，地震学家认为，这里可能发生7~8级的大规模地震。1896年，三陆地区曾经发生大地震和海啸，导致2.2万人死亡和失踪。1933年，这里再次发生地震和海啸，导致死亡和失踪3000人。而此次地震，正是日本一直推测的日本海沟大地震之一，而且其强度、规模、震级都远远超过了原来的预测。

2011年4月7日，日本文部科学省宣布，通过对日本历史上大地震的研究，日本东海、东南海、南海和宫崎县近海有可能发生连锁地震，一旦发生连锁地震，最大震级有可能达到里氏9级，并将形成长达700公里的断层。海洋研究开发机构研究员金田义行指出，“很有可能每隔三四百年四大地震就连锁发生一次，防灾措施应该设想最坏的情况。”

2011年4月8日，日本气象厅发出警告说，该国有20座火山因受东日本大地震的影响已经变得活跃。从历史上来看，大地震发生后几个月，发生火山爆发已经有好几起事例，因此有必要对此保持警惕。3月份日本列岛发生的6级以上地震达到77次，其中74次发生在地震灾区，属于余震，这一次数是过去三年间月平均次数的50倍。

日本东海、东南海和南海连锁地震被认为是今后日本附近有可能发生的灾害范围最大的地震。根据以往研究，今后30年内，东海发生大地震的概率为87%，东南海为70%，南海为60%。日本官方报告预测，如果7.3级地震袭击东京，将有1.1万人死亡、21万人受伤、700万人被迫疏散、近百万栋楼房遭毁，全国1/5的经济化为乌有，经济损失预计会是“3·11”地震估计损失的三倍。而未来30年内，东京发生7.3级大地震的可能性很高。

现在，东京和周边地区的总人口已达3500万人，经济量占全国总量的1/3，如果发生7.3级地震，作为世界上人口最多、经济最繁华城市之一的东京将会成为何种模样？那时，日本将遭受怎样的打击？昔日的日本是否会真的沉没？对于诸多可能发生的问题，似乎不能不令人深思！

Ⅱ

公众灾害文化

三、光影依旧

——大灾之下的日本国民性

2011年3月11日，日本东北地区发生了9级强震，随后又出现了海啸、核事故等一系列次生灾害。在全球都惊愕于远胜于好莱坞灾难大片的这场地震所带来的强大破坏力之际，各国媒体也注意到了大多数日本国民在这场巨大灾难面前，所表现出来的非常罕见的镇定、有序、坚强的品质。

从电视直播的第一时间，观众就能领略到日本国会在地震时刻的镇定应对、东京市民的有序避难。NHK的现场采访中，还描述了一位母亲在强忍着悲痛诉说着如何在海啸中与女儿失散，然而，面对着镜头，她竟然没有掉一滴眼泪。在受灾最严重的日本东北地区，不仅没有出现大规模骚乱、严重抢劫事件，甚至连小偷小摸的现象也极为罕见，避难所里聚集的大量灾民只是在默默地忍受着饥寒之苦。大灾之下的日本，展现的竟是这个民族坚毅、沉着、顽强、有序，令整个世界为之动容。

日本人的镇定，是因为他们具有不惧死亡的武士道精神吗？因为有观点认为，唯有“武士道精神才具有自己默默忍受悲哀和痛苦的能力。”① 也有人提

① *The Financial Times*，2011年3月25日7时18分。

出，日本人的坚强是由于他们从小就接受种种无常观的教育——在日本文化中浸透着丰富的佛学养分，尤其是禅宗与净土宗。还有人指出，从日本文学家的高自杀率也可以窥视到日本文化的幽玄、物哀之后对生死的坦然，日本独特的文化造就了日本人在大灾面前的镇定。

一场天灾，似乎又将我们拉回到本尼迪克特时代，人们在啧啧称赞日本人的果敢之余，再次激起了对日本人国民性的兴趣。日本人有着怎样的思维方式和生活习惯，与我们之间相差几何？为什么日本人会走到今天？我们或许能够从中得到些许启发。

生活在一个地震大国，日本人的表现该归功于其日常细心周密的准备，比如每年都举行的防灾演习。但在日本人性格中的某些带有普遍性的东西，如地域集团的横向团结，对秩序、规定的自觉严格遵守，强韧的忍耐力和不屈不挠的重建力等等，不得不说是使日本一次又一次地走出灭顶之灾，从断壁残垣中从头做起，再塑辉煌的精神内核。

不过，随着核事故、辐射污染的扩散，令灾后振兴问题复杂化，我们也从另一个角度发现了日本人那张并不甚端庄的侧脸。地震半个月后，在灾区南相马市市长将求助视频上传到 you - tube 网站之后，距离福岛发电厂 30 公里屋内避难的灾民才收到了援助物资。2011 年 3 月 23 日东京都净水厂检测出水中放射碘超过婴儿摄取标准后，首都圈就爆发了对瓶装水的抢购。翌日，对婴儿饮用自来水的警告解除，但这种对瓶装水的抢购、囤积却依然没能得到完全遏制。人们在谣言和危机感的驱使下，一边囤积物资，一边指责任何带有“娱乐”、“奢侈”色彩的市民活动、电视节目。

这种光影交错的国民性应该下一个怎样的定义？研究日本最负盛名的作品《菊与刀》中所下的定义似乎如其标题一样简洁明快。不过，《菊与刀》成书于 65 年之前，而且也正如作者自己所述说那样，是出于一种“敌对性”的研究，这决定了它的局限性。另一本常常被引用的经典，则是新渡户稻造的《武士道》。但我们也要注意到，它是日裔基督教徒用英文撰写的书籍。《武士道》是于 1899 年——“黄祸论”甚嚣尘上的时代，在美国出版的，因此新渡户稻造迫切希望说服西方人理解和尊重日本的道德观[①]，而且，它的《武士道》是为迎合西方口味做过一些调整的。因此，一系列的

① 可见新渡户稻造为《武士道》第一版所作的序文：“不过，我所以胜过这些大名鼎鼎的理论家的唯一优点在于，他们只不过是站在律师或检察官的立场，而我却可以采取被告的态度。”新渡户稻造著，张俊彦译：《武士道》，商务印书馆 1993 年版，第 4 页。

问题仍然困扰着我们：日本国民性中的什么因素令他们在大灾难面前显得如此淡定，他们屡次在大灾之后都能迅速崛起的文化基因是什么？东电的不断谢罪，媒体、名流的频频“失言”又暴露出日本文化深层的何种问题？被本尼迪克特称为具有“极端自我牺牲精神”[①] 的日本人，他们的集体主义精神来自何处？

天灾面前，淡定还是无奈

大相迥异的慰问方式

2011 年 3 月 11 日，笔者从电视速报中知道了日本地震的消息，就想给日本朋友发电邮确认一下那边的情况。匆匆写就发出之后，又有些忐忑。自己是否因两国文化差异写了失礼的内容，于是找了一本日本出版的书信撰写指南，查阅寄给地震受灾者的慰问信的写法。

受着“伤人乎？不问马”教训长大的国人，在亲友遇到天灾时，常常显得比当事者更担心。笔者的中国友人地震时身处日本关西地区，他说地震最影响生活的并不是物资、电力短缺。最令他困扰的是中国亲友的电话、信件慰问，他要反过来安慰中国的亲友的心，一再说生活很好，关西没事。

与其相比，日本的慰问信样例显得“冷淡”了许多，令人惊讶的是，最大的忌讳竟是我们国人习惯的“夸张的表达”[②]。每每在梳理过去，而准备重新开始之际，日本人常常爱用一句“水に流す”来鼓励人。这句话本意是让水把一切冲走，即爽快地忘记已经发生的所有，投入到未来的事业中去。

回顾日本人的行为模式，我们就会发觉他们这种“水に流す”的倾向十分显著。无论善恶、好坏，过去的事情既然已经无法改变，那么心中就不必存芥蒂、懊悔。日本人在大灾之后，对受灾者一般不是以夸张的言辞表示自己感同身受，而是鼓励他们用自己的力量东山再起，最后表示如果有需要

① 鲁思·本尼迪克特著，吕万和、熊达云译：《菊与刀》，商务印书馆 1990 年版，第 68 页。
② 东乡实著：《书信、惯用语与实用语句》，高桥书店 1992 年版，第 153 页。

的话可以提供帮助。

灾害频仍的国度

日本人有着所谓“流水”式（水に流す）的心理，这对于我们中国人来说，理解起来可能有些困难。中日两国间文化心理上的隔阂，远不像“一衣带水”的地理隔阂这样容易跨越。正像一些日本人认为我们“死抓着历史问题不放手”一样，我们也难以理解遭受美国两枚核弹爆炸的日本，为何还能与美国占领军的关系如此和睦。在进入日本人之心之前，我们不如先回顾一下日本的灾难史。

与中国相比，日本是个水资源极其丰富的国家，但“水”也常常成为祸患，伤害到在日本列岛上生活的居民。日本的降水很不均匀，时间、地域性的差距极大。冬季日本太平洋沿岸干燥少雨雪，家家都使用大功率加湿机；日本海沿岸却常常暴雪成灾，每年从12月到3月户户都在用除湿器。到了夏天则相反。太平洋沿岸降水集中，还时常遭遇台风；日本海沿岸梅雨一过，就要忍受干燥的暑热。在这样的气候下，暴雨引发水灾、山洪、泥石流；暴雪引起林果业损失，交通瘫痪；台风引起渔业事故、房屋受损，这些灾难几乎年年必至。

此外还有火山、地震、海啸这样极难预测的自然灾害。人们的家园被摧毁，农田遭破坏，甚至生命都可能失去。尽管如此，数千年来，日本人却从没有萌生过如俄罗斯自由民主党主席弗拉基米尔·日里诺夫斯基（Vladimir Zhirinovsky）建议的那样，全部离开日本列岛向外移民的想法。

浴火重生的精神力

日本灾害频发，日本人对于故土却还是难舍难分。我们中国人虽然也有“安土重迁”的说法，也有“父母在，不远游。游必有方”的教诲，但从文化心理上讲，我们的心理皈依的是家庭、宗族、祖先，而这些都是可以移动的。

日本人自古以来，无论是火山爆发、地震，还是水灾、雪灾，只要还有一线生机，不会轻易放弃故土。一个现实理由是：日本是个岛国，离大陆较远，土地狭小人口稠密，且普遍多灾害，搬到哪里都不会有太大差别。此外更重要的是，日本人传统信仰是山川草木万物有灵，且这些神灵统一为

“氏神”①，存在于代代相承的故土家园之中。所以假如迁居他处，“氏神”之灵却并不因此转移。

要理解日本人的“氏神”信仰，我们不妨先回忆中国人的祖先信仰。儒教中最大的孝是“事死如事生，事亡如事存”（《礼记·中庸》）。中国人的祭祖是假设先人健在而进行的，这意味着在祭祀日祖先的魂魄就会被召回来，享受子孙的招待，也就是祭文末尾常说的“伏惟尚飨”。祭祖不能简单断定是封建迷信活动，中国人几千年来，就是通过祭祖活动，及其体现的祖先崇拜，增强团体凝聚力、维持社会共同体秩序的。

相比之下，日本人虽有祖先，除了皇室、武门等却极少祭祀。他们的神龛中一般只能见到逝去家庭亲属的灵位，虽也做纪念法事，却不过是给如父母、兄弟、子女这样的近亲属。日本人虽有宗族，亦有聚族而居的村落，但他们增强地域凝聚力、维持社会共同体秩序的手段却是通过对地缘神“氏神”的祭祀活动。因此抑或可以将我们对祖先的那种怀思，用以推想日本人对故土的眷恋。

到这儿读者也许会指出，现代的日本人经常从一个城市迁居另一个城市，从西部搬家到东部，从北陆迁往南海。他们是否已不再有强烈的乡土感情了呢？即便现代日本人不再有“氏神”的意识，但将故乡视为精神皈依之处的这种情感却依旧存在。譬如当今国人哪怕不相信祖先之灵，清明扫墓依旧带纸烛供物。

在日本，与人初次见面，经常谈到的话题就是出生地，如果是同乡或者地域相近，关系就容易拉近。每年新年前后和盂兰盆节假期都会出现不亚于我国春运的全国性人口大移动——这些不都能说明日本人对故乡的执着心吗？

因此对日本人来说，无论大自然给他们以何种打击，一般情况下都不会背井离乡。只要在当地还有生计可寻，他们就会从瓦砾中重建房屋，开垦土地，播下新生活的种子。

有的学者指出，日本人生活在地震频繁的列岛上已经习惯于灾害了，所

---

① Ujigami，词源来自远古时代氏族祭祀之神，后来与守护村社共同体的产土神、镇守神结合，由血缘神变为了地缘神。村中有大事需要作出决定，就在神前投票，日语称为“入札”，如有约定则令约定人喝下含有神符烧灰的水，使契约得到神明的守护，这被称为“一味神水”。氏族神信仰是日本神道教的重要组成部分，对日本人的生活影响深远。氏族的祭祀至今也是日本某些地区的重要节日活动，氏神信仰对村落社会的秩序维持起过极其重要的作用。

以这次9级强震也能沉着应对，并且预计将能迅速展开重建工作。有人说，日本人在战乱和困苦的条件下，形成了民族特有的勇毅坚强的品质，这早已融入了其民族血液中，是其他国国民无法比拟的。

然而，日本人"淡定"的背后恐怕并非坚毅、勇敢、武士道这类"刚烈"的东西。恰恰相反，应该是"水"一样柔性的文化。在巨大的天灾人祸面前，与其说日本人是坚守壁垒，不如说是灵活应战，是"幸莫大于死心"。他们放下得快，身上的包袱轻，起身也快，重新出发得自然顺畅无滞怠。

所以，付水而流的（水に流す）的日本人并不逃避损失，而是敢于直面人间的各种惨剧。天灾袭来，但凡侥幸保存了性命，哀哭祭吊、清理打扫一番之后，便很快就能重新振作。日本人这种智慧倒也称得上是："反者道之动，弱者道之用"了。

灵活过分显轻率

"水に流す"的日本人，从关东震灾、二战战败、阪神震灾等一次又一次的灭顶打击中一路走来，取得了令世界瞩目的辉煌成就。不过日本人这种柔软灵活的身段也存在阴影——草率放弃旧的立场、观点，依据突发情况或一时舆论在未经详细研究的情况下改变方针。

比如2011年3月17日，日本自民党党魁谷垣祯一即在新闻发布会上称："继续推进原子能政策势必极其困难。"有意放弃自民党此前一直坚持的核能代替传统火电、水电等以减少碳排放的政策。① 实际上这次福岛事故只是由于核电厂安全网（safty net）的设计疏失所致，如果仅仅因此就停止核能发电，将至今取得的各项核能相关技术一旦抛弃，恐怕就不能不说是因噎废食了吧。然而根据日本网络媒体调查，截至2011年4月2日，52%的受访者都明确表示反对继续发展核能发电②。

日本人的这种轻率，还表现在对于各种"风潮"没有自持力，几乎是随波逐流。例如在距离灾区较远的首都圈，竟刮起了以各种生活必须品为目标的抢购风潮。根据《朝日新闻》2011年3月15日的报道，13～14日东京圈各商铺生活必需品的进货量，水是平时的10倍、纳豆2～3倍、豆腐1.7

---

① 《朝日新闻》，2011年3月18日。

② go news：http：//news. goo. ne. jp/hatake/20110328/kiji5254. html。

倍、牛奶1.5倍。销售量鸡肉是平时的9倍，罐头3倍，大包装饮料水1.8倍，大米1.6倍。[①] 从3月16日首都圈大型超市销售量的数据来看，瓶装饮料的销售量是平时的31倍，意大利面条27倍，方便面14倍，大米10倍，便携式罐装天然气30倍，干电池16倍。[②]

又如随着赏樱时节到来而愈演愈烈的"自肃"风潮。跟抢购囤积风潮相反，"自肃"风潮是："因为地震、海啸、核事故，数十万国民受灾，所以非受灾的人只要生活上有一丝略显奢侈的地方，就会遭到责难，并要求约束自己的行为。"[③] 这种"自肃"行动首先从节电运动开始，随后扩展到人民生活方方面面。从大甩卖店铺的叫卖、去卡啦OK、赏樱、为高中棒球比赛加油、电视里的综艺节目，到东京都知事竞选者演讲、宣传活动、地方选举宣传车[④]都在"自肃"的要求下停止或者减少。仔细考虑一下的话，就会发现这种"自肃"实际上并不会对灾区境况的缓解起到任何作用，而且由于消费的突然萎缩，还会给本已紧缩日重的日本经济造成打击，但是日本人就是无法停止这股风潮。

日本人的矛盾性格

有些读者看到这里大概会觉得很疑惑：日本人在这场灾难后的许多表现都显得无法共融于一个理论。如果说他们沉着冷静遇事不慌，但是他们却不肯详加分析，就草率作出决定；如果说他们充满连带感，只要想到灾区人的痛苦就不肯让自己的生活稍微轻松一下，但是他们也正以"只要自己能活下去"的心理囤积物资，不顾灾区挨饿受冻的同胞。实际上，我们在本书的后面还会讲到更多日本人自相矛盾的行为实例。比如日本人责任感强，"对不起"一直挂在嘴边，但是从东电事件来看，其负责人又盲目自信，总希望敷衍塞责；日本人办事认真、勤奋工作、效率至上，但是从救灾措施上看，他们又僵化迟缓，不会事急从权。

如果读者稍微认可从孟德斯鸠、黑格尔到和辻哲郎的风土学研究，那样大概也不会惊讶下面将日本人的国民性和岛国的自然地理环境联系在一起的做法。因为要探究日本人这种令人迷惑的、普遍存在的矛盾性格是如何产生

---

① 《朝日新闻》，2011年3月15日。

② 《产经新闻》，2011年4月10日。

③ 《产经新闻》，2011年3月30日。

④ 《信浓每日新闻》，2011年3月29日。

的，我们就很难避免这一番周折。

日本的国土主要属于亚热带季风性和温带季风性气候，又带有显著的海洋性气候特征。夏天，南方的季风令列岛炎热、潮湿；冬天，北方的季风使列岛寒冷、多雪。日本是个四季分明的岛国。再加上日本国土沿东南轴狭长分布，主体虽在温带，冲绳县一部分则在亚热带。而且沿海地区与内陆地区虽然相距不远，却也会有 4℃ ~5℃ 的温差，日本的北方与南方则有 10℃ 以上的温差。在如此狭小的国土内，气候却如此复杂的国家，无论从东亚还是从世界的范围看都是极罕见的。

一般来说，年平均气温相差 4℃，人们的生活模式就会有差异。此外日本列岛整体的年均气温从历史气象学上看也存在周期——大约 300 年左右日本列岛就会经过一场寒暖的变化（相差 4℃ 左右）。举例来说，在日本列岛较温暖的时期，北海道也可以生产稻米；当转入较寒冷的时期宫城县北上川沿岸的传统米产区就会减产。

以上所述的日本列岛复杂、不稳定的气候给日本民族的历史也带来了相当大影响。平安末期正是日本列岛寒冷期的谷底，当时全国大米严重减产。公卿贵族生活深受佛教文化影响，以食欲为卑贱的欲望，并不重视民生和农业发展。贵族自身的饮食也已仪式化，以淀粉为主，动物蛋白摄取得极少，且他们厌恶“粗野”的身体锻炼。结果掌权贵族大部分身体羸弱，精神萎靡，已不再有带动国家前进的活力。远离京都文化圈的乡野武士则不然，他们食肉习武，重视发展领地内的生产。这些人最后在不堪忍受饥馑的平民的支持下，逐步取代贵族政治，使日本走入了武家社会。

日本自此经过 600 年又进入了下一个寒冷期的谷底，这就是天明大饥馑（1782 ~1787 年）。查看当时的记录，东北地区的南部藩、佐竹藩的人口近 2/3 饿死，幕府统治中心的江户也有饿死人的情况出现。然而各藩不顾人民死活，依旧按照旧年的贡租率征收贡租，结果农民起义此起彼伏，江户幕藩体制也走向了末路。

总而言之，因日本列岛的地理条件，日本人自古就锻炼出了迅速顺应自然界激烈变动的体质和精神。当然，灾害频繁、四季分明、寒冷期交替的问题并非日本人独自面对的，但是像日本人这样在极小的范围，极短的时间内，几乎同时遭受来自自然的各种“迫害”的例子，即便在整个世界之中也难寻俦匹。这决定了日本人的体内永远同时存在着两种互为矛盾的生存机制：思辨与行动、保守与革新、残忍与慈悲、攻击与忍耐……日本人不会被一种性格束缚，不会固执坚持一个立场。他们学习得快，对掌握的东西抛弃得也快。他们接受失败干脆，重新投入新的阵营战斗亦干脆，而这正是“水に流す”的根源。

我们一旦理解了日本人的这种性格，就不会为他们震后立刻表现出的“淡定”惊诧，也不会痛骂日本政府没能组织人员冒着辐射危险，迅速奔赴距离福岛第一核电站25公里的南相马市援助灾民。从天灾袭来的那一刻起，日本人岛民遗传因子中的两个“应急方案”便同时苏醒了，对于已经无法挽回的损失以及难度很大的善后问题，日本人拥有令其他民族咂舌的忘性，对于防备下次灾祸再临，恢复正常生活的工作，日本人则拥有值得我们学习的执着。

谢罪、失言的文化底色

东电频频谢罪的背后

震后在日媒上出镜率最高的两个组织，一个是日本政府，另一个毫无疑问地是东电。东京电力社长清水正孝在福岛第一核能发电厂1号机组爆炸后29小时的2011年3月13日召开新闻发布会首次谢罪。14日东电发出的新闻稿中也出现了道歉：“表示由衷的歉意（心よりお詫び申し上げます）”。15日2号机组发生爆炸后当天的新闻稿中又见到东电的谢罪之辞。17日东电又为16日发布的错误数据向公众道歉，22日东电副社长一行赴福岛县一处避难所向当地灾民谢罪。4月4日东电决定从福岛第一核电站向海中倾倒11500吨含放射性物质的海水，东电在当日新闻发布会上再次道歉。

我们经常能看见日本人在各种场合的道歉，他们谢罪时行礼如仪显得十分诚恳。在前不久的丰田召回事件中，有相当一部分国人也高度评价了这种勇于道歉、承担责任的做法。无论在中国，还是欧美，人们普遍认为，道歉就等于承认了自己犯有过失，并有承担责任（赔偿等）的心理准备。但是这种“常识”在日本却是行不通的。日本人的“常识”是哪怕心中知道自己没有过错，但为了不引起双方的对立，成熟的做法是先道歉以换取对方不再深究。

有这样一则故事。一个日本人去美国留学，美国同学借用他的钢笔，但是因为用力过大，笔尖变形，钢笔就坏了。这位美国同学归还钢笔的时候说："这钢笔质量不佳，寿命已经到了。"日本人想如果自己遇到这样的事情，哪怕借来的钢笔一开始就是坏的，也会忐忑不安地想是不是自己弄坏的，然后战战兢兢地去道歉。他不但没有责怪自己的同学，反而因美国人的自信感到十分钦佩。

笔者在日本的时候也常常能感觉到日本人对待"道歉"的特殊态度。有一次，学校有一位老师接受德国大学资助，利用暑假进行短期的交流学习。同研究室有过赴德经验的人便介绍："到外国即便发生事故也不要轻易道歉。道歉就相当于承认自己有错，以后一旦引起诉讼官司，就会处于不利的局面。"在我国偶尔会见到因为一点擦蹭事故便相持不下的司机，我们在去外国之前，也许会被警告不要随身带太多的现金，却从不至于有人特地嘱咐"发生事故后别道歉"。日本的"常识"对我们来说却是"非常识"。

日本是一个岛国，国土狭小，人口稠密，长久以来的木框架、纸榻门结构的房屋使得亲人、邻里之间很难有什么隐私可言，因此缓和不可避免的人际摩擦，是日本人生活中的重要课题。日本人长期在这种生活中自然而然产生的传统处事倾向便是："水に流す"。不拘泥过去，不争论、不指责、接受一切，原谅一切。

在日本一旦发生纠纷，主动处理的人一定会率先道歉。在其他人眼中，率先道歉的人不但不会损失面子，反而会因他显示出成熟的处世术增加威信，进而促进事态改善。日本人愿意原谅别人的错误，且期待着当自己冒犯别人时也会得到同样宽容。他们的"谢罪"与其说是反省，不如说防御的意识更多。

虽然这种"成事不说，遂事不谏，既往不咎"的做法务实而且高效。但也有个坏处，一味地"水に流す"宽容过去的罪恶、错误而不能充分追究、反省，那么错误就有重演的可能。这次东电事件中，虽然东电谢罪的态度很诚恳，但具体如何解决问题、如何处理赔偿和善后问题、如何避免此类事故的重演，还需拭目以待。

右翼代表的"天谴论"

常出惊人之语的东京都知事石原慎太郎在震后第3日即发表言论，把地震海啸和"天谴"联系在一起，一时舆论大哗。石原一面称受灾群众可怜，一面又称："日本人的本质（identity）即私欲。有必要利用此次海啸将私欲一次洗清。我想这次（海啸）必是天罚。"① 这个"私欲"石原解释道："私欲就是物欲、金钱欲。"

石原慎太郎的发言肯定是不妥当的，翌日他也以伤害了受灾地区人民感情的理由道歉并撤回前言。下面主要想说的是，认为天灾是上天预警，从这个意义上提出地震是好事的人，并非仅有石原一人，这种心理是有深厚的文化基础的。

就在东日本的"天谴论"风波未平之际，西日本的大阪府议会议长长田义明3月20日便又抛出奇谈："这话虽然不好，但对大阪来说这次地震是天降祥瑞，来得真好。"②

以上这些政治家的发言，诚然不谨慎，对灾难受害者的感情是一种伤害，他们两人想必都会在今年的选举中付出一定的政治代价。我们从文化研究的角度，则不能仅仅指责二人冷漠无情便大功告成。"天谴论"背后的祓禊信仰，可以说才是文化研究者应该继续探讨的问题。

所谓的祓禊，即洗净罪孽的仪式，非限于日本，在世界许多原始信仰和宗教中都能见到，在整个祓禊过程中"圣水"是重中之重，这也就是为什么作家出身的石原知事说海啸是天谴的原因。

日本古代关于祓禊的记载可见大化元年（公元646年）3月，当时大和朝廷颁诏规定墓葬、婚姻等制度，禁止私祓，不再建造巨大的古坟。政府禁止私人举办祓禊活动，将其举办权收归中央以增强集权，这种手段本身便说明：第一，公元7世纪日本的祓禊仪式便已经在全国普遍存在了；第二，这种仪式在古日本人的生活中占有重要地位。

《古事记》（公元712年）中也处处显示了这种祓禊信仰。神话中，生育日本诸岛的男神伊耶那岐③从妻子居住的亡灵之国回来便说："我去了一个令人讨厌的，丑陋污秽的地方，我要对自己的身子行禊"。于是，他来到筑紫日向的桔小海湾阿波岐原④举行禊礼。在这场宗教仪式中，产生了日本众神。

① 《朝日新闻》，2011年3月14日。

② 《朝日新闻》，2011年3月21日。

③ 又称伊弉諾尊（いざなぎのみこと）。

④ 原文为：筑紫｛つくし｝の日向｛ひむか｝の橘｛たちばな｝の小戸｛おど｝の檍原｛あはぎはら｝.

在古代，上达将军下至庶民，在去伊势神宫参拜以前，必须在宫川[①]河中祓禊之后方可穿过鸟居进入神域，虔诚的参宫人甚至会步行至二见浦[②]再以海水祓禊一番。现代日本也是同样，入神社之前，要在门前“御手洗”的地方漱口、洗手然后才能在神前祈祷。

石原等人的思维或许便是基于祓禊理论：既然日本人全体被私欲蒙蔽，所以日本国罪孽深重。海啸即上天给日本的祓禊，应该经过此次清洗，应该清除掉国民的个人主义和金钱拜物教的污垢。石原慎太郎1932年9月30日出生，现年79岁。长田义明1934年11月19日出生，现年77岁。二人都属于战前出生，受过最后的“神国教育”的那一代人。当时即便是大学法律系的教育，也将《古事记》里的创世神话当做历史来讲。可以说石原慎太郎那一代人心中还存在着为“八纮一宇”的伟业“灭私奉公”的战前时代的文化烙印。

战后“婴儿潮”的一代（现在50~60岁）和高速成长期的一代（现在30~40岁）受着更加现代和个人主义的教育，自然无法理解石原慎太郎的愤懑。所以即便没有灾后这个特定的时间点，他们的这种发言想必也会招来“板砖”。

日媒“隔岸观火”为哪般

2011年3月11日，富士电视台著名女主播安藤优子在震灾特别节目中，面对海啸的画面竟像转播竞技体育比赛一样冷漠地评论道：“房屋、汽车、人都被冲走了。”同时这段影像在播出时还打上了“独家画面”的标示，好像是借灾难与他台争夺收视率。结果引发观众的极大不满，这也是地震后日本媒体首次遭到“隔岸观火”的指责。

3月12日福岛第一核电站1号机组发生氢气爆炸，当夜富士电视台转播了首相菅直人的新闻发布会，这时现场发言中突然插入了疑似电视台工作人员的对话。

男：“没劲，反正肯定又是核电站的事。”

女：“这些人除了这种消息就没别的啦。”

……

---

① 发源于三重县与奈良县交接的大台原山，穿过三重县中南部流过伊势市西北，由伊势湾出海。

② 三重县中南部，面对伊势湾二见町的海滩。

女："嘻嘻，啊，笑出来了。"

男："哈哈哈……"。

无独有偶，2011 年 3 月 14 日在新闻节目『スッキリ!!』（日本电视）中，主持人大竹真没有注意到仙沼市因海啸变成一片废墟的画面已成为他身后的背景，麦克重新打开，镜头也切换到他的脸上。于是全国观众都看到了大竹真还是一边笑一边评论道："可真是有意思。"

实际上从 2011 年 3 月 11 日，东京时间下午 2 点 48 分开始 NHK 便停止正常播出，插入"东北·关东大震灾"的特别节目。随后其他的民营电视台也纷纷加入阵营，日本电视是最迟的，但也在 2 点 57 分切换为特别节目。可见日本媒体对震灾的反应不可不谓迅速，对待灾难的报道不可不谓重视。那么以上这种类似于"隔岸观火"的行为又是基于何种理由呢?

对比 NHK 与民营电视台的播出风格，我们似乎可以发现其中的端倪。NHK、BS1，他们的报道受众更偏重于东北地震灾区的人，报道内容基本是他们迫切想要知道的信息。比如城市哪部分断水，预计会有多大范围的断电，灾民可以在哪些地方获取生活必需的物资（主要是水）。画面中仅有女播音员一人，以冷静的语调，清晰地传达这些给灾民，能起到不小的稳定情绪的作用。

反之，在民营电视台方面，如日本电视、富士电视，他们的报道受众似乎更偏重地震灾区外的更多的日本人。这些电视台在报道中反复播出海啸摧垮居民房屋、地震中大地龟裂这一类充满视觉冲击力的画面，以及速报死者和失踪者不断上升的数字，很难不给人留下"隔岸观火"的印象。同时各媒体派遣奔赴灾区的"采访团"，由于处于一种彼此竞争的状态，使采访的立场越来越走向猎奇、趣味的一边。

以集团意识强、充满连带感著称于世的日本人，因何他们的媒体在大灾降临时态度是如此轻佻、冷漠呢？美国经济学家乔治·吉尔德（George Gilder）在他 1990 年的著书《电视消失之日》中说："电视的低俗不是由于人的低俗。人们的兴趣和关注点是多种多样的，只不过其中大多数人都喜爱性与丑闻罢了。"① 与接受政府补贴的 NHK 不同，作为民营电视台的日媒，从生存角度出发，就不能不以商业性为最优先的考量。一旦"利"字当头，

① 转引自［日］北村充史：『テレビは日本人を「バカ」にしたか?』，平凡社 2007 年版，第 156 页。

那么很明显未受灾的日本国民才应该是他们的受众，因此富士电视也好、日本电视也罢，他们“隔岸观火”的行为虽从道德上应该谴责，从经营学上讲却合乎逻辑。也许会有人推测在这次地震报道中饱受舆论谴责的富士电视也会遭受经济上的打击，但实际上富士电视震灾节目的收视率依旧仅次于NHK，居民营媒体之首。有这样的媒体生态环境也就不怪日媒的冷漠抉择了。

集体精神与地域情结

稻作文明孕育的集体精神

日本人强韧的集团性，为集体利益不惜牺牲的精神，近代以来从正反两面都给世人留下了极深的印象。而在这次灾难中的许多事例，似乎也可以从集体精神的角度来诠释。比如宫城县南三陆町危机管理科年仅25岁的女职员远藤未希，她在地震来袭之际不断用广播呼吁市民向高地转移，自己却被海啸卷走，至今生死不明。[①] 又如岩手县陆前高田市市长户羽太，海啸发生时因身系全市市民的安危，没能回家救援自己的妻子。“当时我真想不管其他人，自己开车去救她，但那样我做不到。”[②] 后来他是这样解释的。

这种集体精神来源于何处？从日本一千余年的稻作文明中我们也许能寻找到答案。当然，稻作农业并非日本独有，日本的农业规模亦不可与中国、印度同日而语。然而像日本人这样重视“米”的民族，或许可以说无出其右者。

就像中国自称为神州一样，日本人也给自己国家赋予美誉，称为豊苇原瑞穗国[③]（とよあしはらのみずほのくに），即生机勃勃的苇原，结实累累，稻穗盈盈之国。在日本最早的农书《新民鉴月集》中就载有96个稻米品种，并且详细介绍了山地、寒地、低湿地等各种土壤、气候下种植何种稻米产量最大。天皇每年履行的两项重要职责也与“米”有关，即在旧历二月

① 《中央日报》，http://japanese.joins.com/article/article.php?aid=138290。

② 《朝日新闻》，2011年4月6日。

③ 用例如『古事記』:「此の豊葦原瑞穂国は，汝知らさむ国ぞと言依さし賜ふ」，『神武紀』:「此の豊葦原瑞穂国を挙て我が天祖彦火の瓊々杵尊に授へり」.

举行祈祷丰收的“祈年祭”和旧历十一月举行感谢收获的“新尝祭”。

稻谷如不去壳，可以保存比较长的时间。因这个特性，从日本古代直到近世，稻米一直具有部分货币的职能，是财产、地位的重要象征。纵观整个江户时代，米一直是全国生产量最大的品种。封建领主的贡租以稻米的形式向农民征收，然后又卖掉稻米从商人手中换取其他需要的物资。所以封建领主的实力大小，身份高低，完全是由他领地所产稻米的数量决定的，例如今日大家依旧耳熟能详的“加贺藩百万石”，这个百万石即稻米产量。

那么，日本人对稻米生产的重视和他们的集体精神又有何联系呢？我们知道种植稻米本身较其他农作物需要更多的人力投入，为了高效地孕育秧苗，需要许多人的合作。维持稻米的高产量，则需要充沛的水资源。日本水资源虽然丰富，河流却多短小急促，反而容易酿成灾害。如果说插秧种稻一家一户还可以独立完成，那么水利工程就必须集合一村甚至几村之力合作完成了。日本列岛上最初的村落，正是由共同使用水源结成的。所以在村中的个人，于一人一户的利益之前必须先考虑全村的利益，否则就很难保证个人的生存。

村与村之间的关系也是同样，几个村落共同使用一处水源，那么上游村与下游村争夺利权的纠纷就不可避免。然而彼此都清楚水源关系着双方的存亡，期望对方放弃利权是不可能的，又没有力量将邻居请走，那么一村在用水的时候，自然就会顾忌到邻村的情况。双方为了生存下去，不得不限制自身的欲望，维持相互关系。

上面的情况并非日本独有，从世界范围来看，我们均会有这样的发现：以农耕立国的民族往往倾向隐忍内省，较个人更重集体；以畜牧立国的民族往往倾向张扬进取，较集体更重个人。日本不过是更为明显，应该说他的极成熟的稻作文明孕育了日本人卓越的集体精神。

“一亿皆亲眷”的灾难连带感

讲过集体精神就不能不提日本人这次表现出的连带感，因为连带感是只有在“集体”中才会产生的。这种感情用日本文豪田山花袋的话说即：“并非痛心于他人艰难的遭遇，这不过是社会性慈善。乃是这样的心境——他人流血便如自己流血。”①

---

① 「社会劇と印象派」文章世界 1914，原文：人間の艱難を見て痛むなどという同情心も社会的の慈善とか何とか言うものではなくて、他人の血の流れるのは自己の血の流れるのだという心持になってくるだろうと思ふ.

“天谴论”已经被一部分人淡忘了的 2011 年 3 月 29 日，东京都知事石原慎太郎召开记者招待会，提到东日本大地震时他说：“虽说樱花已经盛放，但现在可不是畅饮欢谈的时候。”

“现在不应开赏樱宴，而应与同胞同甘共苦，心生连带感”。（太平洋）战争的时候大家都克制、忍耐。尽管战争失败了，当时日本人的连带感很美。”

对日本人来讲，每年三、四月份的赏樱是像新年一样重要的活动。石原慎太郎的话无异于给赏樱宴会浇上了一盆冷水。东京都很多有名的赏樱地点，都立公园等处都挂上了劝告入园者减少宴会的标语。

对石原慎太郎的“怀古”言论，提出反论的人也不少。一个理由已在前文谈到，这种与灾区同胞“共甘共苦”的做法只会抑制消费，最后减慢，甚至阻止日本经济（尤其是灾区经济）的复兴。此外大灾之后，无论是否身在灾区，都生活在核阴影之下的日本国民，比起有意识的自我压抑，更需要的是恢复日常生活，放松紧张的神经，一年一度的赏樱宴不正可达此目的吗？

但是，尽管反对的声音不绝于耳，“同甘共苦”的潮流却逐渐席卷了日本全国。不，也许应该说正因为“同甘共苦”的浪潮太过迅猛，才激起激烈的反对之声。总之，现在即便出门赏樱的人也变得很安静了，远没有以前那种摆出大量食物、酒，又唱又跳的热闹气氛了。甚至很多日本购物网站的到货通知也因为地震的原因暂停，2011 年 4 月 12 日以后才重开。回想汶川地震时，国人在哀悼日当天也停止了各种娱乐活动，地震后的一段时间内许多知名网站的网页亦是黑白，新闻中的主持人装束也较平时朴素了许多。然而日本这种大灾后因连带感自我抑制的消费低迷，在我国是从未出现过的。

这么说并没有谴责中国人的意思，相反我们的做法并没有什么不妥。“连带感”一般出现在亲人和亲密朋友之间。看见素昧平生的人遭遇灾难，我们在同情之余还会庆幸厄运没降临在自己头上，这并非卑鄙，而是人正常的心理保护机能。不过此次日本灾难的规模却较以往大不相同，尤其是在核事故的阴影下，大家很难确定灭顶之灾明天会不会落在自己身上，于是也就没有了“没发生在我身上真庆幸”的话语。这种情况下，“灾难”让日本人比以往都更加有连带感，考虑到灾区人还忍受着苦痛，就像自己的亲人遭遇不幸自己也无心享受一样，非灾区的许多人哪怕自己的生活显得略微轻松一些都会心生内疚。应该说巨大的灾难让日本人较以往都更加团结了。

灾难之中的地缘胜亲缘

2011年3月29日《朝日新闻》报道了仙台市周边的“借浴室”的行动。地震后因仙台市停止了天然气供应，很多人因此无法使用家中的浴室。为了让受灾的人泡个舒服澡，一位姓若林的日本人自发地利用博客、传单等手段联系有电热浴室的家庭，希望他们能提供浴室给其他受灾者。结果这个倡议在几天内就得到了10户人家的响应，100位灾民因此洗了热水澡。[①] 很多读者想必看罢这则新闻，都会对日本人能生活在仙台这种友爱的地域心生艳羡。

的确，日本人在人际交往中总爱用某种“缘”来缔结关系。第一是血缘，也包括养子、师徒、同门等模拟血缘；第二是地缘，即相同的出生地，相同的生活地等；第三是学缘，相同的中学、大学；最后还有工作缘，即大家处于同一个职场。日本人一般都能在这“四缘”中寻找到自己恰当的位置，一面获得归属感，一面借以拓展新的社交圈子。

这四缘中，以地缘之情和人的生活最密切。日本进入近代后很长一段时间，农村中还有“村八分”的习俗。自古以来村人约定俗成相互帮助的大事共有十项：结婚、出生、成人、出远门的准备、盖房、水灾、火灾、疾病、葬礼、法事。所以如果有人犯了重大过失（如杀人、通奸），他和他的家人就会受到“村八分”的惩罚，即除火灾和葬礼的情况外，不得在其他大事中协助村人或得到村人的协助。日本今天所谓的社会福利、社会保障，以前都是依靠本地域内居民相互的扶助实现的。因此日本有句俗谚：“人有七亲。”就是说人生在世，从出生、命名、成人、结婚、疾病、葬礼、死后法事时时离不开周围人的照顾，所以在他人有难的时候，自己也应该尽量帮助。

文化心理研究中，日本人的人际关系常常被定义为“纵向”。初闻之下这个理论似乎很有说服力。日本人的人际关系中的确总会见到父子、师徒、上司部下等强调控制力的纵向构造。不过正像上面举例说明的那样，日常生活中的亲近感，更多是由农村共同体、城市共同体（町内会）即地缘的“横向”羁绊形成的。在大灾过后，地域内的居民共同救济是最先发挥作用的。

比如福岛县的南相马市，这个城市大半都在福岛第一核电站半径30公

---

① 《朝日新闻》，2011年3月29日。

里的范围内，进入该区域的人只能自负其责，日本当局并不保证安全。所以核电站反应堆氢气爆炸之后，这里与外界便失去了联系，物流一度中断，就连该市的医院也出现因没有血浆导致病人死亡的案例。在该市医疗机构几近崩溃的时刻，当地医师联合会的10人自动组织起来，一面转移到30公里圈外的一处已停业的废弃诊所以便接收医疗物资，一面在市内走访因“屋内避难”不能出门的病人进行治疗。①

诚然这种一定地域内横向的联系并非只带来互帮互助的美德，但日本人的这种地域情结无论对灾时自救，还是灾后重建，相信都会起到重要的作用。

看不见的伤：心理重建之路

灾难与心理危机

据《朝日新闻》报道，2011年3月24日早晨，福岛县须贺川市的一位64岁男性菜农在自家上吊自杀。这是受福岛第一核电站事故的影响，政府对福岛县产的部分蔬菜发出“食用限制”指示的第二天。原因被认为是地震后灰心丧气，并借此呼吁让该地的蔬菜顺利出货。遗属表达了“他是被核电杀死”的愤慨。

4月15日《日经商务》刊载了一个东京男子的感叹：“一句话，因为核辐射，家庭都要崩溃了。人因为压力都变疯啦。”说这番话的男子，本来在一流商社工作，家庭幸福，但日本东北震灾带来的核威胁，打破了他平静的生活。男子育有二子，儿子五岁、女儿两岁。妻子担心两个孩子的健康，逐渐变得非常神经质。比如家中一定要囤积“足够”的瓶装水，绝对不用排风扇，儿子每天外出的时间绝对不能超过2个小时等等。男子稍微提出异议，结果就是夫妻吵架。

无论是受灾地区的人，还是非受灾区的人，这次地震、海啸、核事故都在他们心中投下了深深的阴影。

① 《产经新闻》，2011年4月6日。

心理危机大致可以分为两种类型。其一是我们出生到死亡每个人生阶段都会遇到的问题：青年时我们担心无法融入社会、职场。壮年时我们的危机集中于下一代的养育。老年时人们共同的问题则是通过工作或兴趣是否能令自己感觉幸福和满足。另一类危机，它是突发、偶发的事件引起的。比如犯罪、过失、转业、失业、学习成绩下降、入学考试失败等。因为在一定程度上是可以预知的，如果有足够的精神、物质上的准备，则可以减轻危机给心理带来的冲击。灾害造成的心理危机显然属于后者。然而这次日本大地震（及其引发的海啸、核泄漏）灾难的规模、复杂程度的难以预见性，令它对心理的冲击无法得到自身有效的缓解。

地震等灾害给受灾人的心理冲击一般会有以下四种表现，且常常是交织在一起的：（A）愤怒：为什么是自己住的地区，自己遭受这场灾害。（B）悲伤：在灾难中失去了亲友。（C）自责：看着亲人在眼前去世却什么也不能做。（D）不安：大灾之后，失去了亲友、房产、家园的自己应该如何生活下去。

前面提到的福岛县的菜农，将他逼向绝境的主要是愤怒与不安。自己没有做错什么，为什么核事故影响了全家生计的愤怒，与蔬菜长期无法销售，全家人将何去何从的不安。

对于灾区外的民众，他们主要通过电视等媒体获悉灾难的进展。地震、海啸、核辐射污染的刺激，容易带来抑郁、焦虑、罪恶感等心理压力。处理不得当，也会造成心理危机。在汶川地震的时候，我们也出现过这样的情况：身处灾区外的人，一旦看到电视、网络的灾区画面，就会忍不住失声痛哭，甚至出现偏头疼、高血压等生理反应。

海啸噩梦惊醒的“非灾民”

中国2008年的5·12汶川地震时，媒体上开始大量出现“地震抑郁”的说法。诚然在信息流通迅速、来源多渠道的今天，灾难应激抑郁已不再局限于受灾者，而扩大到了“观灾者”。

受灾地区人们遭受的痛苦是巨大的。以现在的仙台为例，汽油短缺、电力匮乏，人们的日常生活样式彻底改变了。社区的文化馆现在已被当做了避难所，保龄球馆则成了临时遗体收容中心。但是灾区人民有许多事情摆在眼前，他们中的大部分暂时不会有迷惘困顿。其实倒是没有直接体验到灾难痛楚的人群，反而容易立刻表现出抑郁。

这是因为，较之灾区避难所里的人，非灾区民众暴露在更大量的灾难信息下。地震发生后，电视、网络的内容，几天里全是海啸冲垮房屋，吞噬农田、冲走汽车的画面，而且每天都有新的影像更新。后来又增加了自卫队的摄影，只要一打开电视，一上网灾难信息简直无处不在。

在东京生活的人没有遭遇过海啸，据说最近早晨不少人也被海啸的噩梦惊醒。笔者身处中国大陆，3·11 以后也做过类似的梦。如果梦中出现自己被海啸吞没，就可以确定的说，这是灾难画面看得过多引起的精神创伤（trauma）。由影像引起的精神创伤，近年来已被精神医学界证实，被称为“间接创伤”或“二次创伤”，尤其在儿童中多见。

儿童在看电视的时候，要区分眼前的画面是实际身边发生的，还是媒体的节目，对于他们未成熟的大脑来说是很困难的。这不是说他们不明白电视里的画面其实是在千里之外，而是他们的大脑也许会把这些影像作为自己的体验记忆起来，而引起精神创伤。

我们这些成年人是否就不会有这个忧虑呢？答案是否定的。当我们长时间、大量地看了超过我们脑可分析处理数量的画面之后，我们的脑就有可能把这些画面当做真实的内容储存起来，同样引起创伤体验。而且，因为看海啸画面受到了刺激，也有的人会闪回（flashback）自己以前受到过的其他创伤性体验，比如有被虐经历的人、犯罪的受害者等。对于这样的人，往往会遭遇到重大心理危机，甚至有轻生的危险。

这次 3·11 大地震与阪神地震不同的重要一点是，受灾者用手机、摄像机拍摄的影像，在日本全国乃至全世界播出。因为 you - tube、witter、微博等网络应用，如今人人都是发信者，都是规模不一的公众媒体。在人们能获得更加丰富、迅速的信息同时，为其所苦的人也大有人在。

儒教文化圈的灾难抑郁

周五（2011 年 3 月 11 日）发生地震、海啸后，周六、周日在家看了两天电视、网络新闻的人，周一上班后很多人感觉精力无法集中，什么工作都干不下去。明明手中积压着大量工作，却无法安下心来着手处理，这是因为对受灾者的同情吗？

灾区报道不光是海啸的画面，还有对失去亲人、失去家园的灾民的采访，对避难所内灾民困难生活的报道。大量接触这类信息，非灾区的人会对灾民产生心理上过分的共情（empathy），甚至引起抑郁。

临床心理学将这种情况称为“共情疲劳”，多见于灾害发生时抢救伤者的救护队、救援队、志愿者人员身上。通俗地讲，他们过分地与灾民甘苦与共，结果消耗了很多自己的精神能量。

“站在别人的立场上想一想。”

“考虑对方的感受再发言。”

每一个日本人在家庭、在学校都会受到这样的教育。记得我们的初中课本里也有“己所不欲勿施于人”的记述。儒教文化中同情心是非常重要的美德，所谓“无恻隐之心，非人也”。因为儒学的基础可以说就是共情，是“己欲立而立人；己欲达而达人。”恻隐之心，人之常情。在儒教文化圈中，假如见到他人处身艰难自己却没有感到适当的同情、悲痛的话，其本人就会萌生罪恶感。如果没有表示出适当的共情，就会遭到周围人的批评，尤其对于年轻人，很容易就会被扣上自私的帽子。

在中国、日本这样的处在儒教文化圈内的国家，非灾区民众在大量接触灾难信息后，除了临床心理学意义上的“共情疲劳”，还可能产生罪恶感、自我厌恶等复杂的心理负担。

其实在生活中对他人的境遇产生“共情”是非常自然的，只不过一般情况下不会达到造成精神负担的地步。然而这次的灾难与以往不同的一点是，“谁也不能斩钉截铁地确定自己是安全的”，几乎无孔不入的核辐射，令日本列岛乃至周边国家的人民都不能把这次灾难当做“别人家的事”。

把事件区分为“自己的事”和“别人的事”，这是我们心理的重要机能之一，是谁都有的精神防卫系统，能够有效地防止心灵陷入不稳状态。有“共情疲劳”甚至患上了地震抑郁的人，就是因为他的这种“区分机制”没有启动。这里有核事故的原因，也有社会文化、道德风俗的关系。

日本灾后席卷全国的、抑制消费的“自肃”运动，就是“共情疲劳”和地震抑郁的产物；另一方面反对“自肃”却还需要找出诸如振兴经济、支援灾区重建等理由的情况，也是源于同样的心理。在战争中，劫后余生的士兵，想到牺牲的战友，常常会有“为什么我还活着”的罪恶感。现在的日本人也是同样，灾区人民失去亲人、财产、家园，在避难所内忍受着最低限度的生活，那么“我为什么还正常地生活，和3·11前毫无二致?”。如果一直在这种心理陷阱中，那非灾区的人的精神也势必崩溃。

地震、海啸、核事故，的确是全人类的惨祸，但是没必要全世界的人都用统一的方式去应对。想娱乐的人应该娱乐，想沉思的人就沉思。不要强迫自己，哪怕强迫自己做什么，也未必对解决问题有所裨益。做好自己眼下的事情，和平时一样生活就是对受难者最好的支援。

灾后的民族主义风险

与灾难抑郁相反的一种表现：因为危机激发了斗志，人一下子进入亢奋状态，每天精力百倍，甚至不眠不休，总觉得必须得做点什么才行。这也是人面对危险时的一种很自然的反应。

其实人不会为一件突发事件改变人格。平时一贯待人冷漠的人，不会因为突出灾难而一下子“天下为公”起来。为他人而奋起的行动是很好的，但是否能长时间持续是要存疑的。同样平时谨小慎微、沉默寡言的人，如果突然走出门游行示威，要求停止使用核能，从心理学上讲，这都是危险的标志。

大灾后面对危机四伏未来的这种亢奋，会不会有这样的危险：像 1923 年日本关东大地震时那样，令人失去理智，爆发“民族主义”情绪。1923 年的大地震使东京、横滨等地的水、电力、交通、通讯等系统完全瘫痪。各种谣言开始在灾民间传播。从 9 月 1 日傍晚开始，出现了与政治相关的各种谣言比如：“朝鲜人要趁震灾这一千载难逢的良机反击日本人”，“朝鲜人抢劫、强奸、杀人、朝水井投毒”。于是，日本军队和警察，甚至武装起来的日本民众，开始大肆逮捕、屠杀在日朝鲜人，中国华工也受到了虐待和屠杀。

显然，这样的历史不会再重演了。不过造成这种历史惨剧的心理原因并没有消除，那就是“必须得做点什么”的强迫心理。现在有日本人称：“这次地震正是重返经济繁荣时代的机会。”心情固然可以理解，豪言壮语背后的情绪就显得浮躁了。

主流媒体相关的报道并不多，但目前日本网络上流传着许多关于在日中国人、朝鲜人在这次震灾期间的犯罪的流言，其中有些连犯罪事件都是子虚乌有的，如仙台市周边店铺遭到大面积抢劫的流言；有些犯罪事件的罪犯是日本人，却误认为是外国人所为。① 应该说即便有犯罪，也不应该与种族、

① 参考网址：http://blog.livedoor.jp/jyoushiki43/archives/51729579.html，http://ja.wikipedia.org/wiki/%E6%9D%B1%E6%97%A5%E6%9C%AC%E5%A4%A7%E9%9C%87%E7%81%BD%E3%81%AB%E9%96%A2%E9%80%A3%E3%81%97%E3%81%9F%E7%8A%AF%E7%BD%AA

国籍关联。这是一种很危险、很容易蛊惑人心的“民族主义”情绪。

同时我们会发现，我国的撤侨工作似乎也加深了这种“外国人歧视”的看法。有些日本媒体，用一种酸溜溜的语气，报道着我们的撤侨工作。大量在日中国侨民的撤离，加剧了留下的日本人的不安、焦虑的心理。

这次灾难后，日本经济、精神的复苏之路大概要经历几年的时间，绝不是一蹴而就的。每一个人当然都希望日本能尽快站起来，但同时日本人民应该清醒认识到未来任务的艰难和繁琐，要有这样的心理准备。

现在的大灾，令日本人空前团结了起来，但是这种团结背后是否隐藏着危机，很值得继续观察。总之，日本人的心理恢复、重建与重建房屋、恢复生产同等重要，最终日本人的心灵何时能走出大灾的阴影，还需要时间来证明。

III

经济与灾害

四、雪上加霜

——债台高筑的日本会引发“金融地震”吗

2011年3月11日，日本发生了有史以来最大的一次地震。强震不仅给还没有完全摆脱金融危机阴霾的日本社会造成了前所未有的冲击，同时给正在面临通胀风险的全球经济蒙上了厚厚的阴影——国际金融市场再次上演了2008年8月“雷曼兄弟”倒台时所出现的股价全线下跌、大宗商品价格普遍回落、“流动性逃避”所引起的美元和日元大涨的恐慌格局。福岛核电站放射物的泄漏事件更加让海内外投资者对日本经济的未来和世界经济二次探底的可能性增添了许多忧虑。

从短期来看，关联保险公司股价的破位和后来可能发生的倒闭现象，会再次引起市场的恐慌。由于日本低息政策的长期化和财政赤字的持续膨胀，日元流动性的泛滥和日元的日益贬值，是否会给其他国家尤其是包括中国在内的新兴市场国家，造成持续的通胀、资产泡沫和货币升值的压力？更为严重的是，从长期来看，如果日本央行紧急注资和加码量化宽松对海外流动性的短期外溢效应有限，如果日本经济持续低迷、财政恶化，那么，日元长期内将不可避免地再度走弱，而此时日元套利交易是否将会卷土重来？众所周知，20 世纪末爆发的东南亚金融危机在货币贬值的过程当中引发了巨大的金融地震，而日元是升值后动荡，两者的相同结果都是股票价格大幅度下跌、房地产泡沫破裂、银行系统出现大量的呆坏账、银行被迫关门、企业被迫关闭破产。此次日本由于强震、海啸及核危机三重灾难引发的经济变局，是否会引起类似于东南亚金融危机那样的“金融地震”？日本经济的未来走向如何？本部分我们将从大地震与日本经济增长、财政和货币政策以及金融市场的关系角度逐一进行解读。

大地震与经济增长

谈到此次日本东北地区地震对其经济的影响，日本国内有不少学者认为，从经济学角度来衡量，有破坏就会有建设，有巨大的投入就会有巨额的产出，更何况现在日本正面对生产过剩带来的烦恼，天灾人祸的介入刚好填补了这个空缺，可治疗通货紧缩带来的停滞，能把坏事转变为好事，又何乐而不为呢？那么，大地震与经济增长到底有怎样的关系，这是我们在解析日本强震对其经济增长及其经济发展影响过程所必须要明确的问题。

“刘易斯拐点”之后

众所周知，日本在 20 世纪 50 年代中期开始至第一次石油危机结束的 70 年代前期为止经历了世界瞩目的高速增长，推动日本经济高速增长的源泉到底是什么？无论是认为“旺盛的投资意愿带动了经济增长”、还是“出口导向的国策促进了经济增长”、或是像日本凯恩斯学派的经济学家吉川洋所说的“旺盛的消费需求拉动了经济增长”，总之经济学家们至今还是众说纷纭。

但是毋庸置疑的一点是，我们不能否定日本在经历高速增长时期的确在其国内掀起过“消费高潮”。对被称为“三大神器”的洗衣机、电冰箱和黑白电视机的购买热潮在 20 世纪 50 年代曾经是那样的火爆；到了 60 年代，人们对所谓的“3C”——彩色电视机、汽车和空调的消费又是那样的“情有独钟”；与此同时，企业应对此消费高潮而进行的大规模生产体系的建设与完善催生了一批批中产阶级，他们成为推动消费高潮的动力，促成了这种良性的增长一直持续到1973年的第一次石油危机为止。也正是截止到这一时期，洗衣机、电冰箱、吸尘器、电话、彩色电视机等家用电器产品几乎普及到日本的每一个家庭。

高速增长带来的另一个显著变化就是“刘易斯拐点”的到来。诺贝尔经济学奖得主刘易斯提出的所谓“拐点”，从经济学意义上来说是指劳动力过剩向短缺的转折点。此时，农业部门中存在大量的隐性失业。当工业部门提供既定水平工资时，农业部门劳动力向工业部门转移，随着农村剩余劳动力的转移，工业部门不断扩张。由于在既定工资水平上，劳动力的供给是无限的，工业部门在实际工资不变的情况下将所获得的利润转化为再投资，其产业规模不断扩大直到将农村剩余劳动力全部吸收完，这个时候工资便出现了由水平运动到陡峭上升的转变，也就是“刘易斯拐点”的到来。日本的类似转折是在大约20世纪60年代前后出现的①，也标志着日本从此踏入了工业化和城市化的发展方向。随后，日本充分利用世界科技革命成果和“后发展优势”，创造了长期高速增长的奇迹，成为仅次于美国的世界第二大经济体。

1971年布雷顿森林体系瓦解导致的日元“突然升值”以及随后在1973年和1979年爆发的两次石油危机，虽然导致日本经济增长速度放缓，但最终没有对日本经济发展造成致命冲击。相反地，日本在美国和欧洲各国纷纷陷入“滞胀”② 的痛苦深渊时，却成为“一枝独秀”地走出石油危机困扰的发达国家。日本经济也借此机会由高速增长转入低速增长，进而在20世纪80年代中期实现了“超欧赶美”的成功，步入经济发展的“鼎盛”时期。

然而，随着后发展效应的消失，有利的投资机会减少，实体经济部门的资金不足发生了根本性的逆转。1985年“广场协议”③ 后的日元升值以及为担心出口下降引起国内经济滑坡和日美贸易摩擦升级而采用的宏观调控政策的失误加剧了日本国内的“资本过剩”，遗憾的是这些过剩的资金并没有流向技术创新和实体经济部门，而是集中流向了股票、房地产市场，加之金融机构的“推波助澜”使得日本国内掀起了一股强大的投机风潮。被吹大

---

① 关权：“越过刘易斯转折点：日本的经验及其启示”，《南开日本研究》2010年（年刊），第47页。

② “滞胀”（Stagflation），在宏观经济学中特指经济停滞（Stagnation）与高通货膨胀（Inflation），失业以及不景气同时存在的经济现象。

③ 1985年9月22日，美国、日本、联邦德国、法国以及英国的财政部长和中央银行行长在纽约广场饭店举行会议，达成五国政府联合干预外汇市场，诱导美元对主要货币的汇率有秩序地贬值，以解决美国巨额贸易赤字问题的协议。因协议在广场饭店签署，故被称为“广场协议”。

的“泡沫”终于在1989年政府采取多次调高利率的“急刹车”措施下发生破灭，日本经济伴随着大批企业倒闭、失业率持续攀升、投资信心崩溃、巨额不良债权和财政赤字扩大等等一系列难以治愈的“后遗症”而走向萧条。

不幸的是，日本经济在泡沫经济崩溃后，跌入了漫长的经济萧条时期。日本国内先是把这段时期称为“失去的十年”，在21世纪初期，似乎看到了经济复苏的“曙光”，却由于金融危机的影响以及国内政治家的无能等等内外交困的原因始终在“低谷”徘徊，由此引发了日本国内各界对经济复苏的更深的担心，人们开始谈论的问题不再是“失去的十年”而是“失去的二十年”。日本主流媒体《朝日新闻》的主笔船桥洋一所撰写的文章《危机二十年的出路在何方》便着实反映了这种心态。① 他形容日本在“失去的十年”之后像爬行的蛇那样蠕动弯曲地又爬出来一个新的“失去的十年”。

雪上加霜的是，以美国次贷危机为导火索的世界金融危机的爆发对日本经济的影响并非表面，日本股价跌幅高于美国就是一个不争的事实。这表明，世界性金融危机的爆发与日本经济发展存在着某些必然联系，而并非单纯地讲“美国之飞火殃及了日本”。对此，越来越多的人们开始意识到“世界性金融危机的爆发是宏观经济的扭曲，而日本处于其中心位置，今后更为严重的经济衰退似乎不可避免”。

更像是命运对日本开出的玩笑，恰恰在此“生不逢时”的时刻，百年不遇的自然灾害“光临”日本。在政治无为及金融危机阴影下长期处于低谷徘徊的日本经济，其未来增长及发展又会在强烈的自然灾害影响下走向何方呢？对这一问题的解答显然是十分必要和关键的。

自然灾害能否促进经济增长

经济学者 Eduardo Cavallo and Ilan Noy 曾提出从长期来看自然灾害未必对发达经济体的经济增长起到恶化的作用。这一观点在日本1995年阪神大地震中得到了证实。神户曾经是世界第六大港口，地震发生后经济发展受到重创，但是从震后第15个月开始几乎有98%的生产得到了恢复，从经济增长的整体情况来看，虽然震后GDP短期下滑，但其后两年的经济增长率反而超过了地震前的水平。其中一个重要的原因在于灾害直接受损的集中表现

① “日本哀叹‘失去的二十年’”，百度文库，http：//wenku.baidu.com/view/633a2a 333968011ca3009108.html。

在“物”的方面，只要作为经济增长引擎的“人”的创造力以及由此产生的生产效率没有下降，经济增长就不难恢复、甚至会超过以前的水平。日本研究灾害经济学的学者户谷英起也认为：“偶然的地质灾害（如地震、海啸等）对长期经济增长完全是负面的，但是高频率的气候变化引发的灾害（如洪灾、旱灾等）虽然会损害实物资本，却可以提高人力资本的回报率，加快人力资本积累以更好地应对灾害，同时也会加快实物资本存量的更新速度，从而推动技术进步，因此，自然灾害在推动经济增长中扮演着重要角色。”①

如果单纯地与“阪神”地震的情况进行比较，此次地震由于受到海啸以及核危机的三重压力显然要大于前者。日本经济财政大臣与谢野馨明确表示：“地震、海啸和核危机带来的三重打击给日本经济造成的损失将超过1995年阪神大地震”。日本的民间研究机构也测算出15万亿日元以上的结果，这一数字比阪神地震时的10万亿高出了50%。日本大和综研的研究结果也显示，此次大地震的损失额约占日本GDP的3%，损失的经济总量约为143754亿日元。②

由于核危机的意外介入，我们不能对此次地震的危害程度“小而视之”，日本在震后一周内，随着核危机风险的逐步暴露，市场对此次地震的评估逐渐走向负面便是一个很好的例子。因此，“自然灾害会促进经济增长”的理论框架似乎也应该受到更多的质疑。

2010年，日本经济已经出现强劲反弹的迹象，全年GDP实际增长3.9%，创20年来最快增速。但其经济增长主要由第一季度带动，后三个季度经济低迷，第四季度实际GDP甚至环比萎缩0.3%。经济学家原本预期，2011年第一季度日本经济将会重拾增长，而大地震很可能改变这一趋势，由于日本国内众多工厂停工，电力短缺，加上消费信心受挫，短期内日本经济将遭受重创。虽然，重建将创造就业，地震中受到重创的能源、建筑领域会得到极大提振。但日本经济能否随着重建工作的开展，呈现出“V”型反弹，还要看核危机的蔓延程度以及日本政府、央行以及各个民间经济主体在“抗震救灾”中的表现。

V型还是L型：与阪神地震对比

1995年1月17日凌晨5时46分，以日本神户为中心的阪神地区发生里

---

① Mark Skidmore and Hideki Toya：“Do Natural Disasters Promote Long - run Growth?”，2002.

② 转引自百度文库网，http：//wenku. baidu. com/view/3367ce69011ca300a6c39052. html。

氏7.3级强烈地震。许多人尚在睡梦中就被倒塌的房屋压住或被大火吞噬。地震造成6000多人死亡，3万多人受伤，数十万人无家可归。地震带来的直接经济损失高达10万亿日元，总损失达国民生产总值的1%～1.5%，是二战后截至20世纪末期日本遭遇的最大一场自然灾害。

由于地震发生在1995年1月，从统计口径上说应该从1994年第四季度的统计数字中可以看出地震的直接影响。以兵库县为例，图4－1反映了1994年第四季度兵库县的GDP与全国GDP之比，我们可以看出明显的下降趋势。但是一年之后的1995年第四季度的数字却有了显著改善，甚至超过了同期全国GDP增幅，即随着震后重建的开展，经济增长呈现出“V”型反弹。之所以能够取得如此惊人的效果要归功于当时村山内阁大力推进的灾后复兴事业，它为大约4万至10万由于地震而失业的劳动力重新提供了就业机会，同时刺激了民间部门的投资。日本政府投入阪神大地震的重建经费超过5万亿日元，从其内容来看，最大的特征是以神户港和阪神高速公路为中心的基础建设投入最多，占了预算的一半左右。其次为兴建大量的租赁住宅，并对公共设施之耐震性提出对策，此项预算也达总经费的1/4。其余1/4经费使用在包括兴建临时住宅、灾民慰问金、处理瓦砾、防止二次灾害，充实保险、医疗福利设施、重建文教设施、中小企业以及失业、农林水产相关设施等等。日本政府所投入的救灾与重建费用大约是兵库县一年预算额的两倍，也是神户市一年预算额的6倍多。

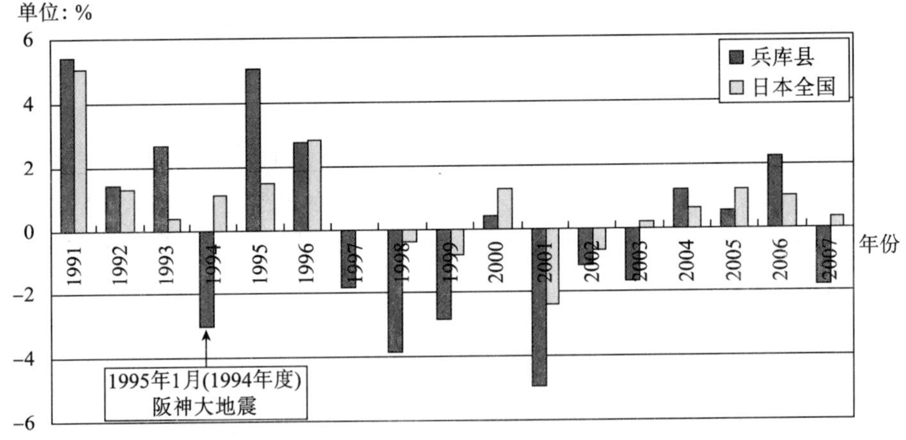

图4－1 阪神大地震后兵库县与日本全国经济增长率对比

资料来源：《日本政府内阁府县民经济计算2008年》。

但是，1997 年以后，受桥本政权以紧缩财政以及提高消费税为中心的结构改革的影响，日本经济再次陷入萧条，从图中明显可以看出兵库县呈负增长，其幅度高于全国平均水平，且这一情况一直持续到 2004 年，2005 年的数字才表现出兵库县的 GDP 增长率高出全国。说明了灾后重建虽然在短期内使经济得以复兴，但恢复到全国水平整整花费了十年的时间。

相比于阪神大地震，此次强震的受灾程度更为严重已经是不争的事实。尤其是此次地震由于核泄漏事故造成的电力中断问题将会对日本经济的恢复产生更为直接的影响。日本拥有 56 个核电站，大约占总能源供应的 30% 左右，此次地震已经造成 11 个核电站关闭，并造成一些水电和煤炭发电站故障，导致短期内的电力短缺，经济能否回升，很大程度取决于电力恢复的情况。阪神震后仅半年的时间日本经济就得到了短期恢复，但地震造成的损失使得灾区经济全面恢复尚需近十年的时间。而此次强震又恰恰发生于经历世界性金融危机重创后刚刚企稳的日本，它会否冲垮脆弱的经济复苏基础，即便灾后重建能够带来短期刺激效果，但需求的增长未必都由日本的供给来满足，很多需求仍会转向国际市场，这一切都会使未来日本经济的增长面临更为严重的考验。

决定震后日本经济能否顺利恢复，关键在供给面，而不是需求面。因为从需求来看，今年秋天开始相关的复兴投资将会纳入正轨，也就是说由于灾后重建需求导致的固定资本投资将会增加 10%，其规模相当于 GDP 的 2%，主要由企业设备投资、民间住宅投资及政府固定资本投资构成。

按照投资乘数理论[①]，由复兴投资带来的需求增加将会使 GDP 提高 2% 以上的规模，当然这是在供给面不存在任何制约的条件下。也就是说，采取以刺激投资为手段调节社会总需求从而实现经济稳定增长的凯恩斯主义手法。震后许多经济预测也显示通过这样的方法日本经济将在今年秋季以后实现 V 型增长。但是，投资需求的扩大能否真正刺激生产关键看复兴投资能否转化为有效需求，目前，在地震、海啸以及核危机的三重灾难之下，来自供给方面的约束制约着生产恢复。因此，此次震后日本经济即便像阪神震后那样在短期内即呈现出“V 型”增长，从中长期来看，如果电力不足问题迟迟得不到解决，日本经济很可能持续在“L 型”范围内徘徊。

---

① 指凯恩斯的投资乘数理论，即在一定的边际消费倾向下，新增加的一定量的投资经过一定时间后，可导致收入与就业量数倍的增加，或导致数倍于投资量的 GDP。

核危机动摇了经济基础

一般而言，自然的地震和海啸根本不足以动摇日本庞大的经济基础。然而，此次却大不相同。核危机带来的冲击，足以动摇日本的经济基础，其诱因在于核危机导致的电力不足会进而“侵蚀”日本的经济发展。

根据日本东京电力公司提供的新闻稿记载，在用电高峰时段即晚 6 点到 7 点间，日本的平均用电需求大约为 3700 万 ~4100 万千瓦，大地震爆发后从 3 月 12 日至 3 月 14 日之间东京电力的电力供给只能达到 3100 万 ~3700 万千瓦，明显不足。说明仅仅从发电能力上就可以看出本次大地震动摇了日本的经济基础，这是阪神地震中未曾出现的，如果再加上其在规模与范围上的影响，则受灾程度更是可想而知。理论上讲，火力发电厂在受灾后可以修复，但据《日本经济新闻》3 月 20 日的新闻报道，即使破坏的发电厂恢复，东京电力公司的电力供给要恢复到 4200 万千瓦最快也要等到 4 月底。福岛第一发电厂的发电量大约是 470 万千瓦，相当于电力供给的 14% 左右，目前其恢复与再建的可能性几乎为零，如果考虑到这些因素，日本很难摆脱未来电力供给不足的状态。况且，评价电力供给能力好坏的关键在于高峰期的电力提供，而真正的高峰期——暑期还没有到来。据《钻石周刊》3 月 26 日报道，日本在其用电高峰期 8 月份的电力需求将会超过 6000 万千瓦，而按照 4 月底的供给能力测算，只相当于需求量的 32% 。[①]

为此，有专家提出应该对超出必要使用量的用电提高电费，但这一对策仅仅限制了家庭用电，家庭用电只是一小部分而已，关键在于控制企业的大规模用电，但控制这部分用电无异于限制了企业的经济活动。也有专家提出是否可以调配西日本或北海道的电力资源至东日本地区。调配西日本的电力资源有一个问题，就是两地区的电波（我国称为频率）不同，调配过来的电必须进行转换，日本虽然已经启动了相关的转换工作，但其转换能力只能达到 100 万千瓦，仅仅是福岛第一发电站的 1/5。调配北海道的电力资源存在着输送问题，即电力输送要穿洋越海，成本太高，加之其发电量也十分有限，只有大约 60 万千瓦。

综合上述情况，也有专家提出比起如此昂贵的“西电东送”，莫如采取

---

① 野口悠纪雄：“深刻的电力不足制约着日本的经济活动”，《钻石周刊》，2011 年 4 月 2 日，第 140 页。

生产活动的“西移”更为现实，即将东北部及东北地区企业的生产转移至西部地区进行，但即便如此，仍然不能摆脱“供不应求”的状态。从电力公司的电力销售情况来看，东北电力和东京电力合计为1037亿千瓦时，占总量的40%，其中77%来自制造业；中部电力与关西电力合计为895亿千瓦时。假定占东北及关东地区1/3的制造业的电力需求由中部及关西地区来满足，则中部及关西地区的电力需求无形中增加了1/3，可见，由此引发的电力不足情况是十分严重的。

核发电占日本发电总量的大约30%，19年前，日本曾经计划将核发电总量提高到40%以上，福岛核事故迫使日本政府不得不彻底调整核发电政策，如果政府决定关闭部分核电站，日本经济将会遭受不小程度的打击。

可见，由于福岛核危机的爆发导致的电力不足问题不仅仅局限于受害的东北以及关东地区，会波及日本全国。即使电力供应能够在“量”上得到解决，其成本会很高，考虑到国际原油价格上涨、风力及太阳光发电无法从规模上代替核发电等因素，成本会更高。加之核发电政策需要调整，这一问题将会演变成为制约日本经济发展的长期问题。因此，从长期来看，日本必须要重新调整产业结构，大力开发“省电型产业”，这将是摆在灾后日本面前的重要课题之一。日本必须减少依靠大量电力供给的制造业，逐渐向服务业倾斜。如果日本将制造业比重调整到目前的一半左右，即与美国制造业占全产业比重大体一致的话，其电力需求能减少一成，否则的话，电力供给问题将会继续困扰日本。

此外，核危机可能对日本消费者信心造成显著的负面影响。无论是日本家庭通过提高储蓄率来重建财富的举动，还是日本国民出于对核污染的恐慌而减少对本国农产品及其他产品的消费，都可能导致消费率的下降，从而影响经济增长。

老龄少子化使前景黯淡

如果从长期视角观察日本经济增长，理论界大致可以分为两派观点。一派是所谓的“发展潜力观”，认为日本经济发展仍有潜力，最终还会恢复到以前的水平；另一派观点则保持“成熟经济观”的立场，认为日本经济发展已趋向成熟，即日本正在或已经步入成熟经济社会。

经济学见解的不同可以表现为“实证经济学”与“规范经济学”两个不同的价值判断体系，前者用来解释“经济是怎样运转的”，后者则是用来解决“经济应该是怎样的”。与这两种不同的价值判断体系相对应的理论体系可以概括为“新古典增长理论”和“内生增长理论”。认为日本经济已经走向成熟社会的所谓的“成熟经济观”正是出于索洛等人的新古典增长模型的基本观点，也就是说，经济增长率是由经济体外部因素决定的，包括外生的劳动增长率、技术进步率等等。例如，他们认为一个总人口不变，而劳动人口开始减少的经济体是很难期待经济增长的实现的。相反，“发展潜力观”与近年罗默、卢卡斯等人发展起来的内生增长理论相对应，认为从长期角度看经济增长率的高低是由技术进步及教育投资等经济体内部内生决定的，因此，通过自由化或结构改革等方式可以提高经济效率，从而促进经济增长。

如果从“成熟经济观”的视角解读日本经济增长的方向，我们应该看到日本经济面临着更严峻的挑战。第一，日本人口的老龄化是全球发达国家中最为严重的，同时日本又是全球范围内移民政策最严厉的国家之一，这就限制了国内有效劳动力的供给；第二，日本国民向来具有高储蓄率的传统。然而，如果我们认为，人口年龄结构是影响储蓄率的决定性因素，那么随着日本人口年龄结构的继续老化，国民储蓄率将会逐渐下降，因此人均资本水平难以维系；第三，如果日本能够维持较高的全要素生产率，那么就可以抵消人口老龄化与人均资本下降造成的冲击。但日本人尽管在工艺流程优化方面很有几招，但日本从来不是新技术革命的策源地。如此看来，作为成熟经济体的日本，能够维持2%到3%的平均增速已经相当不容易。

总之，日本经济的未来走势如何，目前回答这一个问题似乎还为时尚早。但是，值得肯定的一点是日本经济的再度崛起需要日本政府与民众的共同“痛定思痛”，不仅需要日本政府设法摆脱“走马灯”似的格局，同时需要从根本上创造核心竞争力。对此，后金融危机时代上台的日本民主党政权政权提出了“新增长战略”，这一战略是日本政府为了重振经济、全面提升产业竞争力而制定的长期产业政策。从其内容可以看出，作为未来增长产业的前瞻性扶持政策，今后的重点在于创造“需求”为主、扶持“软产业”——文化产业的出口以及培养产业活力 。日本产业政策的这一重大调整是否能够在地震、海啸以及核危机三重灾害压迫下经受住考验，这将是一个举世瞩目的问题。

走出财政危机的“一线希望”

越滚越多的“负债陷阱”

曾因成功地预测全球金融危机而被称为“末日博士”的经济学家努里埃尔·鲁比尼就此次日本突发的大地震时说过：“毫无疑问，这是在最坏的时间发生的最糟糕的事”。日本的预算赤字已经高达 GDP 的 10%，目前正在艰难地消减赤字，而灾后重建无疑会增加财政支出，鲁比尼似乎一语道破了目前日本财政状况的“雪上加霜”。

自 1992 年起，日本政府一直通过扩大公共投资来刺激景气恢复，曾先后十三次推出“紧急经济对策”，累计投资已经达到 140 万亿日元以上。泡沫经济破灭后，日本进入“失去的十年”萧条期，税收大幅减少，同时，20 世纪 90 年代中期以来，为了刺激生产、消费和经济复苏，中央及地方政府实施大规模的减税政策，这使本来就已经减少的税收额进一步下降。一般会计税收是日本财政收入的最主要项目之一，1990 年度其金额为 60.1 万亿日元，1997 年下降到 53.9 万亿日元，2002 年则进一步下降到 43.3 万亿日元。与此相对比，财政支出却明显上升。2002 年度日本的财政支出高达 84 万亿日元。仅仅 2002 年一年，其财政收入与支出之间的缺口就达 41 万亿日元。到 2005 年年末，中央政府和地方政府的长期债务余额达到 774 万亿日元，与 GDP 之比超过 150%，这在发达国家中是最高的。[①] 由于经济复苏的目标迟迟未能实现，这种财政“少进多出”的局面使得政府的累积债务像滚雪球似的越滚越大（参见表 4－1）。

日本中央政府和地方政府长期债务的构成情况如表 4－1 所示。其中，602 万亿日元的国家债务当中主要负担是普通国债，绝大部分为建设国债和赤字国债（特例国债），此外还包括地方交付税和国有林业特别会计的借款。泡沫经济崩溃后，日本不仅政府财政，地方财政也同样面临危机，地方

① 张季风著：《挣脱萧条：1990～2006 年的日本经济》，社会科学文献出版社 2006 年版，第 110～111 页。

表 4－1　日本中央政府与地方政府长期债务余额变化情况　单位：万亿日元

	1993 年度	2000 年年末	2003 年年末	2004 年年末	2005 年年末
国债	246	419	525	570	602
普通国债	193	368	457	505	538
地方国债	91	181	198	203	205
国家与地方国债重复	-4	-26	-32	-33	-34
公债余额	333	646	692	740	774
公债余额占 GDP 比重（%）	68.3	125.9	138	146.5	151.2

资料来源：张季风著：《挣脱萧条：1990～2006 年的日本经济》，社会科学文献出版社 2006 年版，第 112 页。

政府大多依靠借债来维持地方行政运转和财政支出。以地方债为主的地方长期债务余额在 1990 年泡沫经济崩溃前夕为 67 万亿日元，到了 2003 年年末达到 198 万亿日元，在“失去的十年”间翻了一番多。

如果按照国际对于一国财政危机的标准来衡量，日本早已经过了警戒线。日本在 2005 年的国债占到一般预算支出的 21%，国际标准为 20%，而当年度的国债依赖度已经达到 41.8%，日本仅用于支付国债利息的费用就占财政预算的 10.6%，日本的财政状况已经十分糟糕。日本国内许多学者也深刻认识到了问题的严重性，甚至认为“日本巨额的政府债务已经无法偿还”。我们不妨就此尝试计算一下糟糕的状况究竟有多严重。假定日本的 GDP 总量为 500 万亿日元，如果实现 2% 的增长率，那么 GDP 将会每年增加 10 万亿日元，除去社会保险负担的租税负担，按照 25%～30% 的比重计算，每年增加的税收约为 2.5 万亿至 3 万亿日元。如果扣除经济增长与长期利息率变动相抵的部分粗略地计算一下，则想要偿还大约 700 万亿日元的财政债务需要 200 年的时间。如果将这 700 万亿日元分作十年偿还，则每年需要偿还 70 万亿日元，即便不算地方债务，仅仅国家债务还有 500 多万亿日元，每年必须要偿还 50 万亿日元。而每年的国家预算规模只有 80 多万亿日元，即便全部用于还债也还是还不清的①。

而大地震后，日本政府必然追加预算，这无疑将使日本财政状况更加恶化。

① 张季风著：《挣脱萧条：1990～2006 年的日本经济》，社会科学文献出版社 2006 年版，第 115 页。

目前，考虑到日本的债务风险，国际评级机构“标准普尔”已经下调了日本的长期债务评级，而另一家评级巨头“穆迪”也将日本的主权信用评级前景下调至负面。可见，令人担心的是，大地震将加剧日本债务风险，并提高其政府融资成本。

可见，日本已经陷入了借新债还旧债，债务越滚越多的“负债陷阱”，一般来说，经济增长率若低于相当于公债利息支付费的长期利率时，债务余额就会越发膨胀，最终导致债务危机，日本的问题不仅仅在于政府债务的“量”的多寡上，而是在于正常的财政已经受到“可持续性”质疑的程度。因此，在日本财政已经十分糟糕的境况下，尽管人们最初的希望是此次强震不至于造成太严重的经济损失，但至少由于对财政危机的恐慌加剧势必加大市场混乱的风险。

减税与增税的两难境地

“减税”主要是针对法人税和高收入者的个人所得税的消减，减税意味着财政收入的下降，在财政支出不变的情况下会增加政府的债务负担，此为“一难”；“增税”指的是提高消费税，由于担心这样做的结果会导致消费萎缩，此为“二难”。日本政府在此两难选择中徘徊，举步维艰。

从20世纪90年代中期开始，日本在进行以高收入者为对象的所得税减税的同时，还多次实施了法人税的减税措施。所得税减免采取缓和累进制的同时提高征税起点的方式。如果加上居民税减税，1994年的规模达到5.5万亿日元，转年又将其中的3.5万亿日元确定为永久性减税，随后又进行了约2万亿日元的特别减税。1997年由于金融危机的爆发特别减税被迫中止，但在形势稍稍好转之后，分别在1998年和1999年实施了两次法人税的下调，由49.98%下调到40.87%。但遗憾的是一系列的减税方案并没有使日本经济走出萧条，相反却由于减税方案大大减少了国家和地方的财政收入，导致国家财政陷入危机，地方财政也频临破产，政府不得不背上更为严重的债务负担。

由于反复多次采用的减税方案丝毫没有带来刺激消费和刺激复苏的效果，支撑财政的“接力棒”不得不“交给”增税这架“独木桥”。但日本政府增加消费税的结果却不尽人意，因为如果按照消费税提高1%来计算，每年只能增加大约3万亿日元的收入，这相当于774万亿日元的债务来说不过是“杯水车薪”。况且，消费税的纳税层要远比所得税广泛得多，随之而来的消费萎缩势不可挡，这又会加剧经济萧条。提高消费税还是一个十分敏感的政治问题，1986 年和 1997 年，竹下登和桥本龙太郎首相的“下课”便是一个很好的例子。

当前，日本政府需要重建灾区，在如此两难的境况下处理突发的自然灾害确实是一个十分棘手的问题。1995 年阪神地震后，日本政府拿出了 GDP 的 3% 用于恢复重建，从理论上讲，这应该会对日本处于通缩的经济带来一次有益的短期刺激，但日本已经是发达国家中负债最多的国家，平均每个国民背负着 520 万日元的总债务，日本政府应该减少而不是增加政府开支。那么，在三重灾害面前，日本政府真的“黔驴技穷”了吗?

寄托于国内投资者的“一线希望”

但是，日本还有一线希望。此次突发的三重灾难至少会使日本互相敌对的政界人士暂且搁置分歧，共同出台一份预算。由于日本大约 95% 的国债都是出售给国内投资者，国债风险的蔓延度应该较容易控制。关键在于控制住日本国内投资者对本国财政状况的恐慌情绪，因为世界上其他国家或地区是否产生恐慌并不重要，他们并不是国债持有者的主力。

根据经合组织的预测，截至 2011 年年底日本政府债务总额占 GDP 的比重将会达到 204%，负债净额占比将会达到 120%，预计政府财政赤字占 GDP 比重也会达到 7.5%。加上灾后的大规模重建，有些人甚至怀疑日本政府承受如此巨额支出的能力。然而，有一点需要肯定的是日本私人部门的资产远远超过该国公共部门的负债，因为 95% 的日本政府债券掌握在日本人自己手中，其外汇储备仅次于中国居世界第二位，海外净资产相当于 GDP 的 60%，这种情况与 70% 国债由外国人持有的希腊截然不同。另外，日本拥有自主的货币汇率，即使持有 5% 国债的外国人以日本负债偏高为借口发动攻势，日本政府最坏的情况是让日元贬值也能逃过一劫。况且，如果这些债务有朝一日转化为或显性或隐性的税收，或者，日本是否可以通过通胀手段来降低政府债务的真实价值，这些都是值得探讨的问题。

日本央行的“抗震救灾”

“注资疗法”：50万亿日元投向何方

2011年3月14日星期一，恰逢灾后金融市场第一个开盘日，日本银行向短期金融市场紧急注资7万亿日元。为应对地震的冲击，日本央行还宣布，将通过三项同日操作向市场注资共计15万亿日元（历史最高额）以缓解短期货币市场的恐慌情绪。同时，还将资产购买计划扩大5万亿日元，加上原有的30万亿日元固定利率共通担保基金（The fixed - rate funds - supplying operation against pooled collateral）供给计划，累计总额达到40万亿日元。3月17日，日本央行再次宣布向金融系统注资5万亿日元，这是日本大地震后，日本央行连续第四天宣布向金融系统注资，总规模已达51.8万亿日元。日本央行对金融市场的紧急注资以短期票据和购买债券为主，意在稳定利率和银行间市场流动性。

日本央行的强势注资的确有效。例如2011年3月16日当天的日经225指数一开盘就强劲反弹，并在日本央行追加注资1.5万亿日元的情况下，最终收涨5.56%。

回忆2010年及三年前的情形，我们发现此次日本央行向市场强势注资的流动性疗法，几乎与2010年欧洲央行应对欧债危机以及美联储2008年应对全球金融危机之手法一脉相承，后两者都在一定程度上缓解了蔓延于全球金融市场的恐慌情绪。强震后为了缓解市场流动性“黑洞”，日本央行通过海量注资是必要的，否则，市场的恐慌情绪很可能进一步“发酵”，从而增加日本地震蜕变成全球金融危机的风险。

可见，日本的灾难突显出央行的巨大优势，以国民产出来衡量，日本地震造成的破坏最终可能是旧金山地震的两到三倍，然而，由于央行主动投放了货币，尽管股市剧烈震荡，日本的支付体系保持了正常运转。与旧金山地震一样，保险公司的撤资行为扰乱了日元的价值，但由于央行的存在，这种干扰显然受到了制约——因为央行随时可以准备在日元过度升值时来出手干预。

但是，日本央行海量注资也引发了一些担忧，市场普遍担心这样的注资行为会加剧全球通胀。但需要明确的是，海量注资并不代表会直接引发通胀——还需要看流动性注入对货币乘数和信用货币创造之影响。若流动性注入并没有引发货币乘数的上升，甚至出现了市场因流动性注入而导致信用创造下降，那么流动性尚只局限于金融市场，不会带来现实通胀压力；若流动性注入后市场信用创造不变甚至还出现上升，那就意味着通胀要来敲门了。如果日本央行不能在重建启动前和过程中，收回在当下向市场过度投放的货币流动性，日本将面临高通胀压力、日元升值对出口的恶化等风险，从而首先陷入经济滞胀之困局。

“零利率”：降无可降怎么办

泡沫经济崩溃后，为了刺激经济复苏，日本政府采取凯恩斯主义的手法，扩大公共事业投资，年年增发国债。1998 年至 1999 年间由于国债供求关系恶化，出现了长期利率上涨的迹象，为防止经济进一步恶化，日本银行继续降低市场利率诱导目标，于 1999 年 2 月至 2000 年 8 月的 18 个月间，采取了史无前例的宽松的金融政策，将无担保隔夜拆借利率降到了接近“零”的水平。零利率政策曾一度解除，但此后经济形势急剧恶化，在通货紧缩持续的情况下，实际利率居高不下，陷入了“流动性陷阱”的境况。难怪诺贝尔经济学奖获得者詹姆斯·托宾教授在观察到日本的这一现象时曾对他的学生们说：“以往我们在经济学教室中谈到的‘流动性陷阱’的故事如今活脱脱地发生在发达国之一的日本”。也难怪有人说，日本经济所谓的“失去的十年”就是日本经济陷入“流动性陷阱”的十年，按照传统的经济学教科书所讲到的，这种情况下货币政策视为无效。

在仅仅维持了五年的量化宽松货币政策依然不能解决问题的前提下，日本政府又重拾“零利率”，在先后于 2008 年 10 月和 12 月两次将无担保隔夜拆借利率由 0.5% 降至 0.1% 之后，于 2010 年 8 月将其调整到 0 至 0.1% 的范围。

“雪上加霜”的是此次以大地震为导火索的三重灾难爆发于“零利率“再也降无可降之时。在 1995 年阪神大地震后，日本央行将基准利率大幅下调 125 个基点，有力地刺激了投资和经济复苏，但当前基准利率已经处于 0~0.1% 的历史低位，日本央行只有求助于“量化宽松”政策的加码，除此之外，日本央行可能会增加其资产购买，并出手干预汇市，以防止日元升值过多。

加码“量化宽松”：有无边际效果

日本央行于2001年3月19日推出了量化宽松货币政策，这一政策持续到2006年3月19日，是金融史上应对“流动性陷阱”的首次尝试。

在大地震发生后于2011年4月7日举行的金融政策会议上，日本银行决定将对3·11日本东北地区地震和海啸灾区的金融机构提供总额达1万亿日元的“受灾地区支援贷款”。日本银行总裁白川方明在记者会上表示，1万亿日元支援贷款政策的目的是为受灾地企业和个人恢复生产生活提供必要的资金，同时帮助当地重建金融系统。日本央行此次行为的一个值得关注的地方是，加上此次新增贷款，央行宣布向市场投放的资金规模总量超过41万亿日元，约合5000亿美元，这已经接近美国第二次量化宽松（QE2）的总体规模——6000亿美元，因此，这是日本持续量化宽松过程中的一步棋。随着地震救援和重建资金的需求大量上升，日本央行还会继续有条不紊地加码量化宽松政策。

在20世纪90年代初，日本股市和房地产泡沫相继破灭，日本经济进入持续衰退期，为了刺激投资和消费，日本央行在1999年2月实行零利率政策。零利率政策一度解除，但此后经济形势急剧恶化，在通货紧缩持续的情况下，实际利率居高不下，陷入了“流动性陷阱”，日本在2001年至2006年间曾经尝试了量化宽松货币政策，但当时由于国内缺乏有效的投资机会，资金外流十分严重，过剩流动性通过对外直接投资和套息交易渠道流向国外，量化宽松并未能有效地帮助日本经济摆脱颓势。

如果我们对2001年至2006年量化宽松货币政策实施的几年中的IS曲线和LM曲线[①]的斜率进行实证分析[②]，就会发现IS曲线的斜率陡峭递增，LM曲线的斜率平滑下降。而根据希克斯—汉森模型的解释，扩张性的货币政策下，IS—LM模型中，LM曲线不变，IS曲线斜率越陡峭以及当IS曲线斜率不变，LM曲线的斜率越平缓时，货币政策的效果越差。我们的实证结

---

① IS曲线是描述产品市场均衡时，利率与国民收入之间关系的曲线，由于在两部门经济中产品市场均衡时I=S，因此该曲线被称为IS曲线。LM曲线表示在货币市场中，货币供给等于货币需求时，收入与利率的各种组合的点的轨迹。它的斜率为正，这表明LM曲线一般是向右上方倾斜的曲线。

② 实证模型参见笔者指导的2008级硕士研究生论文（刘丽辉：《日本量化宽松货币政策的背景及有效性分析》，第43页）。

果证明在 IS—LM 框架下，日本量化宽松的货币政策的效果较差，即量化宽松货币政策对增加 GDP 的效果较差。

为应对金融危机以来的通货紧缩，日本央行已将基准利率下调至零。另一方面，日本政府债台高筑，并因此在 2011 年初遭遇主权信用评级降级。来自国际货币基金组织（IMF）的数据显示，2010 年度日本公共债务相对于 GDP 的比重已超过 200%。此情此景下，日本的宽松货币政策还有何作用呢？

在大地震发生后，日本央行表示将竭尽所能保障金融市场的稳定。由于重建支出的需要，对财政状况可能恶化的担忧或许会推高长期市场利率。人们抢购瓶装饮用水和方便面之类的食品可能会引发消费者物价的不利上涨，这显然对经济不利。综合多方面因素，地震可能会促使日本央行在较长时间内延续非常宽松的信贷政策。

然而，“零利率”以及“数量宽松”的结局已经使许多人充满质疑：为什么“猛药”之下货币政策依然无效？

“猛药”下的“宽松”：为何依然失效

国际货币基金组织（IMF）副总裁筱原尚之在 2011 年 4 月 13 日表示，鉴于核危机及电力短缺带来的高度不确定性，日本经济下滑风险明显，日本央行需要进一步采取灵活措施以及出台更加宽松的货币政策①。

“注资”、“零利率”、“加码量化宽松”……当货币政策显得黔驴技穷的时候，当一系列“猛药”下的宽松货币政策依然不能使日本走出“失去的”十年、十五年甚至二十年的时候，人们不得不问：“日本怎么啦？”

这个问题显然触及了实体经济与金融经济之间的内在联系与相互作用。如果我们观察 20 世纪以来世界上发生的两次大规模的经济衰退——1929 年的美国大萧条与 20 世纪 90 年代以来日本长达 20 年的萧条，我们会发现两者之间存在着近乎相同的路径：股市崩溃——信用紧缩——流动性陷阱——经济萧条，而经济陷入衰退进而会影响到金融部门的信贷更加收缩，从而加剧经济的恶化。由于两者之间的内在联系十分紧密，截至目前的主流观点均认为应该从货币政策入手来“治理”衰退，于是我们会看到如此通常的做

① 吴心韬：“日本银行需出宽松政策”，和讯网，http://news.hexun.com/2011-04-15/128760137.html，转引自《中国证券报》，2011 年 4 月 15 日。

法：政府大力治理银行不良债权，向银行系统注入大量流动性以消除信用紧缩现象，从而引导经济走出萧条。也就是说，基于“货币供给方”的角度来解决问题。这种现象说明，就像人们普遍信服费雪与弗里德曼的消费理论一样，费雪与弗里德曼的货币理论的影响同样非常深远。

然而，2001 年被美国商业经济学会授予“艾布拉姆森”奖的日本野村综合研究所首席经济学家辜朝明的理论颠覆了货币学派的基本观点，他提出的“资产负债表衰退”理论[①]认为，经济衰退的根源并非来自货币供给方，而是货币需求方——企业，即经济衰退是由于股市及不动产市场的泡沫破灭后，市场价格的崩溃造成在泡沫期过度扩张的企业资产大幅缩水，资产负债表失衡，从而导致企业不能再以追求“利润最大化”为目标，企业经营被迫陷入不停地“偿还债务”上，在这种状态下，即便是银行愿意向企业发放贷款，企业也会“心有余而力不足”。

其实，辜朝明提出的“资产负债表衰退”问题早在 20 世纪前期已经受到过费雪的关注。费雪为了解释 20 世纪 30 年代的美国经济大萧条，观察到企业资产负债表的内容对投资与生产产生重要影响，并在很大程度上左右了经济变动。当景气下降时，陷入经营困境的企业为偿还债务而抛售资产与商品，造成物价下跌，构成通货紧缩现象元凶的物价下跌从本质上讲增加了企业的债务价值，加之股票、不动产的下跌会减少企业资产价值，整体会导致企业利润下降，资产负债表内容恶化，从而产出下降、雇佣减少、企业倒闭，最终引发经济衰退。

然而，令人遗憾的是，不仅美联储主席伯南克与弗里德曼一样是坚定的货币政策信仰者，独享 2008 年诺贝尔经济学奖的保罗·克鲁格曼同样主张日本央行通过增加货币供应就能产生有效作用，伯南克、克鲁格曼等坚信货币政策普遍性的主流派人士依然主导着当今世界经济领域的发展，无论是在学术理论上、还是在具体的经济决策中。但无论如何，日本的例子已经或正在向世人证明——在由资产价格泡沫破灭诱发的“信贷需求不足”导致的经济衰退中，“注资”、“零利率”、“量化宽松”、甚至“再加码量化宽松”等等所有的货币政策工具都有可能会失灵！这才是为什么“猛药”下的宽松货币政策依然无效的真正原因。

---

① 【美】辜朝明著，喻海翔译：《大衰退——如何在金融危机中幸存和发展》，东方出版社 2008 年版。

前途未卜的日元处境

资本回流的“叠加效应”

地震发生后，市场对日元升值的预期提高。因为对于债权国的日本来说，为摆脱一时困境，会抑制对海外资本的投资并促使资金从海外回流到日本国内，以应对救灾及保险公司理赔等日元现金需求。人们甚至还会以1995年阪神震后日元对美元创下历史最高值的例子作为佐证来推测此次震后日元的升值，因为巧合的是阪神地震爆发于1995年1月，而日元对美元汇率在同年4月创下了战后最高。另外，每年的3月底4月初是日本的会计年度结算期，许多日本的跨国企业往往在此时将资金汇回国内，这与地震后资金回流形成叠加效应。

但是，事实并非人们所想象的那样。首先，日本地震保险体系的构成是三位一体的，就面向普通家庭的地震保险来说其金额并不是很大，它与另外两部分——民间财险及政府再保险共成一体，因此这部分资金回流的规模不足以招致日元升值。其次，1995年阪神震后的日元升值原因并非直接来自地震本身。20世纪90年代初泡沫经济破灭后，股价暴跌、日元升值及日美贸易摩擦一直交错困扰着日本，投资者对于日元升值形成恐慌。同时，美国在1994年的大幅加息以及墨西哥金融危机的爆发加剧了投资者对美元贬值的不安心理，由此导致日本的机构投资者抛售外国资产以期保值及规避风险的心理预期，最终导致日元的大幅升值。

与阪神震后的情势相似，此次地震后日元升值的更多原因并非来自自然灾害本身，而是来自全球避险情绪促使日本投资人回避购买海外资产，将资金留在国内。也就是说，当对日本充满避险情绪，在正常市场环境下每天正常的资金外流情形就会放缓，资金外流减少，造成资金流动状况有些扭曲，因而日元汇率升值。因为日本投资人持有资金盈余，在正常状况下他们需要将资金部署至海外以求收益，但在避险的时候，他们或许对购买海外资产就会退缩。3月17日早上东京外汇市场的日元兑美元汇率一度攀升到战后最高值的1美元兑76.3日元，是外汇投资者这种心态的如实反映。众所周知外汇交易是典型的杠杆交易，需要交纳高额的保证金，由于市场普遍存在着未来会有大规模资金汇回日本的担心，投资者被迫将持有的日元空头头寸平仓，投资者的这种了结头寸的短期行为造成了日元兑美元的迅速短期升值，而当日元空头头寸被控制到一定范围之后，日元兑美元的汇率又恢复到了应有的“常态”，即由市场供需决定的日元兑美元汇率水平。在此期间，庆幸的是七大工业国联合入市干预助推了日元的“常态”恢复。3 月 18 日，在 G7 发布“我们将密切关注外汇市场并将适时展开合作”[①] 的公告并联合干预汇市后，日元汇率应声回落至 1 美元兑 81 日元的水平。

被“误解”的日元升值

诚然，从货币升值角度来看，它对经济竞争力特别是出口竞争力的影响显然是大的。对比一下日元汇率在 80 元和在 100 元时对于出口企业的影响，其结果不言自愈。但是，如果我们换一个角度来探讨这一问题——“日元升值一定会影响贸易顺差吗?”，面对自 2007 年以来的日元升值波，我们会看到日元升值似乎并没有给日本经济以更大的打击或不利，这一违背“常理”的现象背后的原因是什么呢？我们是否可以就此得出它是“日本企业承受汇率变动能力在加强”、或是“日本经济和结构性经济改革”的效果呢？进而，我们又会发现，日本在货币政策上也没有因为日元过度升值而产生很大的敏感反应或采取对策，日本政府仅仅在达到 79 日元的时候采取过一次干预行为，是日本央行在“容忍”或“默认”日元的升值吗？如果是，又如何解释“日元升势与日本央行货币政策相背离”的现象呢？

经济学常用的一个方法是证伪，我们通过对日本 20 世纪 70 年代以来的经验观察可以看出“日元升值并不一定影响日本的贸易顺差”。纵观日元汇率的走势，我们不难发现，日元经历了两次显著升值的过程。第一次始于 1971 年 7 月，止于 1978 年 10 月，日元从 1 美元兑 360 日元升至 184 日元，期间升值 95.7%，持续时间为 87 个月。第二次升值过程始于 1985 年 2 月，止于 1995 年 4 月，日元从 1 美元兑 260 元升至 84 日元，期间升值 211%，持续时间为 122 个月。在第二次升值过程结束后，日本汇率进入窄幅波动期。1971 ~ 1978 第一次升值期间，贸易逆差的情况仅出现在 1973 年、1974 年和 1975 年。而 1985 ~ 1995 第二次日元升值期间保持了 11 年的贸易顺差。

---

① 汇通网，http：//forex. hexun. com/2011 - 03 - 18/128019038. html，2011 年 3 月 18 日 8：54。

尽管2009以来日元持续走强，但2010年日本贸易顺差总额达6.77万亿日元，是上一年的2.5倍，贸易顺差连续第二年扩大，2010年日本出口总额为67.41万亿日元，比上一年增长24.4%，是三年来首次出现增长。因此，历史数据表明，日元升值并不一定影响贸易顺差。

还有一个十分重要的角度值得探讨，随着全球化程度的加深，日本企业的承受能力是否逐渐加强？2006、2007年日本企业对出口汇率指标的容忍度大概从110多日元一下子上升到106日元，所以日本企业面对国际货币竞争格局以及外部美国金融危机的影响以及自身产业链变化也在做着相应的调整和变革。透过日元升值的周期和路径，可以揣摩到更多细微的变化，这和日本在国际合作、国际协调，包括货币合作上的政策措施与应对的变化是不无相连的。日本在亚洲金融合作过程中曾经是被边缘化的，所以日本参与亚洲金融危机的程度与2006年以前比应该发生了很大的变化，日本很积极，姿态也非常主动，也把亚洲原来合作的方式、框架进一步向全球、美国市场扩展，所以日元货币价值的提升是不是与亚洲金融合作有关系也是值得跟踪研究的。

"潜伏"的日元贬值风险

日本央行在"容忍"日元升值的背后，是否存在着远远超出于此的担忧？笔者认为，答案是肯定的，它来自于日本政府对"潜伏"的日元贬值的担忧以及对极有可能由此导致的国债价格暴跌造成的市场风险的担忧。

3月18日，在七国集团的联合干预下，虽然阻止了日元的迅速升值，但毕竟除日本之外的其他六国持有的日元外币资产有限，其干预力度受限。以美国为例，由其财政部管理的ESF——外币安全基金以及FRB只分别相当于120亿美元的规模，如果兑换为日元只有1.9万亿日元，不过是日本政府入市干预一日投入的数额。如此看来，七国联合干预看似一个幌子，真正的干预实施者在于日本政府。七国集团联合干预外汇的声明如此表示："为了应对最近日本灾难引起的日元汇率波动，同时应日本当局的要求，美国、英国、加拿大当局和欧洲央行将于3月18日，与日本一起对外汇市场进行联合干预……我们将密切关注外汇市场并将适时展开合作。"[①]声明背后的真

---

① "G7关于实施外汇市场干预的联合声明"，汇通网 http://forex.hexun.com/2011-3-18/128019038.html，2011年3月18日。

正含义在于七国集团基于汇率过度和无序波动对经济和金融稳定存在负面影响，从而默许日本政府的单独干预外汇行为。

对此，日本政府的表现如何，它们更担心的是什么呢？由于结算的原因，对于日本国内的多数金融机构及企业来说，每年3月末股价走势至关重要，为了不至于对日经平均指数造成负面影响，日本政府会考虑阻止日元的升值。但是，日本是最大的资源进口国之一，目前国际市场上资源价格的涨势普遍，日本政府考虑到对其资源进口成本下降的正面影响当然会容忍日元的升值。只要福岛核电站的事态得到一定控制，日本国内就不会出现大量提取日元现金存款汇出他国的局面，国债交易也不会“失态”。但是，日本政府每周的国债发行量很大，一旦市场上出现任何不安或恐慌的信号影响到国债的正常买卖，其负面影响及打击将是巨大的，因此，日本政府更为担心的远非日元的升值态势，其内心真正的“警戒线”在于日元的贬值及国债价格的暴跌。

摆在日本政府面前的难题是，一方面为应对抗震救灾，需要大规模的复兴资金；另一方面，必须认识到“无节制”的财政赤字扩大的危害。尤其是在欧洲债务危机问题尚未完了、日本的国家债务被指证是“债台高筑”的状态下以上两个问题的解决将会难上加难。经合组织（OECD）在其新一期的《经济展望》中，在调高成员国以及全球经济预测的同时，罕见地提及日本国家债务问题，认为债务水平位列全球发达国家之首的日本必须研究出一套可靠的经济发展以及税制改革方案，以削减不断增加的国家预算赤字。地震发生后，有消息称日本政府为进行灾后重建决定增加预算，将紧急发行10万亿日元的“复兴国债”。但据共同社消息，日本央行在3月22日表示不愿意购买政府发行的复兴赈灾国债。[①] 在未来的一段时间内，日本政府面对国债发行将不得不“慎之又慎”！

谁在制造日元“堰塞湖”

日本大地震之后，日元急剧升值，投机性金融机构大量借走日元，并迅速转换成其他货币计价的资产。这一行为逼迫着日本政府不得不向市场投放巨额日元现金。货币投机行为本身的逻辑过程非常简单：在国际金融市场借出高估值货币，将其转换成低估值货币资产；然后，沽空高估值货币资产，

① “日本央行不愿购买复兴震灾国债”，新浪网 http：//www. sina. com. cn，2011年3月22日。

迫使汇率下行，从而赚取汇率差额。但是，这种操作一旦通过杠杆放大，盈利将是非常惊人的，但高水平的跨境操作并非是一般金融机构可以完成的，这会使人联想到1997年亚洲金融危机时摧毁泰铢的罪魁祸首。因此，也有人估计，“金融大鳄”们正在部署一次空前的“金融大地震”，而“金融大地震”同样极有可能引发“金融海啸”。

那么，这样的金融地震或海啸有无可能袭击到日本？有专家曾经预测过，理论上看，日元早就应该出问题了。无论是从其超过GDP 200%的负债水平来看，还是从其近乎为零的资产回报水平ROE来分析，日元都不足以支撑现在的汇率水平。从这个意义上来说，是不是有人在制造日元的“堰塞湖”——慢慢地托起日元，然后突然地摔下。

毫无疑问，日本目前正处在低利率水平上，日元的投资吸引力是很弱的，利差本身的空间给日元带来的不利面更多一些，更何况日元本身的地位和作用是在下降的趋势当中而不是在上升趋势当中，市场上也在讨论东京国际金融中心的作用，日元作为第三极国际货币的地位都在改变。从这个角度来看，应该说不支持日元升值的因素可能更多一些。但日元却反其道而行之，出现逐步上涨，加快上涨，保持高位的状态。有专家认为这和货币政策本身的默契，国际之间的协调与合作关联度更大一些。由于日本的出口大多数集中在美国，也有学者认为在一定程度上，日元的升值可能更期待美国经济复苏来带动日本经济利好，所以它在一定时期上是协助和帮助美国缓冲金融危机和出现经济复苏有很大的关联。①

由此，我们不得不联系到2007年由美国次贷危机引爆的全球经济危机，从表面上看，震撼世界的经济危机的主犯是美国，犯罪实施者是投资银行和基金公司，因为他们用借来的巨资进行盲目的投机，正如张五常教授所讲，金融工具衍生出来的是“毒资产”。但是，仅仅靠美国是否会引起如此规模的全球性经济危机，这确实是个值得思考的问题。其中一个至为关键的要素是能够衍生出“毒资产”的资产由何处而来？美国并非是世界贸易顺差国，而日本、中国和石油输出国组织均是对美贸易顺差国，它们把通过国际贸易赚得的美元投给了美国，也就是说，这些贸易顺差经由资本交易回流到美国。日本长期实施超低利率政策和政府干预汇市，致使借日元投资美元的

① 谭雅玲：“日元走势与日本货币政策完全背离”，和讯外汇网，http://forex.hexun.com/2011/riyuanxingao/，2011年3月22日。

“日元套利交易”行为泛滥。这种套利交易使日元进一步贬值，日本出口进一步扩大，同时也催生了美国的住宅价格泡沫和金融泡沫，日本起到了向全世界，尤其是美国散发低成本资金的作用。而对此行为，日本执政当局却毫无隐晦，日本银行副总裁山口广秀在2008年10月21日的国会质询会上说：“日本银行长期实行的低利率和定量宽松货币政策的副作用之一，就是加速了日元贷款在海外的投资交易，所以日本的金融政策有可能对海外金融市场带来一定的冲击，这是不可否认的。”①

经济前景与“金融地震”风险

“金融地震”风险几何

2011年3月11日下午的日本大地震发生引发了金融市场急剧动荡。日元汇率和股市在地震后加速下跌。日经指数下午3点收盘时大跌1.7%，报10254.43点。由于中东地区的动荡，日本股市跌至五周以来的最低水平。亚洲地区其他股市也纷纷下跌。香港恒生指数在地震后下跌1.8%，上证指数尾盘下跌0.9%。

大地震还波及银行支付和结算系统。日本三大银行之一的瑞穗银行在地震后的3月17日上午出现系统故障，大约440家支行窗口服务和1600个自动存取款机服务全部中断，曾一度出现不能提取现金的现象。虽然中午过后系统基本复原，但外汇存款服务仍然中断。瑞穗银行在3月15日曾发生过大规模系统故障。此前一直正常工作的自动存取款机突然于3月17日发生故障，既不能存钱，也不能取钱。另外，网络银行服务和外汇交易服务也宣告中断。瑞穗银行方面提供的数据称，截至3月16日，仍有大约44万笔业务尚待处理，涉及金额大约5700亿日元。②

神户地震摧毁巴林银行（Barings Bank）之后的市场动荡以及1973年欧

① 【日】野口悠纪雄著，贾成中、黄金峰译：《世界经济危机——日本的罪与罚》，东方出版社2010年版，第1~2页。

② “日本瑞穗银行系统故障 累及数千亿日元结算”，http://finance.stockstar.com/IG2011031700004943.shtml.

佩克石油禁运之后的熊市不禁让人们联想到地震的影响对爆发新一轮市场危机的风险有多大！比起现实世界发生的事件，崩盘与先前的市场行为关系更大。1929年华尔街股灾、1987年“黑色星期一”股灾、1990年东京股市崩盘以及2000年美国纳斯达克崩盘，在现实世界中都没有或几乎没有导火索，它们共同的主线是市场估值已经高得惊人，从此意义上来说，地震未必会增加市场崩盘的风险。

日本地震撼动全球保险市场，对于此次地震保险赔偿金额的估算数额也越来越多。一份来自国际再保险机构的内部文件称：“据推测，本次地震可能是全球保险和再保险市场史上第二大昂贵灾难，仅次于卡特里娜飓风。该份报告综合了日本各大保险公司的损失情况消息以及全球各大主要保险商的保单情况。报告称，日本大地震的保险赔付总额为220亿英镑，折合2336亿元人民币。日本发生大地震之后，国际各大机构给出保险损失或超百亿美元的评估，但这一评估只是简单的概念估算。随后，灾难建模公司AIR在全球发布的一个初步估算，本次日本地震的财产保险赔偿在150亿美元至350亿美元之间，这并不包括之后大海啸以及核辐射所造成的影响。国际巨灾风险模型行业三大巨头之一的美国阿姆斯风险管理公司（RMS）最近已做出估计，日本地震总经济损失在2000亿至3000亿美元之间，但精确评估经济损失和保险损失尚需时日。而据另一家保险信息机构的数据，日本沿海地区海啸造成的损失是240亿美元。该报告称日本国内地震保险投保率在不同区域差别很大，各地区的投保率从12%到30%多参差不齐。宫城县是全日本投保率最高的地区之一，2009年宫城县的投保率达32%。

截至2010年6月，日本持有美国证券资产1.4万亿美元。不少专家普遍认为，日本保险商初步估算的地震赔偿金额预计为近千亿美元。如果日本保险商大规模卖出美国国债等流动性资产以满足国内地震损失的赔偿支付要求，将会导致美国国债价格下降而收益率上升。同时，日本政府和企业也需要出售美元资产购买海外资源支持重建，这也将增加美国的借贷成本，导致美国主权债务风险上升。

日本地震后，大批外国金融公司员工离开，外国银行家与交易员经常去的酒吧与餐馆不再有往日的喧嚣，显得异常安静。东京交易所主管日前在接受《华尔街日报》记者采访时称，外国银行曾敦促东京交易所暂停交易，这样的要求是“自私的”。但指责归指责，安全堪忧形势下，这只是外国人撤出日本大潮流的一个缩影。此外，地震造成大量外国在日工作人员离开，会议和展览等经济活动推迟或取消，使日本的金融中心地位大打折扣。

然而，日本地震无疑会加大爆发新金融地震的风险。荒唐的是，人们的最初反应竟然是把资金汇回日本，推高日元汇率。这既可能损害这个全球第三大经济体的出口企业，也可能让具有系统重要性的投资者乱了手脚。令人担心的是，日本的财政形势已经极其糟糕。尽管人们最初的希望是地震不至于造成太严重的经济损失，但这次灾难已经进一步加大了发生市场混乱的风险。

此外，日本央行不断向市场注入流动性的行为是否会影响市场风险值得关注。日本央行宣布继续实行“定量宽松”的时机恰逢中国和欧洲央行加息完毕，美国政府被债务问题搅得一团糟，此时日本继续向市场注资的行为，不会成为阶段性的焦点。尽管新兴市场国家不断加息、收紧银根，力图减少本国的流动性，但是日本震后在近一个月的时间内注入的资金规模足以抵御这些力量。除去新兴市场回收一部分流动资金之外，市场上因为日本定量宽松而多出来的资金规模大约在3000亿美元左右。目前，发达国家在经济复苏之路上均高举定量宽松的大旗。日本抛售美国国债，美联储接盘，而新的欧洲稳定机制（ESM）则开始被允许购买各国国债……这些都是定量宽松的不同表现形式。这似乎意味着，全球流动性泛滥的信号又一次若隐若现。

直到2011年3月11日强震发生前，出口的不确定性、油价高企、政府预算僵局等等问题还是构成日本经济复苏的最大风险，但一场触目惊心的灾害却瞬间让这些问题变得微不足道，人们密切关注的，不再是“日本怎么了?”，而是“日本怎么办?”

陷入非效率的纳什均衡

日本经济在经历了长达十五年的萧条后，不良债权等一系列长期令其焦头烂额的问题开始得到控制，2005年以来的数据在基本性因素上显示出乐观的倾向，但考虑到周期性因素以及汇率波动、全球化压力等等外部压力，我们能否就此推断日本经济真的“挣脱了萧条”？正当人们的判断在是“挣脱萧条”还是陷入“失去的二十年”两者之间左右摇摆之时，一场由地震、海啸及核危机构成的三重灾难又将日本经济推向了低谷。面对“萧条”与“灾难”的双重局面，我们不得不深思——日本经济到底怎么了？对这一问题的解答不能仅仅着眼于“灾害”后的局面，而是应该将其放在与灾害之前的无论是十年、十五年还是二十年的“长期萧条”之中来考虑。

1994年的诺贝尔经济学奖授予了约翰·纳什及其他两位数学家，因他们在博弈论方面的伟大贡献。“传统意义”上的经济学是研究稀缺资源的有效分配的，而博弈论则从经济学的“现代意义”上指出它是研究人的行为的，在不完全竞争的市场中，人们之间的行为是相互影响的，一个人在决策时必须要考虑到其他人的反应。博弈论可以用来解释制度的形成与变迁，它认为已经确立的制度是社会成员合理选择的结果，它一定是一种“纳什均衡”。纳什均衡是一种僵局，即在给定他人不动的情况下，没有人有兴趣动。一种制度一旦形成，即便它是非效率的，由于要打破这种均衡建立新的均衡要支付巨大的费用，因此人们宁愿选择维持原有的制度。除非所有的社会成员都同时作出变更现行制度的选择，这样社会成员的总费用才会降低。一旦建立了新制度，如果社会成员单独行动，新制度的执行仍是十分困难的。这便是为什么制度改革往往困难重重的原因。

用同样的道理我们可以解释日本为什么难以摆脱长期萧条的局面，包括经济政策的失利在内，日本经济已经陷入了一种非效率的“纳什均衡”。

我们不妨设想在“萧条”与“灾难”的双重局面下参与博弈的有五个经济主体，它们分别是日本政府、央行、商业银行、企业、家庭，他们各自的“决策”及选择如下：

1. 财务省（政府）：灾害重建需要增加政府预算，担心震后如果采取更为扩张的财政政策会增加累计财政赤字。

2. 日本银行（央行）：“零利率”降无可降，只有加码“量化宽松”，但担心向市场提供更多的流动性不利于日元。

3. 民间部门（商业银行）：出于社会责任方面的考虑放贷且短期内不会对逾期还款者罚息，但担心其自身盈利受影响而“惜贷”。

4. 实体部门（企业）：对震后经济恢复前景担忧不会进行积极投资，担心即便投资可能无法筹措到资金。

5. 家庭部门：担心未来生活，长期看迫于年金问题，短期有核危机造成的安全问题，宁愿选择储蓄而不去消费。

由于存在于以上五个经济主体的种种担忧，其个体行为选择倾向于保持在维持现状上，这种选择对于单个经济主体而言，只要其他经济主体的行为不发生变化，他们的选择都是最优的，即形成一种“纳什均衡”，其结果是经济整体维持在一种非效率的状态下，如果不打破这样的非效率的“纳什均衡”，在短期内日本很难走出“灾害”的阴霾，长期看将不可避免地在“萧条”中徘徊。那么，未来日本将会怎么办？如何才能打破这种非效率的“纳什均衡”的僵局呢？

从“囚徒困境”到“合作性博弈”

在博弈论的非零和博弈中最具代表性的例子就是囚徒困境（prisoner's dilemma），它表明的是个人最佳选择而非团体最佳选择。上一部分所说的五大经济主体的博弈行为显然可以表现为重复性囚徒博弈，其间，各市场参与主体更多地注重自身利益的追逐，缺少了合作。这种囚徒式的非合作性博弈的结果不是令人满意的，我们看到的是一个长期萧条的局面。

如果政策当局（财务省与央行）和民间经济部门（商业银行、企业、家庭）同时采取更为积极的对策与行为，参与到“合作性博弈”中，非效率的纳什均衡将可能得到一定的改善，尤其是在短期面对“灾害”的问题上，五大经济主体之间的“合作”而非“背叛”显得至关重要。

值得一提的是，在“合作性博弈”的过程中，政策当局的执行力十分重要，因此一个适合的政治体制至为关键。20 世纪 90 年代初，正当日本经济开始陷入“失去的十年”时，美国经济刚好摆脱萧条，在高科技与信息经济的带动下，美国经济保持了很长时间的景气阶段，长期困扰的财政赤字问题由于税收的增加而得到了解决。美国之所以能够维持较长时间的景气周期，联邦储备银行行长格林斯潘恰当地采取的金融政策以及在这一政策执行过程中表现出来的高效率功不可没。美国的中央银行具有高度独立性，其决策很少受到来自政府的压力，这样的政治体制为格林斯潘决策的迅速及高效提供了保障，格林斯潘在认真听取政府意见的同时可以保持相对的自主性。而日本的中央银行从法律上讲也具备独立性，但通常会受到来自政府及议会的干预，阻碍了其政策决定的自主权发挥。美国在 20 世纪 30 年代大恐慌时期，同样经历过由于中央银行正确决策缺失导致加重和延长危机的教训。因此，从这个意义上来说，摆脱非效率的“纳什均衡”，走出萧条，日本需要进一步推进其政治体制改革。

五、满目疮痍

——日本制造还能否东山再起

根据日本帝国数据银行的最新调查数据显示，有77.9%的日本企业受到此次大地震影响。特别是在日本东北、关东北部和南部地区，有八成以上企业因地震受损。从不同产业来看，运输仓储、大宗批发特别是制造业的受灾企业都在80%以上。从规模角度来看，受灾大企业多达2036家，超过总数的八成以上；而中小企业为6332家，占总量的77%；其他小企业1736家，为总数的74%。[①] 帝国数据银行的此次调查对象涉及日本全国22097家企业，得到10747家企业的有效回答，占调查对象总数的48.6%。

大地震几乎给日本所有产业都造成巨大冲击，对于制造业而言，受损最严重的是半导体电子产业，因为重灾区的岩手、宫城、福岛等东北三县以及栃木和茨城等关东北部两县均属日本半导体产业的集聚地，而汽车、家电、机械甚至钢铁等产业虽然也遭受直接损失，但其主要问题还是因为受到了供应链中断以及电力不足等两大困扰。

① 帝国データバンク. TDB景気動向調査（特別企画）：震災の影響と復興支援に対する企業の意識調査，2011年4月5日，http：//www.tdb.co.jp/report/watching/press/keiki_w1103.html.

史无前例的产业重创

此次大地震造成了巨大人员伤亡和财产损失。截至4月1日，地震已经造成11578人死亡、16451人失踪，房屋受损14.4万间。根据日本政府内阁府的初步测算显示，仅道路、住宅以及工厂等地震所造成的直接经济损失就在16万亿~25万亿日元，超过1995年阪神大地震的2倍以上。[①] 受灾地区企业以及非受灾地区企业停产造成减产经济损失，在2011年度就将达到1.25万亿~2.75万亿日元。

大地震造成了工厂设备损毁，这将直接导致日本整体生产能力的下降，而由于受灾，特别是灾区的家庭购买力也势必呈现下降趋势，因此，整个日本经济将出现部分产品供应不足、增长率下降以及区域性消费不振等问题。而且，从间接角度来看，地震所导致的电力不足、物流体系受损以及供应链中断等问题也将影响整个经济，从而使上述问题更加严重化。

从中长期角度来看，为了灾后重建，日本政府将不得不通过发行国债来筹集重建资金，加上企业投入需求，整个资本市场将面对利率上升的趋势，这就会加大本已累卵之危的日本财政破产风险。再加上因地震导致生产能力下降所带来的日本贸易收支恶化因素，日元将出现贬值趋向，日本国内则出现物价上涨、通货膨胀的风险。

电子产业：直接受损巨大

地震重灾区东北三县岩手、宫城、福岛以及关东北部两县栃木、茨城等，都是日本半导体和电子产业基地，这里聚集着数量众多的半导体产业链上游企业以及半导体材料的关联企业。

首先是半导体、液晶面板及相关电子关联企业，该领域总共有34家企业受损。日本最大的半导体厂商东芝公司旗下的岩手东芝电子（岩手县北上市）、东芝电子部件（千叶县茂原市）、东芝手机显示屏（埼玉县深谷市）等子公司遭到地震损毁，其中，岩手基地已于3月28日部分恢复生产，但

① 大震災と経済［J］. エコノミスト2011. 4. 5，pp. 22~23.

深谷基地因受损较重，其修复则需要一个月以上。日本最大同时也是全球最大的微电脑厂商瑞萨电子公司受损严重，其所属 8 大生产基地因地震受损，包括群马县高崎工厂、茨城县那珂工厂、山梨县甲府工厂、青森县五所川原市津轻工厂、青森县北津轻郡高性能部件工厂、山形县米泽工厂、山形县鹤岗工厂以及设在东京都青梅市的瑞萨东日本半导体东京驱动本部等。其中，那珂工厂受损最严重，预计至少也要到 7 月份以后才能恢复再产，除此之外的 7 个基地已经部分恢复生产。

索尼公司在此次地震中受损也相当严重。索尼化学所属的宫城县多贺城事业所、栃木县鹿沼事业所、宫城县登米事业所以及索尼白石半导体（宫城县）、索尼能源郡山事业所（福岛）、本宫事业所（福岛）、栃木事业所等 7 大生产基地受损。其中多贺城事业所遭到海水浸泡，受损最为严重，其余基地已经陆续部分恢复生产。

除东芝、瑞萨电子和索尼之外，尔必达存储公司秋田工厂，罗姆公司旗下的宫城、茨城两大基地，夏普公司栃木县的矢板工厂，富士通半导体设在岩手、福岛以及宫城县的 6 处生产基地，三菱电机的福岛郡山工厂，三洋半导体的群马工厂、埼玉县羽生工厂，产研电气公司的山形基地、福岛基地和鹿岛基地（茨城县），旭化成电子公司是在宫城县的石卷工厂，精工爱普生是在山形县的酒田事业所，日立制作所设在茨城的两大工厂，三美电机设在神奈川县的厚木事业所、北海道千岁事业所，精工电子工业的秋田事业所，新电元工业设在山形县的秋田、东根基地，日英电子神奈川县秦野事业所、茨城县筑波事业所，UMCJ 在千叶县的馆山工厂，欧利晶（Origin）在栃木县的间间田工厂，日本德州仪器在茨城县的美浦工厂，昭和电工在埼玉县的秩父事业所、千叶事业所，NTT 电子的茨城事业所、福岛县的 NEL 结晶，ASE 日本的山形工厂，安森美半导体设在福岛的会津事业所，明思作工业（Misuzu）的岩手工厂，ARS 电子公司设在福岛的三个基地，松下电子装置的福岛基地，松下液晶面板公司千叶茂原工厂，PEEV 设在工厂的生产基地，村田制作所设在宫城、栃木的三个生产基地，TDK 公司在茨城的微电脑装置生产基地，日本贵弥功（Chemi - Con）设在茨城、宫城、福岛的四个基地，NEC 液晶设在山形的秋田工厂，以及日立显示装置设在千叶的茂原事业所等。

其次是半导体及电子装置与材料相关产品的生产企业，该领域总共约有 33 家企业受灾。作为全球最大的半导体硅晶圆生产厂商信越化学工业公司，在此次地震中严重受损，其福岛县西乡村的白河工厂、茨城县神栖市的鹿岛工厂均因地震毁坏厂房及设备而被迫停产。信越半导体白河工厂是全球最大的300mm硅晶圆生产工厂，由于该工厂关键生产设备遭到损毁，部分恢复生产最早也要到4月中旬前后。而且，同样是全球硅晶圆生产巨头的SUMCO公司设在山形县的米泽工厂也因地震受灾而停产，但该公司决定启用其他工厂代替生产措施，其今年产量不仅不减反而计划增加12万枚。由于日本的硅晶圆产量占到全球60%的份额，特别是在高端的300mm生产方面，所以，此次地震将对全球半导体生产产生巨大影响，尽管部分厂商已经表示将全力增产，但世界总体产量仍将下降10%左右（参见表5-1）。

表5-1　　日本地震与全球直径300mm硅晶圆生产变动

公司	国别	生产能力变动情况（枚）			备注
		地震前	地震后	前后差	
信越半导体	日本	110万	60万	-50万	白河工厂停产
SUMCO	日本	85万	97万	+12万	米泽工厂停产
SILTRON	韩国	57万	57万	—	—
Siltronic	德国	44万	55万	+11万	—
MEMC	美国	40万	30万	-10万	宇都宫工厂停产
Covalent	日本	15万	15万		东芝旗下
合计	351万	314万	-37万	-10.5%	

资料来源：週刊ダイヤモンド2011.4.9，p.96.

日立化成工业公司是全球最大的异方性导电膜（ACF）生产企业，它与索尼化学共同控制了80%以上的市场份额。ACF是液晶面板与周边零部件衔接不可或缺的重要材料，而且，业界人士指出，没有ACF就根本不能制造触屏产品。尽管日立化成设在茨城县的下馆事业所以及索尼化学在枥木的鹿沼事业所受损均不是非常严重，甚至已经部分恢复生产，但是受到电力供应不足以及原材料供应不稳定因素的影响，短期内其生产仍然难以恢复到震前水平。

尼康和佳能公司是全球电子产业曝光装置生产的高度垄断者，它们的市场份额接近100%。[①] 尼康公司设在宫城县刈田郡、名取市、枥木县大田原

① 中根康夫.【東日本大震災】FPD産業への影響，Tech-On!，http://techon.nikkeibp.co.jp/article/COLUMN/20110323/190535/.

市等地的四大基地受到地震影响，包括电子曝光装置生产线以及高端数码相机生产线都被迫停产，虽然目前已经部分恢复生产，但远远没有恢复正常水平。佳能公司设在栃木县的三个生产基地受损，主要是曝光装置和镜头生产线，由于设备受损严重至今仍未回复生产。

以生产高精细液晶玻璃称雄世界的旭硝子公司也受到地震的影响，它是苹果公司 iPhone 产品液晶玻璃的唯一供应商。该公司的茨城县鹿岛工厂、山形县米泽的 AGC 显示装置、福岛县郡山的 AGC 工厂等均因建筑损害而停产。而且，由于其供应商仓元制作所在宫城和岩手的两大基地严重受损，因此旭硝子公司的高端玻璃产品生产在短期内是很难恢复到正常水平的。

作为日本第一大半导体制造装置生产厂商，东京电子公司在此次地震中也受损较重，其设在岩手县奥州市、宫城县松岛町、仙台市的工厂严重损毁，这里是其热处理成膜装置以及蚀刻装置的生产基地。目前，除了岩手工厂部分恢复生产外，其他两座工厂的修复工作进展缓慢，估计要等到 10 月份才能恢复生产。

作为全球半导体封装材料最大生产商，三菱瓦斯化学公司在福岛和茨城的两座工厂受损严重，而该公司与日立化成公司一起占据了世界半导体封装材料 90% 的市场。其生产 BT 树脂的福岛西白河郡工厂只能分阶段恢复生产，4 月份只能恢复 1/4 生产能力，计划 5 月份全部复产。

此外，三益半导体、东京应化工业、ADVANTEST、日立高新技术、ULVAC、松下电工、日立电线、住友树脂、三菱化学、JX 日矿日石金属（透明导电膜占全球 45% 份额）、DOWA 电子、京瓷集团、MJC、大日本印刷、古河电工、ADEKA、昭和电工、三菱材料、LEAD、ORGANO、千住金属工业、堺化学工业、日本化学工业、富山药品工业等企业在地震中遭受损害。

汽车产业：波及损失最大

对于日本汽车产业而言，此次地震虽然造成部分整车生产受损，但主要影响还是来自于供应链中断的困扰。重灾区半导体电子零部件产业的大面积严重受损，很快传到整车生产企业，最终造成日本汽车企业停产。3 月 14 日，包括丰田汽车、本田技研、日产汽车、铃木公司、马自达公司、三菱汽车工业、富士重工业、大发工业等日本八大汽车厂商相继宣布停产（参见表 5 -2）。

表 5－2　　日本汽车厂商震后状况（4 月 13 日）

丰田汽车	4 月 11 日 CENTRAL 相模原工厂复产；日前，日本国内仅堤工厂、丰田九州、CENTRAL 相模原等三座工厂开启；其余 15 座工厂计划 4 月 18 日～27 日陆续开启；5 月 10 日黄金周后的生产形势仍未确定
本田	4 月 11 日铃鹿制作所、埼玉制作所复产，国内全部工厂复产
日产汽车	4 月 11 日追浜工厂、日产车体工厂重启；4 月 13 日九州和日产车体九州复产；计划 4 月 18 日栃木工厂复产；而发动机为主的磐石工厂计划 18 日以后复产
铃木	3 月 31 日湖西工厂、4 月 4 日相良工厂相继复产；磐田工厂已在生产
马自达	总厂、防府工厂处于限量生产状态，相关部件及车辆的生产仍未恢复正常
三菱汽车	名古屋制作所 4 月 12～15 日停产；水岛制作所 15 日停产；帕杰罗生产 15 日后停产，重启计划未定
富士重工业	4 月 6 日群马制作所整车生产部分复产；轻型车、海外用零部件及备件生产等已于 3 月恢复
大发工业	滋贺工厂、大分第一、第二工厂已经开启；计划 4 月 18 日开始恢复池田工厂、京都工厂，生产将全面恢复状态
五十铃	4 月 5 日藤泽工厂的整车及海外组装部件生产重启
日野	3 月 25 日日野工厂大中型卡车复产；4 月 1 日羽村工厂小型卡车复产；计划 4 月 18 日羽村工厂为丰田代工 SUV 复产
三菱扶桑	计划 4 月 20 日开启川崎工厂整车生产；计划 4 月 22 日开启富山县大巴生产
UD 卡车	3 月 28 日复产；4 月 13 日～19 日上尾工厂再次停产；4 月 20 日之后生产形势未定

资料来源：井高株式会社，http：//haganet. co. jp/member/0566826350/. 2011. 4. 14.

受到地震直接冲击最大的是本田、日产和丰田等三家整车厂商。由于埼玉制作所（埼玉县狭山市）是本田在日本国内最大的汽车生产基地，其讴歌、雅阁等高端产品均在此生产；再者，栃木制作所（栃木县真冈市）又是本田发动机和变速器等汽车关键部件的生产基地；其三，东北及关东地区还聚集着京浜（KEIHIN）等本田最重要的零部件公司，因此，此次地震对于本田技研而言，其冲击性非常大。4 月 8 日，本田宣布将于 4 月 11 日重启埼玉制作所和铃鹿（三重县铃鹿市）等两大汽车生产基地的生产，至此本田国内所有工厂均恢复生产，但是，汽车生产仅仅处于正常状况的一半水平。①

虽然日产汽车的大本营在神奈川县，但其生产基地以及零部件厂商却遍布东北和关东地区。此次地震发生之后，日产公司的磐石工厂（福岛县磐石市）、枥木工厂（枥木县河内郡）、横滨工厂（神奈川县横滨市）、追浜工厂（神奈川县横须贺市）、座间工厂（神奈川县座间市）等五大基地立即停产，而且，枥木工厂以及磐石工厂铸造车间甚至都发生了小规模火灾。位于枥木县河内郡上三川町的日产枥木工厂，是日产旗下总统、风雅、SKYLINE、英菲尼迪等高端品牌的生产基地。然而，这里井然有序的现代化厂房被地震摧残得七零八碎。就连搬运车体的机器人也没能抵挡巨大的震撼，有将近60台正在加工的车体坠落在地板上，与天花板上掉落的管线混杂在一起。由于许多重要设备受损，修复大概需要三个月以上。磐石工厂则是日产发动机研发生产基地，由于地处重灾区，其修复工作需要时间更长。4月8日，日产公司宣布4月18开始全面重启国内所有工厂，但产量仅能维持原计划的50%左右（参见图5-1）。

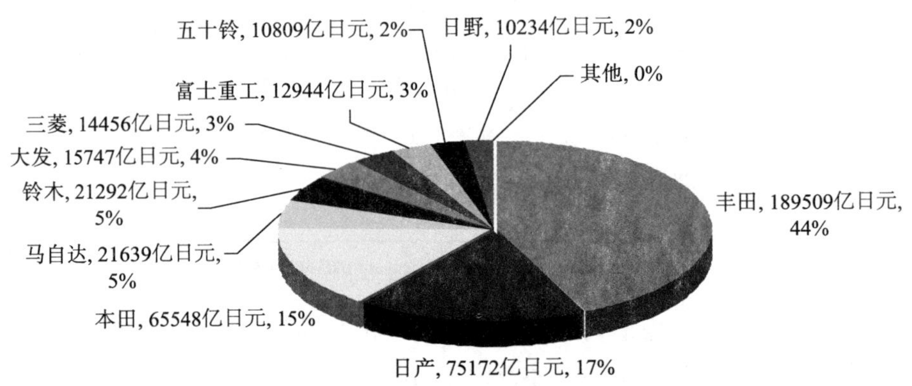

图5-1 2009年日本十大汽车厂商销售额及市场份额

资料来源：業界動向SEARCH.COM，http：//gyokai-search.com/4-car-uriage.htm.

丰田公司已经将东北地区定位为继爱知县、九州地区之后的国内第三大生产基地。2011年1月12日，丰田汽车已在CENTRAL汽车公司宫城工厂委托生产，年产规模12万台，而且，它计划年底前在关东汽车工业的岩手

① 近岡裕．本田社長、4月8日時点の被災施設の復旧状況を発表，http：//techon.nikkeibp.co.jp/article/NEWS/20110408/190987/.

工厂投产其最新混合动力车型。而且，丰田还计划在东北地区设立零部件供应基地，其旗下专门生产车用电池 PEVE（与松下合资）于 2010 年 10 月在宫城建立的工厂年产能力为 10 万台套电池，丰田汽车东北公司专门生产 ABS 和悬架装置等零部件。除上述丰田直属企业之外，其关联厂商也在东北地区建有基地，如爱信电子、丰田纺织、日立旗下的 UNISIA 后和、阿尔卑斯电气公司、日立汽车系统公司、曙刹车系统、NOK 公司、日本精工公司等企业。大地震发生后，丰田汽车宣布关闭国内所有 12 家工厂，截至 4 月 5 日，仅恢复了 PRIUS、LEXUS 的 HS250h、CT200h 等三款混合动力车型的整车生产。4 月 8 日丰田公司宣布将于 4 月 18 日 ~27 日期间，全面恢复国内所有生产，但受零部件供应不稳定因素影响，产能也只能维持在正常水平的 50% 左右。

丰田公司占到日本汽车市场份额的 44%，加上日产和本田之后，三家公司的市场份额接近全部的 80% 左右。而以 2010 年 3 月份生产实绩来看，丰田为 34.7 万台、日产 9.99 万台、本田 9.37 万台，三家企业合计超过 54 万台①，也就是说，此次大地震至少已经造成日本汽车减产 54 万台，若以平均每台售价 200 万日元计算的话，损失规模已经超过 1 万亿日元。

家电产业：直接、间接损失双重

与汽车产业相比较而言，数码家电产业与半导体电子产业之间的关系更是息息相关。日本强大的家电产业技术恰恰是构建在其半导体电子技术基础之上，所以，此次对其半导体电子产业形成重创的大地震也给其家电产业带来较大损失。

首先，销售领域的打击成为家电产业“受灾”的直接表现形式之一。总部设在茨城县水户市的 K's Holdings Corporation 是日本第四大量贩式家电销售企业，其前身是加藤电气商会。该公司在日本东北以及茨城县拥有 40 家大型店铺，是此次地震灾区的规模最大的家电经销商。然而，此次地震造成该公司多家连锁店受损，截至 3 月 25 日仍有 25 家店铺处于停业状态。再者，BEST 电器也在东北地区拥有多家店铺，特别是东北地区拥有 15 家直营店。尽管其销售额已跌落日本第八位，但由于它对排名第五位的 BIC Camera 具有控股权，两家商铺的合计销售量位居全行业的第二位。此外，日本最大

① 自動車統計月報 2011 -3，VOL. 44NO. 12，日本自動車工業会，2011 年 3 月号，p. 4.

的 PC 专营店 THIR WAVE CORPORATOION、以及 UNIT、EDION 等销售企业均在地震灾区设有店铺。地震、海啸、核危机以及供电不足等均对家电销售企业形成巨大冲击（参见图 5－2）。

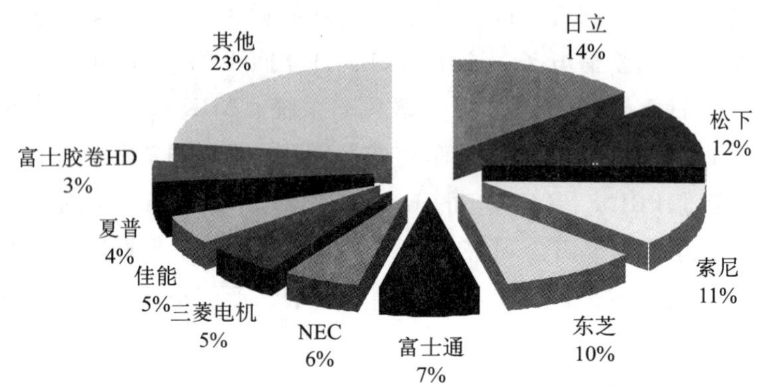

图 5－2　2009 年日本十大家电厂商的市场份额

资料来源：業界動向 SEARCH. COM，http：//gyokai－search. com/4－kaden－uriage. htm.

其次，生产受损成为家电产业“受灾”的内在表现形式。作为日本销售额最大的家电企业，日立制作所旗下总共有六大生产基地受灾，包括茨城县日立市的日立电力系统（日立事业所）、同在日立市的日立信息控制系统（OMIKA 事业所）、日立 Appliances（多贺事业所）、茨城县那珂市的都市开发系统（水户事业所）、同在那珂市的日立汽车系统（佐和事业所）、福岛县伊达郡的日立汽车系统（福岛事业所）。其中，多贺事业所是日立生产空调及白色家电的重要基地，水户事业所是以电梯升降机为主的生产基地。

松下公司是日本最大的白色家电生产厂商。此次地震中，松下集团子公司 AVC Networks 所属的福岛工厂、仙台工厂以及松下电工的郡山工厂、三洋电机的东京制作所（群马县）受到影响。其中受损最严重并导致停产的是松下 AVC 的福岛工厂和仙台工厂，而该公司则是松下旗下主要以液晶电视、等离子电视、数码调谐器、数码相机、BD/DVD 关联产品、数码摄像机、迷你音响、笔记本电脑、专业摄像机以及相关部件为主的生产企业。

最后，半导体及电子产业的严重受损将逐步传导到家电产业，特别是 MCU 等半导体微电脑部件的缺货，将导致家电产业生产受阻。

机械产业：以间接受损为主

此次地震对于日本机械产业的主要影响是源于供应链中断的问题，尽管也有部分企业因在日本东北等地基地受损而遭受到部分直接损害。

首先是重型机械和建设机械方面的受灾状况。日本的重型及建设机械在全球占有重要地位，例如在总销售额方面，小松制作所仅次于美国的卡特彼勒公司，位居全球第二；丰田自动织机公司的叉车全球第一；TADANO（多田野）公司的起重机全球第二；KUBOTA（多保田）的小型挖掘机市场占有率全球第一。在此次地震中，上述企业均受到影响，其中，尽管丰田自动织机和TADANO的主力工厂均远离地震灾区，但都因供应链等原因而停产；小松制作所、KUBOTA公司以及日立建机等建设机械企业，均受到地震较大影响，出现停产或减产现象。

作为日本最大的重型机械和建设机械厂商，小松制作所受到的地震影响最大，其设在茨城县那珂市的茨城工厂和福岛县郡山市的郡山工厂，都因地处灾区而一度停产。此外，小松在栃木县小山市的小山工厂也停产一周，于3月18日恢复生产。而且，由于零部件供应链出现问题，设在关西地区的小松大阪工厂（大阪市枚方市）和粟津工厂（石川县小松市）也被迫停掉部分生产线。小松公司表示，地震致使其15%的零部件供应陷于不稳定状态，为此，公司的半停产状态可能会持续三至四个月（参见图5－3）。

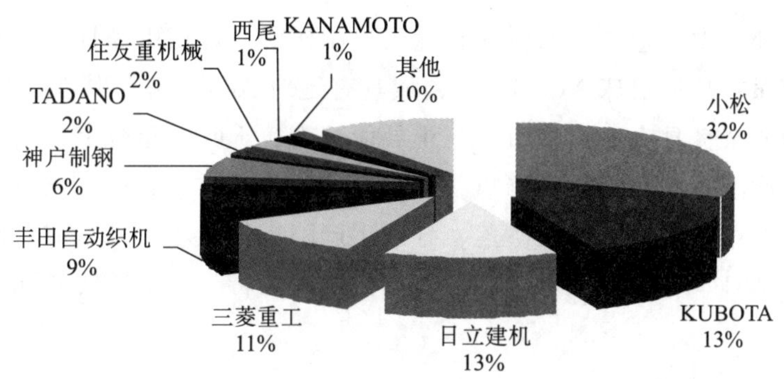

图5－3　2009年日本十大建设机械厂商市场占有率

资料来源：業界動向SEARCH. COM，http：//gyokai－search. com/4－kenki－uriage. htm.

KUBOTA公司在关东及日本东部拥有多处生产基地，因此受到此次地震影响较大。其所属筑波工厂、宇都宫工厂、龙崎工厂、京叶工厂（船桥）、京叶工厂（市川）等均出现建筑和设备受损情况。3月22日，KUBOTA上述五大生产基地均已复产，但限于零部件供应链问题以及东京电力公司的分阶段限电措施的影响，尚未恢复到震前的正常生产状态。

日立建机是日本第二大建筑机械生产企业，在此地震之后，其所属生产基地均出现停产现象。除了北海道的浦幌试验场之外，日立建机的全部工厂均设在茨城县，这也是此次地震给其造成影响的关键原因。自 3 月 17 日开始，日立建机的龙崎工厂、土浦工厂、霞浦工厂、那珂工厂和那珂临港工厂等五大基地相继部分恢复生产，受灾最重的是那珂市的两座工厂，尽管生产已经恢复，但仍然处于部分生产状态。

其次，工作机械方面影响较小，主要是来自于供应链的问题。全世界工作机械方面，日本厂商拥有极大竞争优势，如全球十大工作机械厂商中有 5 家来自日本。由于这些厂商的生产据点并不在东北地区，因此受到地震影响较小。YMAZAKI MAZAK（山崎）公司早在 1987 年就成为全球销售额最大的工作机械厂商，此后长期居全球霸主地位。该公司国内五大生产据点均在日本中部地区，岐阜县三处、爱知县和三重县各一处，因此基本未受地震影响。

AMADA 公司是日本最大的金属加工机械厂商，特别是板金机械方面占据绝对优势，该公司在全球工作机械销售额排名第四位。尽管该公司总部在神奈川县，但受到影响不是很大，3 月 11 日大地震中只是子公司的福岛工厂轻微受损，3 月 15 日静冈余震造成其富士宫事业所轻微受损，但很快就得到修复。

此次地震中受损最大的应该是森精机制作所。森精机是日本代表性工作机械厂商，在数控机床 NC/MC 等领域具有绝对竞争优势。其在国内有三大生产基地，奈良县大和郡山市、三重县伊贺市、千叶县船桥市，其中，千叶基地在此次地震中受损较为严重，而其生产规模却占到该公司的 50% 左右。在地震中，千叶工厂天花板坠落，导致生产陷于停顿。而且，加上供应链问题以及东部日本将长期限电等问题，该公司决定将千叶工厂转移到三重县伊贺事业所。

农林水产业：区域性损失惨重

东北地区是日本农林水产业的重要基地之一。这里的水产品产量约占全日本的三成左右，被海啸吞没的石卷市、气仙沼市、女川市、大船渡市和宫古市等地，都是日本最著名的渔港之一。这里也是日本重要的农产品生产基地，大米产量约占全日本的 1/5，苹果产量也要占到 2/5 左右，此外，这里还盛产蔬菜和牛肉、牛奶等农牧产品，成为东京地区蔬菜等农产品的主要供应地。

根据宫城县灾害对策本部的测算，此次地震给该县造成20754亿日元的巨大损失，其中仅农林水产相关损失就达8492亿日元，主要问题是农地被海水侵蚀、仓库受损、养殖基地被毁等。宫城县是日本的海苔、裙带菜、牡蛎等水产品养殖基地，仅此项损失就达332亿日元。此外，再加上渔船、渔港设施等被毁，宫城县的水产业整体损失将达3742亿日元。[①]（参见表5－3）

表5－3　日本地震灾区6县的水产能力

	全国	青森	岩手	宫城	福岛	茨城	千叶	6县合计（占比）
全国渔产排名	—	7	8	3	13	8	4	—
产量/万吨	543	26	20	37	9	15	21	128（24%）
产值/亿日元	13834	531	399	791	160	138	300	2319（17%）
渔港数	2917	92	111	142	10	24	69	448（15%）
就业人数	221908	11469	9948	9753	1743	1551	5916	40380（18%）
经营组织	115196	5146	5313	4006	742	479	3118	18805（16%）

资料来源：「特集」負けるな日本．週刊ダイヤモンド2011．4.2、p.47.

截至4月14日，根据日本农林水产省的初步调查显示，此次地震对于日本农林水产业的损失已经达到14298亿日元。其中，水产业大约6026亿日元，主要是渔船、渔港以及养殖设施等被毁；农业损失超过7000亿日元，主要是农业用地以及农用设施损失6907亿日元、农作物损失471亿日元；林业损失将近1000亿日元，主要是林地被毁、相关设施被毁以及林业加工损失（参见表5－4）。

旅游产业：损失巨大、触及冰点

日本不仅是个经济大国，而且还是个旅游大国，其旅游经济年收入超过900亿美元规模，占GDP比重将近2%，仅次于美国位居世界第二。然而，此次大地震却给日本旅游业带来巨大打击，这不仅仅是因为地震和海啸摧毁了东北及周边地区部分旅游设施，据宫城县灾害对策本部的统计显示，该地区商业店铺及商品损失高达1200亿日元，而该地区的旅馆住宿设施损坏所带来的经济损失也达到200亿日元[②]；而且，更严重的问题是来自福岛核危机，如今，不仅大批外国驻日人员已经撤离日本，即便是日本人也陷入核恐

① 宮城の被害額2万亿円超，農林水産で8492億円，msn－産経ニュース2011.3.31.

② 宮城の被害額2万亿円超，農林水産で8492億円，msn－産経ニュース2011.3.31.

表5-4　日本大地震造成的农林水产损失（截至4月14日）

领域	受害项目	数量	金额（亿日元）	主要地区
水产业	渔船	18959艘	1237	岩手、宫城、福岛三县毁灭性影响；北海道、青森、茨城、千叶、东京、神奈川、静冈、爱知、三重、和歌山、德岛、高知、大分、宫崎、鹿儿岛、冲绳等部分受损
	渔港设施	315个	3781	
	养殖设施	—	464	
	养殖产品	—	544	
	合计	—	6026	
农业	农业用地	2062处	3755	青森、岩手、宫城、秋田、山形、福岛、茨城、枥木、群马、埼玉、千叶、神奈川、长野、静冈、新潟、三重县等地
	农业设施	10546个	3051	
	农作物家畜	—	109	
	农作物家畜设施	—	363	
	合计	—	7278	
林业	林地荒弃	281处	226	青森、岩手、宫城、秋田、山形、福岛、茨城、枥木、群马、千叶、神奈川、山梨、长野、新潟县等地
	治山设施	90个	225	
	林道设施	1305个	20	
	森林被毁	308ha	3	
	木材加工设施	71处	513	
	特殊林产设施	280个	8	
	合计	—	994	
总计	—	14298		

资料来源：農林水産省，http：//www. maff. go. jp/j/press/keiei/saigai/110415_ 1. html，2011. 4. 15.

慌之中，因为日本政府已经将福岛核事故等级调整为与切尔诺贝利相同的7级。参见图5-4。

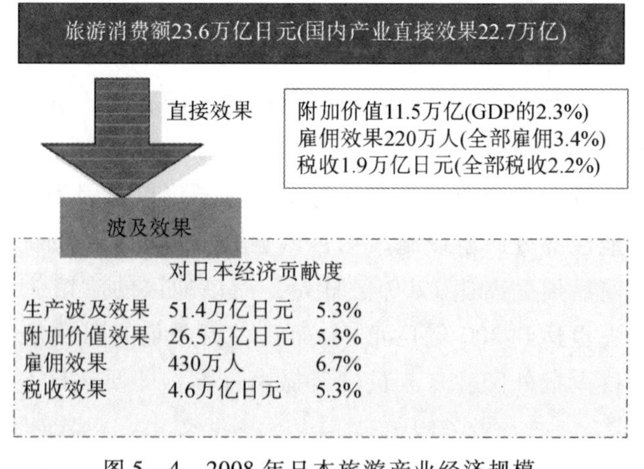

图5-4　2008年日本旅游产业经济规模

资料来源：平成22年版観光白書図Ⅱ-1-3-2.

东北三县并不是日本的旅游热点地区，其旅游收入并不占很高比例，即使排名靠前的福岛县，其旅游收入也不过50亿日元左右的规模。但是，临近周边特别是东京等地，却是日本旅游的热点地区。如东京市的年住宿规模达3351万人次，占到全日本的11.4%（2009年）。如今，东京旅游业遭受了毁灭性打击。不仅那些平时价格高昂的外资宾馆门可罗雀，因为核泄漏造成大批欧美商务人员离去，就是亚洲商务人员热衷的日本普通宾馆也陷入困境。客房入住率长期高达八成左右的帝国饭店，如今也骤降至四成左右。就连最受亚洲各国人士欢迎的京王子广场饭店，其客房入住率也只徘徊在50%的水平。

其他相关产业损失

此次大地震的影响非常深远，它还对炼油、食品、饮食以及服装等其他产业造成了冲击。如麒麟啤酒公司在此次地震中受损严重，其宫城县的仙台工厂和茨城县的取手工厂都出现建筑受损现象。仙台工厂内有四个存储库被震塌，短时期内都难以修复。该公司被迫扩大了神奈川县横滨工厂的生产能力，并紧急调整了东北全境以及关东部分地区的物流通道。

对于饮食产业的打击，除了地震直接冲击之外，还有来自因地震而陷入低迷的经济状况的影响。在关东北部等地经营回转寿司的元气寿司公司，其该地区全部158家寿司店有117家店因铺面受损而停业。该公司常务董事须藤恭成指出，地震损害加之电力供应以及生活基础设施等重建问题，联系到食品卫生等问题，估计停业店铺范围还会扩大。

服装产业也遭受到了与饮食产业类似的冲击，闻名世界的日本优衣库服装公司，在东北地区有57家店面歇业。而以开设沿街店铺为特征的岛村公司，在宫城、福岛、岩手三县的127家店铺中，至今仍有店铺联系不上。受海啸袭击的宫城县名取市、石卷市等地，都有其所属店铺。

突发的地震和巨大海啸以及其后的火灾使得石油天然气等设施直接被毁。其中大规模火灾两起，一是仙台市附近的JX日矿日石能源的仙台炼油厂，再就是Cosmo千叶炼油厂。JX仙台炼油厂内是因为油罐车装载柴油时，加载设备起火而导致火灾。当地消防机关与公司共同采取措施进行灭火，15日下午终于扑灭大火。Cosmo千叶炼油厂是原油精炼汽油过程中起火，从而引发了10座液化石油气大型储罐发生接连爆炸。该公司在全国共有四大生产基地，而千叶则是其东日本地区唯一的炼油厂，日炼油能力24万桶，是公司最大炼油厂，占到公司整体业务的四成左右。

此外，石油化学产业遭受打击。如茨城县神栖市三菱化学的鹿岛事业所，地震导致其乙烯设备紧急自动停止，该事业所是用粗挥发油生产加工乙烯和丙烯，是三菱化学的重要基地。它为花王、旭硝子以及信越化学工业等近 20 家化学品厂商供应化学产品，此次地震预计需要 1 个月以上才能修复。丸善石化学公司的千叶工厂也受损停产，它与三菱化学的乙烯合计产能达 130 万吨，占到日本整体的 15% 份额。

深层困扰与漫漫重建路

对于日本产业而言，此次地震给其造成了巨大损失，而且诸多深层问题也随之暴露出来。其一，东京电力公司所辖区域的电力供给不足问题，不仅揭示出日本能源安全方面存在重大隐患，特别是福岛核危机爆出的安全问题，更对“日本核安全”形成了巨大冲击。其二，此次地震导致日本出现了有史以来最严重的全国范围停产，这也暴露出日本在生产组织管理层面存在的重要问题，曾经长期被奉为圭臬的日本式 JIT 管理方式是否存在问题，已经引起各界的广泛关注。其三，此次地震也揭示出长期困扰日本产业进化的老龄少子化、政府债务等问题，对于如何实现产业灾后重建，这些都将成为企业考虑的重要问题。

电力供应不足的困扰

此次大地震以及福岛第一核电站核事故，造成整个日本东部的电力紧张。3 月 14 日开始，东京电力公司所负责供电的 1 都 8 县地区实施了三小时轮番停电计划。受核危机影响，福岛第一核电站 6 个发电机组 470 万千瓦时、福岛第二核电站 4 个机组 440 万千瓦时，总计 910 万千瓦时的核发电中止。此外，东京电力所属的广野、常陆那珂、鹿岛等三座火力发电站，也因地震海啸受损而停止状态，三座电站的总发电能力为 920 万千瓦时。也就是说，此次地震总共导致东京电力公司发电量减少了 1800 万千瓦时，这相当于其总发电能力 6400 万千瓦时的 28%①。

① 橘川武郎．需要ピークの夏場計画停電再開へ，週刊エコノミスト2011.4.5，p.27.

而且，由于日本东部和西部电波不同，东日本为50赫兹，而西日本为60赫兹，因此难以实现西部日本向东日本的电力支援。东北电力公司原本可以向东京电力提供支持，但是，由于其同样遭受地震损害，发电能力受损，因此难以向东京电力援助。

因地震而导致供电紧张，这对于东京为主的首都经济圈还是首次。此次大规模停电计划，直接导致支撑首都经济圈大动脉的轨道交通系统运行时间的大混乱，企业也不得不根据该计划作出各种准备，如错峰调整工作时间、购置小型发电设施等措施。然而，由于当前尚未真正进入到用电高峰季节，8月份的盛夏将成为东京圈供电系统的真正考验。以历年经验来看，炎热的8月份是用电高峰，峰值一般出现下午的2~3点时段，主要原因是空调系统用电导致。届时东京电力公司所辖区域的用电量最高将超过6000万千瓦，然而，大地震之后，东京电力的供电能力已经下降至3500万千瓦，形势非常严峻。今后，即使东电公司修复了被地震毁坏的火力发电系统，其供应能力最高也就达到5000万千瓦，距离需求还有1000万千瓦的差距，也就是说电力缺口仍然达16.7%。①

在这种形势下，保证家庭用电将成为基本准则，而如果对产业界实行强制限电的话，那将对整个制造业造成极大冲击。仅东京经济圈与东电公司签署《供需调整合约》的企业就多达80家，这些都是用电大户，该协约规定这些企业可以享受较低的用电价格，相反，在电力紧张时东电可以对其进行拉闸限电。这些企业又都是日本经济的支柱，如果真的进行供电限制，将对经济造成极大影响。根据USB证券公司的测算，如果对上述企业削减25%供电而持续两个月的话，将使日本经济下降0.4%。② 因为尽管这些企业仅占整个日本制造业的两成左右，但由于都是材料等上游产品企业，其关联影响涉及汽车和电机等众多产业。而且，如果实施大规模计划停电也将影响到交通以及销售等行业，这种混乱甚至直接会打击消费心理，从而造成消费层面的缩减。

难以摆脱的“核电依赖症”

如今，日本核电已经占其总发电量的30%左右，日本政府还计划到

① 中上英俊.サマータイム導入は一石四鳥だ［J］.週刊SAPIO2011.4.20，p.30.

② 計画停電パニックの深層［J］.週刊ダイヤモンド，2011. 4.16，p.28.

2030年把核电比例提升至总发电量的40%以上。然而，日本这种严重的“核电依赖症”却未能经受此次大地震的考验。参见图5-5。

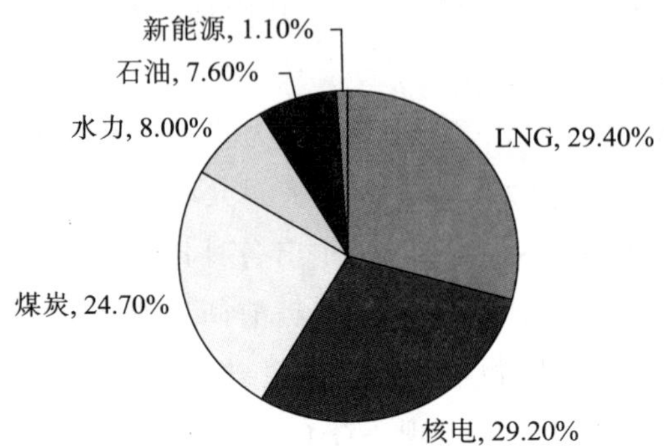

图5-5 2009年日本电力来源构成

资料来源：資源エネルギー庁「平成22年度電力供給計画の概要」.

截至2007年，日本已经建成使用55座核电站，另外还有2座在建设中、11座正在着手筹建之中。在核电设备能力上，日本已经跃居世界第三位，仅次于美国和法国。但若要考虑到国土因素，总面积仅有37万平方公里且呈条状分布的岛国日本，则堪称世界上密度最大的核电国家，平均每1万平方公里就有2座核电站。如同经济发展一样，日本核电发展也堪称奇迹。二战时日本还不具备核技术，战后也曾一度被禁止发展核技术，但日本最终说服美国，美国不仅同意其发展核电，还向其输出了最初技术。

核电曾经帮助日本纾解了能源困境。起初，日本在能源上严重依赖石油，其依存度甚至高达78%。这与国际石油的廉价和稳定密切相关。然而，1973年第一次石油危机爆发之后，原油价格由每桶3美元骤升至11美元，暴涨了近4倍。为了纾解能源困境，日本决定大力发展核电。

早在1965年日本就建立了第一座核电站，但缘于廉价石油的挤出效应，其核电事业并没有获得实质性发展。石油危机之后，日本政府投入大笔资金发展核电事业。以核电开发为例，1970年政府投入390亿日元，1975年增至550亿日元，1980年达到1700亿日元，1985年更是达到2600亿日元。核电不仅纾解了日本能源困境，还为日本催生一批技术先进的核电企业，如东芝、日立、三菱重工等，它们已经成长为可以与美国西屋、GE、法国阿海珐公司等相抗衡的核电巨头。

进入21世纪以来，伴随着低碳革命的提出，全球核电事业也出现了全面复兴之势。在环境问题逐步上升为各国的战略层面之后，日本政府开始大肆宣扬发展核电的益处。对照美国 91% 和法国 76% 的核电站实际运转率，日本虽然仅为 58%，但却已承担了该国总发电量的三成左右。而且，核电发电不排放二氧化碳，在人类应对地球温暖化对策中，其地位无可替代。日本提出，到 2020 年要将“零排放电源”的供应比例提升至 50%，所以今后仍要加大核电比例。

2005 年日本顺利通过《原子能政策大纲》，计划 2030 年核电要占总发电量 40% 以上。2006 年，日本政府又制定《原子能立国计划》，提出要加大核电投入、积极培育相关人才，并将日本核电技术推向世界。2007 年，核电被纳为日本新国家能源战略重要支柱，发展核电成为日本构筑低碳社会的基石。参见图 5－6。

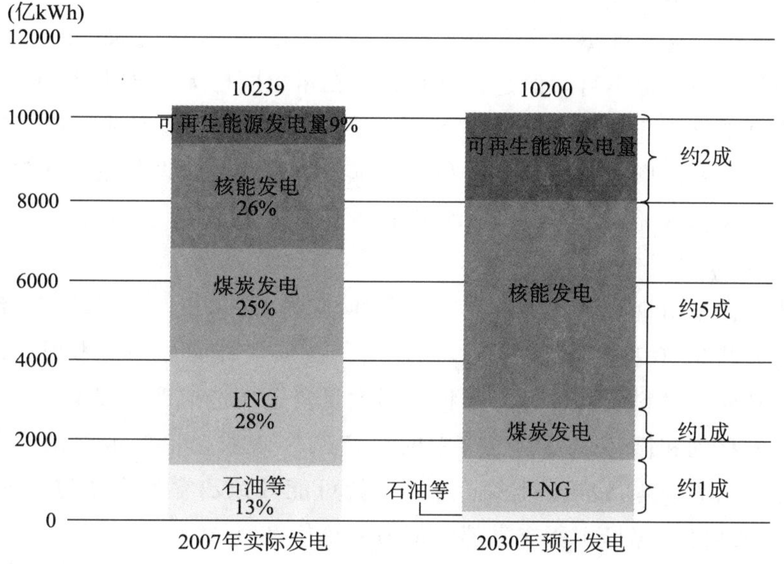

图 5－6　2030 年日本以核电为主导的未来电力框架

资料来源：週刊東洋経済 2011. 3. 26，p. 22.

然而，此次大地震却暴露出日本核电站在安全设计上存在着重大问题，简直“不堪一震”。大地震已经过去了近两个多月，但福岛核危机形势却并不明朗。国际原子能机构（IAEA）总干事田野之弥表示，日本核危机可能会持续数月或数周。而日本政府经产省副大臣池田元久更是无奈直言，只有神才知道事态将怎样发展。

JIT 体制与脆弱的产业链

JIT 体制是丰田生产方式的重要构成内容之一，其关键特征就是无仓库化生产或称零库存生产。简言之，JIT 体制即准时生产，就是强调“将必要的产品，在必要的时间，提供必要的数量”，其目的是最大限度地避免浪费现象。

这一体制来源于丰田公司的生产实践。1936 年，日本政府出台《汽车制造事业法》，要求汽车厂商要使用国产部件和材料。然而，由于当时的国产部件质量低劣，存在大量残次品现象，所以经常造成停产。于是，整车厂商就必须建设大量零部件仓库，通过增加储备来确保生产进行。但是，这种方式造成了巨大浪费：不仅残次品零部件本身形成巨大浪费，建设仓库同样会占用大量资本，并衍生出管理等一系列费用成本。针对这种情况，丰田汽车创始人丰田喜一郎提出了准时生产思想。他提出，生产就如同乘火车，晚一分钟甚至一秒也不行。但是，时间过于充裕也同样无济于事。① 1938 年丰田在筹建举母工厂之际，这种“准时生产”思想被付诸实践。该工厂大小三十几个车间，形成合理的生产布局，车间内各种专业设备也像摆放的细胞组织一样紧密关联，丰田公司彻底摒弃了建厂就须建仓库的传统生产思想。②

此后，丰田喜一郎又系统完善了这种准时生产思想。当时，汽车组装需要涉及大约 3000 种零部件产品，他提出，必须认真而仔细地考虑如何准备和储存必要的材料及部件，否则将占用大量资金而造成严重浪费。应该通过零部件的移动和循环来避免生产中的‘窝工’现象，恰好准时地准备好各种部件，因为甲零件准备过多或过早，就可能导致乙零件准备过少或过慢。小到一个螺钉或螺母，所有零部件都力求正好准时。③

要想在生产中真正实现准时化生产其实是非常困难的，丰田公司为此花费了 15 年的时间④，它还为此创造出一系列辅助性生产体制，如“看板管理”方式、“倒流水”生产流程等等，这些都为实现准时生产创造了前提条件。丰田生产方式成为丰田公司经营制胜的重要法宝，该公司自 1950 年起

① トヨタ自動車．創造限りなく、トヨタ自動車 50 年史，1987 年，pp. 105 ~ 106.

② トヨタ自動車．創造限りなく、トヨタ自動車 50 年史，1987 年，pp. 124.

③ 和田一夫，由井常彦．豊田喜一郎伝［M］．トヨタ自動車，2001 年，p. 352.

④ 张玉来：《丰田公司企业创新研究》，天津人民出版社 2007 年版，第 140 页。

直至2008年一直保持着无赤字经营，创造了企业经营的神话。丰田之所以能够长期保持成本领先和质量优胜，其先进的生产方式是基础条件。

但是，因为这种准时体制要求关联企业必须做到同步生产，因此，整个产业链的任何环节出了问题，都将造成整个生产链被迫中断。2007年日本西部发生了新潟中越地震，而日本最大的汽车活塞生产企业理研公司的生产基地恰好位于地震灾区。由于理研公司的停产也导致丰田被迫停产，当时丰田出现了连续3天的全面停产。此次东日本大地震丰田面临着同样的问题，包括丰田自身在内，许多汽车关联企业都在地震中受损，于是造成了丰田史无前例的大规模停产。4月8日，丰田公司发言人指出，此次地震导致丰田汽车有500多种零部件供应断档，而丰田几乎没有任何库存备件。

丰田公司所创造的准时生产体制，已经在日本制造业生根发芽，绝大多数日本企业都在生产中贯彻实施了丰田生产方式。但是，经突发事件的检验，这种具有极高效率的生产方式也有它的弊端，那就是其产业链极其脆弱。

重建路径一：修复“震伤”

修复“震伤”成为多数企业选择的主要重建方式。原因很简单，尽管厂房和设备被地震所毁坏，但是，一般情况下修复投入仍远远低于创建新的工厂，而且还要涉及土地、供应链、物流渠道、员工居住地等一系列问题。修复的时间和投入程度则与地震破坏程度密切相关，损毁程度越小修复再产的时间也就能越短些。

日产汽车的栃木工厂位于栃木县上三川町，这里是令日产员工引以为豪的高级轿车生产基地。然而，正如前文所述，一场巨大地震却使这里井然有序的现代化厂房被摧残得七零八碎。就连搬运车体的机器人，也没能抵挡巨大的震撼，有将近60台正在加工的车体坠落在地板上，与天花板上掉落的管线混杂在一起。该工厂的工厂长高冈洋海指出，以往每次地震最多也就停产1小时，但此次地震却造成许多重要设备受损，因此，修复时间大概需要三个月以上。①

最急迫的修复工作是抓紧重启零部件工厂的生产，因为它关系到海外没有受到地震影响的工厂。首先一个关键问题是铸造炉问题，地震前溶解开的

① 3・11不屈の国［J］．日経ビジネス2011.4.11，p.20.

铁液已经完全冷却凝固，按照常识来讲，这已经是“不可再生”，也就是必须连炉带铁全部换掉。但日产公司却采取了违反常规的做法，操作人员试着启动供电系统让铸造炉重新运转。在大家的不懈努力之下，被损毁的5座铸造炉居然最终有3座恢复了生产能力。接下来就是生产线和机械等工厂内的设备修理。因为在2007年新潟地震时，日本汽车厂商一起援助了受灾的日本活塞生产大户理研公司，此次作为回报，理研向日产派来了60名设备专家。经过三周的努力，3月31日枥木工厂的设备维修和生产线再建终于完成。

再就是如何应对电力供应不足的问题了。高冈工厂长道出了三条方案，一是采取节电措施，二是采取自己发电方式来保证不能断电的铸造炉工作，三是采取深夜工作的方式。

然而，枥木工厂自身修复结束并不代表着就能马上复产，它还必须等待零部件供应企业也实现重建而恢复正常，特别是某些关键部件。例如，地处福岛磐城市的日产发动机工厂就是为枥木工厂供货的。3月29日日产总裁戈尔亲自到该工厂视察，指出必须想尽一切办法，尽快恢复生产。于是，枥木工厂立即派遣员工去磐城市支援重建工作。日本制造业的重建道路还远没有结束，因为作为现代生产，生产链任何环节出了问题都会导致整个生产的中断。

重建路径二：生产转移

这种生产转移既包括本公司或集团内部的国内转移也包括向海外转移，此外，还包括不同公司之间的转移生产。诚然，同一公司或集团内部的转移要容易些，特别是国内的生产转移更容易些，如富士通公司的电脑生产线仅用了10天就从福岛转到了岛根。当然也有不同公司之间的转移，例如IHI飞机部件生产商就作出决断，委托其他企业生产，以此满足自己的客户的需求。半导体巨头瑞萨电子也计划采取委托生产方式，并把相关生产转移到新加坡。

当然这种生产转移也考验着一个企业的组织能力。例如，富士通集团早就设立了危机管理体制，集团个人商务本部成立了“事业持续对策本部”来应对突发问题。地震发生之日起，该部门就试图通过电邮和手机掌握第一手受灾情况，但因为通讯中断而导致信息难以把握。两天之后，福岛工厂有关“二楼的台式机生产线受损严重，难以复产”的信息才传回集团总部。

当时执行董事斋藤邦彰立即决定，把台式机生产转移到其他工厂生产。根据其危机管理计划 BCP（事业继续计划书），替代厂商被确定为岛根县斐川町的富士通笔记本工厂。

生产转移工作仅仅用了 10 天时间。这项工作是由岛根富士通、富士通事业持续本部、研究开发部门以及质量保证部门等共同协调实现的。为了让岛根工厂终端设备能够得到台式机订购数据，富士通公司专门更新了相关信息系统。原来供应福岛的零部件以及物流服务，也全部转向了岛根地区。地震发生 12 天之后，3 月 23 日岛根富士通终于开通了台式机的生产，产品对象是面对企业的主导款式。为了能够保证交货期，不仅增加了生产线员工，而且由于不受电力供应不足影响，还采取平时加班以及六日满负荷生产的举措。

富士通个人商务本部的供应商统括部长内藤真彦指出，能够顺利把生产转移到岛根对公司非常重要。虽然台式机的企业需求一般多在年末，但主导款式却与此不相关。所以能够在短短 10 天之内就实现生产转移，关键在于企业内制定了明确的转移程序的相关文件。① 尽管富士通基本方针是将来台式机还要回到福岛县，但要等到生产线完全修复之后。而且，该地区今后将会面对长期供电不足，所以何时回到福岛还是个未知数。

面对供应链问题，富士通也采取了非同寻常的应对方式。内藤部长指出，今后几个月内，能否实现零部件供应稳定至关重要。采购部门必须明确掌握哪些部件不足。为了应对某些部件不足的问题，富士通甚至准备更改设计，“现在公司已经确定哪些部件不足，并讨论生产不使用这些部件的产品”。

作为全球飞机发动机部件的重要生产商，IHI 公司员工一直自豪地将 IHI 相马第一和第二工厂称为“世界的相马工厂”。然而，此次地震却让其遭受重创。虽然 3 月 29 日已经实现部分复产，但是全面修复仍然需要相当时间。因此，这必将会影响到美国波音和欧洲空中客车等全球飞机产业。于是，公司高层决定委托其他企业生产这些部件。而长期以来，该公司一直坚信这些产品“唯有相马才可生产”，所以，委托对其而言绝对是个重大决断。

重建路径三：战略创新

战略创新也是灾后重建的一种新的方式，当然这更需要创新精神和更大

---

① 3·11 不屈の国［J］．日経ビジネス2011.4.11，p.22.

规模的投入，也就是利用这种灾难性事件，转变公司经营战略或模式，实施重大战略转型。当然，这种路径一般仅限于少数企业，因为它与公司特征、发展状况等复杂因素有着密切关联。

作为汽车零部件厂商的曙刹车公司，以此次地震为契机，开始彻底调整供应链体系。信元久隆社长指出，“我们准备通过零部件与材料规格的通用化，构建起全球分散化采购体制”。该公司 211 家零部件供应商当中，有 25 家企业在此次地震中受灾。其中的福岛县境内的供应商更是受到东京电力公司福岛第一核电处理密切关联，复产遥遥无期。但是，作为整车企业供应商的曙刹车公司，却必须承担其供应责任。信元社长指出，曙刹车公司准备以此次地震重建为契机，我们要构筑更好的供应链，特别是在新兴工业国家也建立不逊色于国内的生产据点。

不过，战略创新也往往与修复以及生产转移密切相关，或者经常是三者被综合考虑。例如松下公司就决定在修复受损工厂的同时，考虑国内重新布局，进行生产转移，而且，结合未来重点发展业务而实施战略创新。日前，公司已经决定将锂电池业务大举向中国转移，这既是考虑到生产成本，同时也兼顾了未来中国市场的因素。

丰田启示：危管机制不可缺

此次大地震给企业一个重要启示就是，企业应该建立起应对自然灾害或突发事件的危机管理体制。对此，丰田公司应对 2008 年以来的“质量门”事件经验具有重要启示意义。

2009 年 8 月底，美国发生的一起车祸引爆了丰田一系列质量问题，刚刚登上世界第一宝座的丰田汽车几乎因该事件而被拖垮。9 月 29 日开始，丰田实施了史无前例的大规模召回，在短短五个月内竟然实施了 7 次召回（包括自主维修），涉及车辆逼近 1400 万台的天量（参见表 5－5）①。其实，早在 2004 年 8 月日本国内就爆出丰田质量问题，当时是丰田越野车 HILUS 因转向失灵而发生事故。2006 年 7 月，包括退休和在职的丰田三名质量管理部长被起诉，警方指控丰田涉嫌隐瞒产品缺欠问题。

虽然酿成此次危机有着深层原因②，但直接原因是丰田公司缺少应有的

① 这里面包括重复现象，如同一台车可能涉及不同部件问题而被多次召回。

② 包括四大深层原因：一是全球扩张步伐过快；二是过度追求成本领先战略；三是新全球采购体制的欠缺；四是日本国内劳动体制改革从根本上削弱了质量技术能力。

表 5－5　　　　　　　丰田汽车 5 个月的大量召回

时间	涉及范围	数量（台）	地区	备注
2009 年 9 月 29 日	凯美瑞等	380 万	美国	召回
2009 年 11 月 29 日	雷克萨斯等 8 种车型	426 万	美国	自主维修
2010 年 1 月 21 日	卡罗拉、RAV4 等 8 种	230 万	美国	召回
2010 年 1 月 27 日	普锐斯等 5 种	109 万	美国	自主维修
2010 年 1 月 28 日	RAV4	7．5 万	中国	召回
2010 年 1 月 29 日	雅力士等 8 种	180 万	欧洲	召回
2010 年 2 月 9 日	普锐斯等 4 种	43．7 万	全球	召回

资料来源：根据丰田公司主页召回信息整理。

危机管理体制。从技术角度来看，无论是脚垫、踏板还是刹车问题，这既非高端技术问题，对丰田更非不可克服的难题，关键是管理层面缺少有效的危机管理机制。

首先，丰田内部没有建立起有效的危机监测与预警机制。据丰田相关人士透露，在接到顾客投诉后，由于丰田技术部门分工太细，难以判断由谁负责，因此，投诉无法及时得到解决。日本国内的质量案件就证明了这一点。据警方资料显示，早在 1995～1996 年丰田内部报告中就出现 HILUS 的 5 项缺欠问题，但却没有引起重视。美国案件也是一样，其实早在 2004 年丰田就曾接到类似质量投诉，但因为没有内部危机监测预警体制，所以问题一直被搁置。

其次，作为跨国大企业，庞大的组织体制内部出现了信息不畅问题，造成危机信号难以传导到决策层。丰田在全球各地拥有 32 万名员工，庞大的组织体制成为信息传递受阻的客观因素。作为丰田新技术象征的第三代普锐斯，在上市不久就有刹车问题的投诉，但其主管副社长却是在接受日本国土交通省召见时才得到相关信息。美国案件更是如此，因为美国丰田的最高决策权仍在日本的丰田总部，这无疑会更延长信息的传递时间，信息的准确性也会在传递中受损。

最后，危机出现之后，企业的决策与处理同样存在严重失误。美国案件是在爆发死亡事故 2 个月之后，丰田才作出大规模召回的决策，而且，该决策也是在美国政府强大压力之下才实施的。其后丰田又宣布实施两次“自主维修”而非召回，这种对产品质量问题“犹抱琵琶半遮面”的暧昧态度，显然会极大损害企业自身品牌与形象。此后，在社会各界对丰田恶评如潮之际，丰田仍然坚持且战且退策略，而不是彻底解决问题，这致使丰田更加陷入被动处境。

企业最高决策层缺乏危机意识是最严重的问题。在美国案例中，丰田高层最初并未认识到问题有多严峻，这导致最高责任者丰田章男迟至2月5日才出面公开致歉，距离那场车祸已经有5个月之久，距离第一次大规模召回也有4个月。而且，就在此前一天，丰田负责质量的常务董事横山裕行仍在强调丰田普锐斯等车型没有刹车问题，相关投诉只是驾驶者的不同感受而已。而5天之后，丰田却宣布对该车型实施第5次大规模召回。更严重的是，当美国众议院提出要求丰田公司社长出席2月24日听证会作证，丰田决策层态度仍然摇摆不定，2月17日还宣布由丰田美国最高法人代表稻叶良晛出席，2天之后又被迫宣布丰田章男亲自出席听证会。

显然，丰田质量危机并不能说明其产品质量已经出现了大幅下滑，但是，由于缺少危机管理体制，使得丰田在此次突发事件应对过程中的表现显得捉襟见肘、穷途末路。而且，在品牌形象以及公司信誉方面的损失，甚至要远远大于利润层面，这恐怕需要丰田长时期的努力才能弥补的。无论丰田章男如何强调丰田一贯重视问题并积极改善，他都将无法挽回失去的消费者信赖。

这场大地震考验着整个“日本制造”体系，它不仅给灾区企业造成巨大经济损失，而且，供应链的中断以及电力缺乏导致的难以短时期恢复生产等因素，都使得全球产业分工体系之下的日本企业面对严峻考验。如何维护客户利益、如何尽早修复产业链、如何维护终端消费者利益，而不仅仅一味地只注意自身利益，这是一个企业能够获得长远发展的关键。为了实现这一目标，就应该建立起企业内部完善的危机管理体制。在此次大地震中，富士通公司正是凭借此前确立的危机管理体制，才能够在10天之内就实现了生产转移。IHI公司正是考虑到客户利益，才决定实施委托生产，来维护美国波音和欧洲空中客车的利益，长远来看，这些举措又都维护了公司自身的利益。

“日本制造”何以东山再起

毫无疑问，此次特大地震给整个“日本制造”造成了重创，4月23日日本银行总裁白川方明指出，日本断裂的供应链至少要到 2011 年 8 月份才能彻底修复。作为"日本制造"的代表企业丰田汽车则在 4 月 22 日表示，丰田要到 2011 年 11～12 月份才能恢复到震前生产水平，目前其国内生产仅是正常产量的 50%，而海外产量则仅是正常状态的 40%，地震后一个半月时间里，丰田已造成 50 万台规模的减产。[①]

那么，这种巨大打击是否会导致整个"日本制造"陷入逐步衰退、甚至是一蹶不振的境地呢？回答这个问题就涉及"日本制造"的"底力"或所谓深层竞争力的分析了。

认识误区："三种神器论"

外界对于日本企业管理模式的认识，曾经存在仅停留在"三种神器论"的认识误区。事实上，日本模式绝非仅用这三个特征就能概括的，它既是一个复杂的体系，同时这个体系又是在动态发展中的。

最早提出"三种神器论"的是美国学者詹姆斯·阿贝格林（James C. Abegglen）[②]，他把日本企业的经营特征归纳为"终身雇佣、年功序列和企业内工会"等三大特征，认为日本企业性质属于前工业化时代非工业化性质社会组织和各种关系，并无任何礼赞意义。十年之后，当日本跻身于资本主义世界第二大经济强国之后，其企业模式也广受关注，评价也转向褒美为主。1972 年，OECD 发表《对日特别调查报告书》，正式将终身雇佣、年功序列和企业内工会称为日本式经营"三大神器"。[③] 自此，这种仅仅局限于劳动层面的管理特征，就被认为是日本模式的特征。

不容否认的是，"三大神器"确实曾经极大促进了日本企业的发展，其作用包括：①实现了雇佣稳定，企业可对人力资本进行长期投资，员工也乐于接受各种培训；②促进了技术进步，员工支持企业购进先进设备和实施创新，形成了工序创新优势；③节省了经营成本，雇佣成本大幅减少，且渐进工资制等于也让员工分担了部分经营风险；④劳资协调式工会体制，有利于

---

① トヨタ生産回復 12 月に［J］．読売新聞 2011．4．22：http：//www. yomiuri. co. jp/atmoney/news/20110422－OYT1T00899. htm.

② 阿贝格林（1926～2007），美国学者，最早以福特财团研究员身份赴日考察，1958 年出版了《日本式经营》一书。

③ 终身雇佣制是指员工一直在某企业工作至退休；年功序列制是以年龄、学历及工作年限作为考核标准的工资管理体制；企业内工会则是指以企业为单位组建工会而非欧美式的行业工会体制。

培养员工的企业归属感，产生凝聚力；⑤铸就了低失业率，日本失业率一直居于发达国家最低状态。

然而，“三大神器”仅是日本模式的外在特征，其内部则是一个复杂而有机的整体体系，各种构成要素之间相互联系、相互影响，并呈现动态变化的特征。①在经营战略上，日本企业更重视长期利益而非短期利润。日本企业普遍以长期经营为目标，形成了重视市场占有率而非短期利润的特征。②在决策方式上，更倾向于集团主义和自下而上方式，而非个人决断和自上而下方式。日本企业一般采取集体决策方式，强调集团责任，形成了独具特色的禀议制度、小集团活动以及提案制度等颇具特色的子体制。③在外部关系上，更重视长期交易关系，而不是仅看重价格等因素。日本企业非常重视建立长期交易体制，为此还形成了系列化、集团化组织特征。④在治理模式上，更具有经营者支配和重视员工利益的特征，此外，主银行体制、相互持股制等都是日本公司治理的鲜明特征。⑤在生产方式上，强调零库存和高品质，以丰田生产方式（TPS）为代表形成了JIT 生产模式。在生产中，非常注重高质量，同时又实施严格的成本控制、反对浪费，创造出一系列新的生产管理体制，如 TQC 质量管理体制、POS 信息管理体制等。

“禀议制度”本是源于日本古代社会的政府官厅，按字面解释就是禀报议决制度。在日本企业中，一般都是现场负责人提出问题或解决问题方案，也就是企业基层管理者“提案”。这种提案都是从现场主义出发的，因为提案人最了解和熟悉现场情况。然后，“提案”逐级上报，并在各部门之间“回议”、“合议”，并签字盖章，最后形成统一文件上交最高决策层，由社长拿出最终意见。1981 年一项调查显示，当时仍有 88.3% 的日本企业采纳这种禀议制度。[①] 正因于此，相对欧美而言，日本企业的决策速度似乎明显滞后。但是，由于相关信息已经在组织内部得到充分交流和传播，因此，一旦该议案获批其实施速度非常之快。以丰田进入中国市场为例，1998 年丰田正式进入中国，到 2004 年就建立起成都、天津、长春、广州等四大生产基地，用 6 年时间就完成了大众汽车历经 20 年的战略布局。参见图 5-7。

---

① 中村健寿．オフィス環境の変化と稟議制度に関する一考察［J］．静岡県立大学短期大学部研究紀要第 10 号 1996：108.

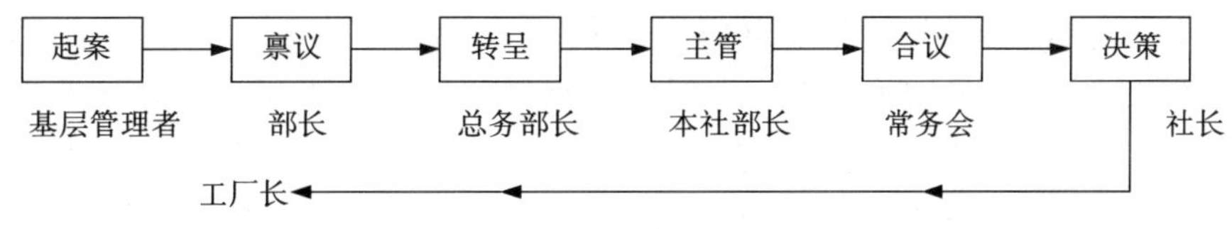

图 5－7　禀议制度示意图

系列承包体制则是汽车产业的重要生产模式。这是一种汽车厂商与零部件供应商之间形成的高效垂直分工体系，它曾被视为是日本汽车强大竞争力的重要原因之一。其特征是围绕某家汽车厂商，会形成了一级、二级、三级或四级供应商，它们形成了所谓系列化的承包体制，也就是以最终汽车厂商为中心的垂直分工体系。其优点在于，对于汽车生产商而言，零部件供给得到保证、有效防止技术外泄、开发周期可以大幅缩短，经营成本和风险可以降低；而对于供应商而言，能够提高技术能力，获得稳定利润、降低经营风险等。

然而，日本管理模式也是一直处于变化之中的，特别是 20 世纪 90 年代以来，伴随经营环境的巨变，该模式也发生了巨变。最显著变化在于融资方式和雇佣体制层面。1992 年泡沫经济崩溃之后，日本陷入“失落的十年”。在此期间，日本模式的主银行体制和相互持股制度明显衰落，年功序列制的范围也大幅缩小，不过，终身雇佣制仍然是制造业用工制度的重要特征。

追本溯源：“日本制造”的崛起

日本是个自然资源贫瘠的国家，除了少量的煤矿和铜矿之外，再没有其他的自然资源。对于发展工业而言，这显然属于严重的先天不足。无论是亚当·斯密，还是大卫·李嘉图，特别是要素禀赋论者，都认为自然要素禀赋制约着一个国家的发展模式。然而，日本却信奉德国李斯特的幼稚工业保护论，即一国的资本和劳动存量是在不断变化的，技术进步可以将劣势产业改造为优势产业。

笃信技术进步可以改变自然禀赋劣势的日本人，自明治维新以来就进行了大胆尝试，无论是政府还是企业都热衷于从西方引进最先进的技术，但并非到此为止，而是在充分消化和吸收所引进的技术基础之上，实施日本式的技术创新，最终实现“日本制造”的技术进步。

在技术引进方面，日本政府发挥了至关重要的作用。明治维新之后，日本政府没有像西方国家那样任由民间力量自由发展，而是以建立官营“模范工厂”方式，由政府直接出面引进技术和设备创办现代工厂，起点是1872年大藏省引进法国技术设备创办的富冈制丝厂。十年之后，这些模范工厂被政府以低价转给民间经营，但政府仍然引导着技术引进。1948年通产省新设了工业技术厅，作为政府推进技术进步的专门机构，负责掌握日本技术发展水平、完善国家实验研究体制、促进工业标准化以及引进外国技术等。从1952年开始，日本再度有组织地大规模引进国外技术（参见表5－6），此后9年间，仅甲种技术就引进了1265件。[①]

表5－6　1952～1960年日本技术引进　单位：件

国别＼年份	1952	1953	1954	1955	1956	1957	1958	1959	1960	合计
美国	104	75	58	54	91	63	69	92	200	806
西德	12	6	5	9	11	7	6	16	45	117
瑞士	8	11	6	2	6	10	8	9	18	78
英国	3	3	1	3	11	3	2	7	10	43
荷兰	1	0	0	1	2	18	0	9	7	38
法国	5	4	1	4	6	4	1	7	5	37
意大利	1	1	8	0	10	3	1	1	8	33
其他	15	6	3	9	13	12	9	12	34	113
合计	149	106	82	82	150	120	96	153	327	1265

资料来源：《日本通商产业政策史》第6卷（中译本），中国青年出版社1994年版，第367页。

在政府的引导和鼓励之下，企业层面也掀起了引进技术的高潮。由于二战原因，日本与欧美之间的技术交流渠道被打断，日本的技术进步出现停滞现象。二战初期，在发电、电机、铁道车辆及造船等制造领域，日本与美国的技术差距在10年左右。在技术引进方式上，企业则根据自身条件选择了不同方式。以汽车为例，日产汽车、日野汽车、五十铃汽车以及三菱汽车等，都选择直接引进外国产品（购买专利）方式，而丰田汽车、本田技研

① 日本技术引进按合同分为甲乙两种，甲种指合同期限及报酬支付期限在一年以上，且费用以外汇支付，其余为乙种。

等，则选择了 RE 自主研发方式。[①]

在生产管理方面，日本与欧美之间同样存在着极大差距。战后初期，美国已经普及了福特方式，其生产效率大概是日本的 8 倍左右。[②] 于是，学习福特方式也成为 20 世纪 50 年代日本企业引进技术的一种方式，丰田公司在这方面捷足先登。1950 年，丰田公司三名高管相继访美，丰田工业公司常务董事丰田英二和斋藤尚一、丰田销售公司总经理神谷正太郎。访问少则一个半月、多则长达五个月之久，丰田细致入微地学习和领会了福特生产方式以及通用销售模式。与此同时，丰田还比照福特汽车最现代化的鲁奇工厂为样板，实施了一场史无前例的大规模设备更新，此次“生产设备现代化五年计划”（1951～1955）总耗资高达 58 亿日元。[③] 在管理体制方面，丰田公司还引进了美国福特公司的标准作业、流水线生产、改善提案制度、企业培训体制（TWI）、QC 质量管理体制等，这些都成为创造丰田生产方式的重要基石。

“日本制造”就是在这种学习和引进的基础之上，通过一系列扎扎实实的创新活动而逐步构筑起其竞争优势的。20 世纪 70 年代末期，经过将近 20 年的学习创新发展之后，“日本制造”模式不仅成为日本经济的坚实支柱，同时也成为极具竞争力的独树一帜的经营模式。

标准之争：日本的 QCDF 模式

虽然是在引进和学习欧美体制，但一开始，日本就确立了与之分庭抗礼的宏伟目标。这正如丰田生产方式创始人大野耐一所指出的，丰田生产方式肩负着战后日本汽车产业的宿命，其多品种、小批量的特征既是市场制约的结果，同时也是为了应对欧美大量生产方式的竞争压力，为了生存就必须不断试错，最终形成了这种体系化的生产模式。[④]

在资金、技术、设备、劳动力素质及管理等方面，日本企业根本不能与欧美同日而语。那么自己的生存空间在哪呢？日本企业首先确立以国内市场

---

① RE（reverse engineering）即逆向开发，通过对某些产品进行拆卸研究，实施开发仿制。企业发展初期阶段普遍采取的技术进步方式。

② 大野耐一．トヨタ生産方式—脱規模の経営をめざして—［M］．ダイヤモンド社，1978，p. 8.

③ トヨタ自動車株式会社．創造限りなく－トヨタ自動車 50 年史［M］．1997，p. 253.

④ 大野耐一．トヨタ生産方式—脱規模の経営を目指して—［M］．ダイヤモンド社 1978，p. 1.

为立足点，充分利用国家限制外资的政策。但是，战争及经济萧条又使市场需求非常弱小。于是，尽力降低成本和尽量细分市场，成为日本企业的两大着力点。因此，消除浪费、构建“多品种、小批量”生产体制就成为日本企业创新的目标。大野耐一提出要“彻底消除一切浪费”。于是，在引进福特方式过程中，丰田则以“零库存”为目标，相继开发出看板方式、准时生产体制（JIT）、自动化生产体制[①]、构建起多品种、小批量的倒流水生产方式。

国内市场的激烈竞争使日本企业普遍建立起低成本的竞争优势。1964年日本成为IMF第八条成员国之后，国际化和资本自由化促使日本企业开始与欧美企业正面竞争。为了获得竞争优势，产品质量又成为企业创新的新目标。此后，日本制造业逐步形成了QCDF标准。

Q（Quality）即产品质量。日本企业普遍以“综合产品质量”为衡量标准，它是以产品能带给用户怎样的顾客满足（CS）来界定，也就是传递给客户的产品信息所具有的魅力和说服力。综合产品质量包括设计质量和适应质量，前者是设计阶段赋予产品的功能、性能及外观，后者是这种设计质量能否完整无缺地传递给客户，它包括生产和销售等环节。为了控制产品质量，日本企业在美国统计质量控制（SQC）体系基础上，开发出全面质量控制（TQC）体系，其构成包括QC小组及QC七种工具。[②]

C（Cost）即产品成本。在日本企业看来，成本管理包括狭义和广义两种。狭义成本管理是通过测定和分析标准成本与实际成本之间的差异，尽量将实际成本维持在标准成本附近的短期、静态管理方法。广义成本管理则融入了改善活动并不断修改成本标准来降低成本，重视企划与设计阶段“成本规划”的作用。二者有机结合是企业成本控制能力的标志。如丰田成本管理体系就形成了“成本规划→成本维持→成本改善”完善管理体制。它更重视成本规划，因为“规划设计阶段是降低成本的最佳阶段，它相当于制造阶段的10倍功效”。[③]

---

① 关于准时生产与自动生产思想，参见张玉来：《丰田公司企业创新研究》，天津人民出版社2007年版。

② QC七种工具包括新旧两类，旧七种工具包括排列图、因果图、调查表、直方图、控制图、散布图和分层图；1979年又产生所谓新七种工具，即关系图法、KJ法、系统图法、矩阵图法、矩阵数据分析法、PDPC法、网络图法等。

③ 日野三十四．トヨタ経営システムの研究—永続的成長の原理［M］．ダイヤモンド社，2002，p.152.

D（Delivery）即产品交货期。日本企业非常重视这项指标，它们普遍认为从顾客来看，订货至交货时间长短非常关键，如果等待时间过长，即便是物美价廉产品，其购买欲望也会丧失，因此，交货期是产品竞争力的重要构成。交货期管理既受产品开发与生产时间制约，同时也与订单式生产或计划式生产相关。日本模式强调把交货期管理与产品开发、工程管理以及库存管理结合起来，其重点是缩短开发时间、尽量减少库存、强化工程控制。日本企业的产品开发周期显著低于欧美企业，以汽车为例，20 世纪 80 年代日本新车开发周期平均为43 个月，而欧洲为63 个月，美国为62 个月[①]。这显然与其独特的开发体制密切相关，如丰田主查体制、本田 RAD 体制（Representative Automobile Development）等。后期工程管理和库存管理同样非常重要，日本企业普遍建立了日程管理、物料需求计划（MRP）、工数计划及能力负荷分析等工具。其中，丰田的四阶段订单式生产体系非常高效，它由年度、月度、旬度及最终的组装生产计划所构成，其月度生产计划与实际生产之间误差仅为 10%。[②]

F（Flexibility）即柔性生产体制。日本企业普遍认为，生产体制必须能够灵活地应对多变的经营环境以及多元化的市场需求，打造这种柔性生产体制成为其努力方向。如今，以“多品种、小批量”为特征的 TPS 生产体制，已经广为日本制造企业所接受，甚至扩展至服务行业。然而，任何增加或减少产量及批量，都会抬高企业成本。TPS 方式则通过产品间的零部件通用化以及生产线的共通化来克服这一难题。

20 世纪 80 年代以来，QCDF 标准已经成为日本企业努力追求的经营目标。也就是通过不断的技术创新，来获得更高的产品质量、更低的成本投入、更短的交货周期、更柔性化的生产体制。这种组织化、制度化的创新标准，成为日本企业获得国际竞争优势的重要原因（参见图 5－8）。

历史启示：企业与产业发展源于创新

一个国家的产业竞争力最终来源于构成该产业的各个企业，而一个企业竞争力则广泛渗透在其产品设计、产品生产、产品营销及其各种辅助过程之

---

① Kim B. Clark , Takahiro Fujimoto. *Product Development Performance* , *Strategy*, *Organization* , *and Management in the World Auto Industry* [M] . Harvard Business School Press, Boston, Massachusetts. 1995, 78.

② 藤本隆宏．生産マネジメント入門 I [M]．日本経済新聞社，2008，p. 183.

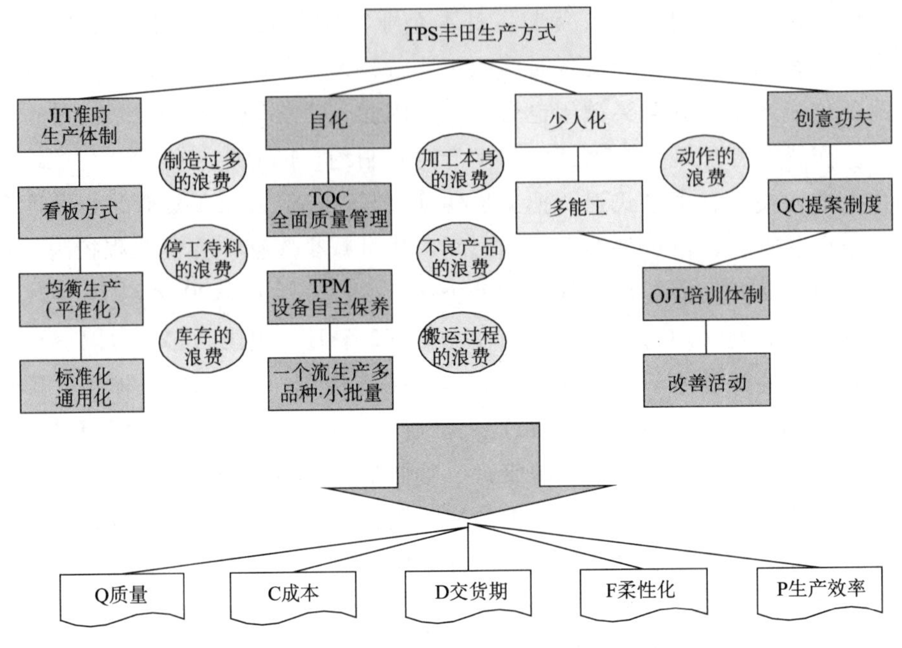

图 5－8　丰田生产方式体系构成

资料来源：笔者根据丰田生产方式特征整理制作。

中。从能力构筑论的角度出发，企业竞争力可以分为表层竞争力和深层竞争力（参见图 5－9），表层竞争力直接支撑着企业的盈利表现，而盈利表现恰恰又是外界关注一个企业的焦点所在。也就是说，利润表现往往是评价所有企业的最直观也是最抢眼的部分。在此次大地震中受损的企业，其 2011 年度的利润表现必然不佳，甚至极有可能出现负利润情况，那么，是否因此就可以判定其竞争力严重受损了呢？

答案显然是否定的，因为对于一个企业而言，深层竞争力才是其核心竞争力所在。作为表层竞争力的构成，诸如价格、交货速度、产品魅力等非常容易受到外界环境因素影响。如此次地震所造成的供应链问题以及供电不足问题，都会直接致使企业交货速度下降，而这些因素也必然会最终以利润形式表现出来。以丰田汽车为例，地震以来的一个半月，就已造成减产 50 万台，真正恢复正常生产要到 11～12 月份，因此，其 2011 年全年销量 770 万台的目标肯定难以完成。但事实上，丰田的深层竞争力并未受到地震影响，其生产效率、研发能力、设计质量等依然如故，而支撑这种深层竞争力的组织能力更不会因为地震而受损。

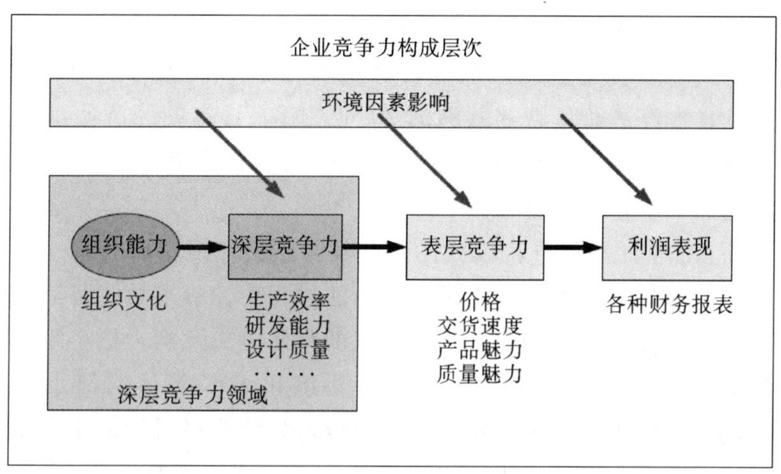

图 5－9　企业竞争力构成

资料来源：藤本隆宏．能力構築競争，中公新書 2003 年，p. 41.

但是，分析企业竞争力时也必须注意量变与质变的逻辑关系。因为本属于量变的问题，但在时间作用力下，完全可能转变成质变。如果福岛核危机的阴云长期不散，那么日本企业的灾后重建就会面临严重阻力，再加上电力也可能因此处于长期不足，这就有可能伤及企业的深层竞争力。同样以丰田为例，如果产能长期难以恢复正常的话，那么不仅其市场份额会被其他厂商所逐步侵蚀，其供应链的稳定性、公司的研发力量甚至企业的组织文化都有可能受到损害。尤其是技术进步受到影响的话，那么丰田的竞争优势将会逐步丧失殆尽。当前，技术进化的步伐日新月异，作为一个行业领先企业，必须具备保持和维护自身技术优势的能力，这样才能在激烈的市场竞争中致胜。参见图 5－9。

近代以来，在对欧美实施赶超的过程中，日本走出了一条独具特色的发展道路。1868 年，当日本实施明治维新之际，英国工业革命已经完成一个多世纪。但日本很快完成了第一次工业革命的“补课”，并赶上了第二次工业革命，这就使日本摆脱了像印度和中国那样沦为殖民地或半殖民地国家的厄运。第二次世界大战之后，战败国的日本再次迅速崛起于废墟之上，并于 1968 年成为资本主义阵营的第二大经济强国。一百年的日本工业史证明，技术创新完全可以克服自然禀赋配置的严重不足。

这种经验在企业管理层面同样得到很好的体现。严重缺乏近代化技术的日本，发动了一次次全面而彻底向西方学习的活动，更为重要的是，这种学习活动是基于日本式的现场主义的，而且，它还同时被积极赋予了再创新活动——日本式的改善型创新。最终，日本取得了巨大成功，20 世纪 80 年代，也就是日本经济总量赶上欧洲的 20 年之后，日本的经济质量也赶上了美国，其标志就是“日本制造”的崛起——几乎在所有现代产业领域，都有实力强劲的日本企业的身影。

概括而言，“日本制造”模式的成功经验主要包括四点。第一，它是依靠传统优势的创新。在对欧美引进和学习的过程中，日本始终坚持结合自身的传统，如引进福特方式却融入了日本式的集体主义元素，把小组作为标准作业的划分基准，而非美国式个人，QC 小组和 TQC 等体制都是全员参与式，均强调了集体主义精神。第二，它是以市场为终极目标的生产创新。日本企业形成了顾客主义、成本主义和现场主义，这些都是围绕市场出发的，而丰田生产方式中的“倒流水”的拉动生产同样也是市场为中心的体现。第三，它是基于现场主义的创新。任何创新都必须源于现场，这是日本企业的核心经营理念。美国企业管理层一般来自于 MBA 毕业的职业经理人，而日本却没有形成专门的职业经理人市场，其管理层几乎全部来自于现场。第四，它是以“改善”为鲜明特征的创新。在“日本制造”现场，到处可以看到扎扎实实的改善型创新，事实上，这也与中国孔孟思想在日本的广泛传播有着不解之缘，“不积跬步，无以致千里”、“千里之行，始于足下”，这类中华传统思想也已深深植根于“日本制造”的基因（参见图 5－10）。

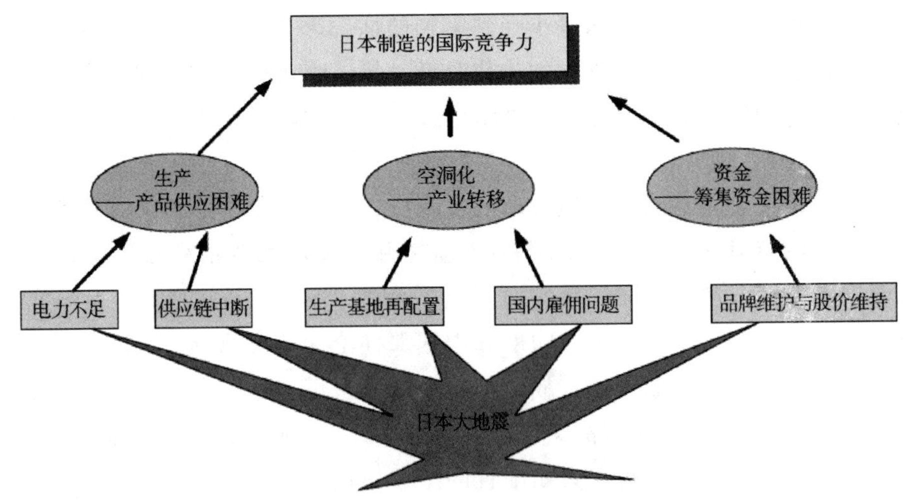

图 5－10　日本大地震与日本制造面对的课题

资料来源：藤本隆宏．能力構築競争，中公新書 2003 年，p. 41.

对于日本制造而言，此次大地震带来了如下直接问题：生产层面的电力不足和供应链中断；产业布局层面的生产转移和国内雇佣问题；资金运营层面的品牌维护与股价维护等。其中，雇佣问题则是日本企业早已面对的长期问题。对于这些问题，很多日本企业已经找到了各自的应对之策，包括重建修复、生产转移以及战略创新等等，只是因为受损程度不同，而需要长短不同的修复时间而已。

可以看到，此次大地震对于整个“日本制造”的打击绝非致命性的，所暴露出的深层问题，其实很多都是地震之前就已经存在的。20 世纪 90 年代泡沫经济崩溃以来，日本经济陷入了长期低迷状态。这种整个社会的结构性问题，才是“日本制造”国际竞争优势下降的深层原因。因此，尽管遭受了巨大损失，但此次地震的灾后重建对“日本制造”而言也是一个机遇，能否实现再度崛起，关键在于企业创新、产业创新以及整个日本社会的创新。

六、城门鱼殃

——被搅动的世界经济

一场发生在日本东北的特大地震，不仅给日本经济以及日本社会造成重创，而且，对世界经济尤其是全球制造业也造成巨大冲击，这是它与近年发生在秘鲁、印尼、中国、海地、智力、新西兰等地大地震的最大不同特征。此次日本大地震揭示出两大根本问题：其一，日本制造业依然非常强大，特别是拥有技术领域的竞争优势；其二，经济全球化程度发展之深，已令整个世界的经济都紧密联系在一起。

震断的全球产业链

这次地震是日本有纪录以来的一场最大规模的地震。大地震虽然远离日本的三大经济圈——名古屋为中心的中部经济圈、东京为中心的东部经济圈和大阪为中心的西部经济圈，即便是最近的东京市距离震中也有 400 公里左右，但是，它却几乎冲击了日本的所有产业，从半导体电子产业到汽车产业、机械产业、家电产业、钢铁产业以及农林水产和旅游服务产业，等等。而且，大地震还对世界经济产生了极大冲击，以半导体电子产业为首的全球产业链遭受了一场前所未有的严重打击。

从 iPone5 延缓上市到通用汽车停产

就在日本大地震的同一天，苹果公司的最新平板电脑 iPad2 开始在北美上市。两周之后，该产品将被逐步推广至全球市场。然而，这场突如其来的大地震，却极可能导致该产品出现供应不足的现象，因为它有五个关键部件来自日本：东芝公司的 NAND 闪存、尔必达公司的 DRAM 存储器、旭化成公司独家供应的电子罗盘、旭硝子公司独家供应的触屏玻璃以及由三洋电机提供配件而日本苹果公司生产的锂电池等。

而且，苹果公司的另一款高端产品——iPone 手机也被殃及。本定于 2011 年 7 月推出的苹果公司第 5 代 iPhone 手机，极有可能因为日本的大地震而被迫推延上市。这是因为直接向该产品供应零部件的日本企业多达 17 家（图 6－1），其中，很多部件几乎都是日本厂商所垄断的，很难在世界其他地方找到能够替代生产的厂商。例如，旭硝子公司垄断着高精细特殊要求的触屏玻璃产品，而旭化成公司则垄断了电子罗盘产品。此外，索尼公司和日立化成公司占据着全球 ACF 产品市场的 90% 份额，三菱化学公司和日立化成公司也控制着半导体封装材料的 90% 市场，而信越化学公司和 SUMCO 公司在全球硅基板市场占有一半的份额。

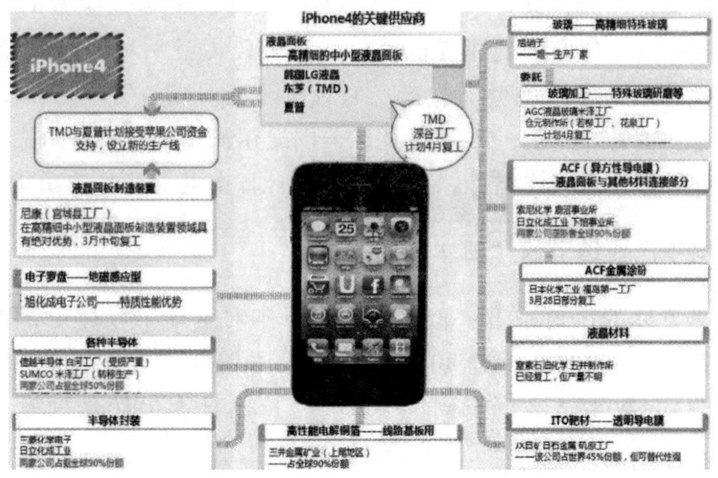

图 6－1　苹果公司 iPhone4 的主要供应商

资料来源：週刊ダイヤモンド2011. 4. 9，p. 95.

苹果公司对 iPone5 产品充满着市场期待，它甚至计划月产 600 万台，到 2011 年年底更要提升至 700 万台产量，从而实现年销售 1 亿台的宏伟目标。然而，这场大地震以及地震导致的日本东部的电力供应不足等问题，将导致来自日本的电子部件与化学材料供应处于不稳定状态。因此，苹果公司此次能否依靠 iPhone5 而大获全胜，完全要看日本灾后重建的速度以及福岛核危机事态的发展状况。

日本半导体硅片产量占到全球的 60% 以上，而硅片正是制造计算机芯片的基本元件。此次地震中，掌握世界 30% 硅片产量的信越化学工业公司的白河工厂严重受损，而该工厂恰恰是全球最大规模的 300mm 硅片生产厂。据估计，其产量已经由原来月产 110 万枚骤减至 60 万枚，产能受损程度达到 45%，这将导致全球硅片产量减少 14% 左右。[①] 此外，日本生产的用于制造印刷电路的 BT 树脂亦占全球总产量的 90%。此次地震不仅会重创日本半导体产业，对世界半导体产业也将形成巨大冲击。

影响还不止于半导体及电子产业，全球汽车、家电以及机械行业等，都将受到日本大地震影响的波及，因为半导体产品及其技术已经成为这类相关产业所不可或缺的。以汽车产业为例，伴随着电子化程度的加深，每台汽车的微电脑控制器（MCU）都在 30～100 个左右。日本瑞萨电子公司是全球最大的车用 MCU 制造商，其市场份额高达 40% 左右。而此次地震中，瑞萨电子有 7 家工厂受损，其中就包括设在茨城的专门生产车用 MCU 的那珂基地。再如，日立汽车系统公司也是全球发动机和变速箱控制系统、马达以及传感器的最重要厂商，其空气流量传感器产量约占全球供应量的 60%。如今，不仅日本汽车厂商深受地震拖累，如丰田公司至 4 月 17 日仍然仅仅恢复了三款混合动力车型的整车生产，它计划于 4 月18～27 日全面复产，但产量仍未达到正常产量的一半。而且，美国通用汽车和法国标致雪铁龙公司也被迫实施了停产或减产措施，原因就是来自日本电子产品的断货。

全球电子产业链上的“日本元素”

仅从半导体的产值来看，似乎看不到日本对全球半导体电子产业具有任何垄断能力。但在 20 世纪 80 年代中期日本曾经占有 50% 的市场份额，而 2009 年这一数字已经下降到 24.8%，[②] 虽然日本仍然是世界上最大半

---

① 忍び寄る電子部品消失の恐怖［J］. 週刊ダイヤモンド2011.4.9，p.96.

② 瀧澤秀樹. 提言：日本に専業 Si 第 1 回［J/OL］. Tech－On！2010.1.22，http：//techon.nikkeibp.co.jp/article/FEATURE/20100114/179254/.

导体生产国，但这种下降趋势似乎还在继续。然而，若着眼于半导体生产装置以及半导体材料的话，在全球产业链上“日本元素”的重要性才一目了然，因为它竟然占据了37%的装置和66%的材料市场,① 更重要的是，在某些装置或材料领域，日本厂商竟然占据着一半以上甚至90%的市场份额。

首先是半导体的生产装置领域。在半导体生产过程中总共需要有将近30种重要生产装置，其中，日本半导体厂商至少在10种以上具有竞争优势，且在某些装置方面甚至形成垄断地位（如表6-1），如洗净干燥、减压CVD、氧化扩散炉、封装、存储检查、处理器检查等领域，日本企业占有份额均超过50%；而在电子束描画、显影、切割、探针检查等领域，日本企业份额甚至超过90%，具备了垄断性竞争优势。

表6-1　　2009年全球半导体装置产值及日本所占份额

	半导体制造装置	世界市场（100万美元）	日本所占份额（%）
前工程生产装置	曝光装置	4713	29
	电子束描画装置	324	93
	显影（Coat Develop）	1143	98
	干刻（Dry Etching）	2677	36
	洗净/干燥	1545	70
	氧化/扩散炉	385	83
	中电流离子注入装置	265	33
	减压CVD装置	616	79
	等离子（CVD/Plasma CVD）	1424	0
	金属（CVD/Metal CVD）	520	36
	溅射蚀刻/（Sputtering）	1156	23
	CMP装置	771	41
	镀铜装置	289	0
	整体	17249	38
前工程检查装置	盘面制版检查装置	398	14
	IC基板检查装置	1808	18
	整体	2206	17
	切割装置（Dicing）	476	97

① 半導体製造装置データブック［M］.2010年版，電子ジャーナル.

续表

	半导体制造装置	世界市场（100万美元）	日本所占份额（%）
后工程生产装置	焊接装置（Die Bonder）	491	19
	线接装置（Wire Bonder）	638	17
	封装（Molding）	377	54
	整体	2148	42
后工程检查装置	逻辑检查	436	22
	存储检查	338	50
	混合信号检查（Mixed Signal）	923	18
	探针检查（Prober）	394	94
	处理器检查（Handler）	350	56
	整体	2510	40
	半导体装置整体	24113	37

资料来源：《半導体製造装置データブック》2010年版，電子ジャーナル.

日本半导体生产装置的代表性厂商如东京电子、尼康公司、佳能公司、日立高新技术、松下电工、三益半导体工业等企业。这些企业几乎都在此次震区设有生产基地，如东京电子在宫城和岩手拥有三个生产基地，而尼康在宫城、枥木及茨城则有八个工厂，佳能则在枥木、茨城、青森、福岛等地拥有八个基地。

其次，半导体材料更是日本半导体产业的强势所在。在全球半导体材料市场，日本企业的平均市场占有率超过了66%。而在全部19种主要材料中，日本企业占有率超过50%的品种竟然达到14种之多，尤其是在陶瓷基板、树脂基板、金线键合以及半导体封装等材料方面，日本厂商的市场占有率甚至超过80%，占据着垄断优势（如表6－2）。

信越化学工业、SUMCO公司、东京应化工业、日立化成工业、住友化学、旭化成、东丽公司、昭和电工以及ORGANO公司等，都是代表性的日本半导体材料生产商。其中，信越化学工业在福岛和茨城设有两大生产基地，仅其福岛基地的半导体晶圆供应量就占全球20%的比例；而日立化成公司则是全球异方性导电膜（ACF）主要厂商，它与索尼共同垄断了该材料80%以上的供应，日立化成的生产基地设在茨城县。

日本地震不仅造成上述企业的厂房及设备受损，而且震后的电力不足、

表 6－2　　2009 年全球半导体材料产值及日本所占份额

	半导体制造装置	世界市场（100 万美元）	日本份额（%）
前工程材料	硅板	11981	68
	化合物半导体基板	676	50
	盘面/制版	1846	76
	光刻胶	1097	72
	药液	1656	50
	包装气体	1257	12
	特殊气体	1255	31
	靶材	392	50
	隔层绝缘涂覆膜	99	42
	保护性涂覆膜	170	55
	CMP 用粘着剂	553	29
	合计	20982	60
后工程材料	引脚框架	2181	50
	陶瓷基板	1329	86
	塑料基板	4214	89
	TAB	233	68
	CDF	701	53
	芯片焊接（Die Bonding）	200	31
	金线键合（Bonding Wire）	2577	84
	封装材料	1085	82
	合计	12520	77
半导体材料整体		33503	66

资料来源：《半導体製造装置データブック》2010 年版，電子ジャーナル.

交通中断等问题，特别是福岛核危机的阴云，都是导致日本半导体厂商大范围停产的关键原因。尽管目前有些企业已经部分恢复了生产，但产量下降是毫无疑问的，这又必将会传导到全球的半导体电子产业生产链中去。如今，日本之外的世界半导体巨头，如美国英特尔、韩国三星电子以及中国台湾TSMC（积体电路）等，已经出现生产停滞现象。而且，该问题最终还会传导到半导体电子终端产品，如手机、电脑、家电甚至汽车机械等产业，从而产生更大规模的减产或停产以及价格上涨等连锁反应。

从颓势中复兴的日本半导体产业

事实上，日本半导体产业发展经历了较大波折。1986年日美签署半导体协定之后，日本半导体进入了最辉煌时期。当时，DRAM成为半导体产业中最具增长力的领域，日本在该领域的市场份额甚至达到90%。然而，进入20世纪90年代之后，伴随着美国IT产业为主导的新经济的崛起，日本半导体在全球份额迅速下滑至50%，2000年前后更是下降到20%左右。

1995年前后的DRAM价格大幅下降，成为日本半导体产业呈现衰势的导火索。当时，很多企业把研发重点纷纷转向闪存NAND和CCD等领域，而一直没有在CPU以及FPGA等高度价值产品领域获得主导权，成为日本半导体企业持续走向萎缩的重要原因。

进入21世纪之后，日本半导体厂商开始普遍调整经营战略，出现“选择与集中”的战略调整高潮。其主要特征包括三点：①专业化，在企业内部实施“业务分割”，成立各领域专门子公司来发展不同事业；②协作化，纷纷与竞争对手协作，实施共同开发，而且，合作还具有跨国性和跨产业性特征；③高端化，不再死守传统DRAM领域，而是向系统LSI、MCU、闪存等高附加值领域进军。参见图6-2。

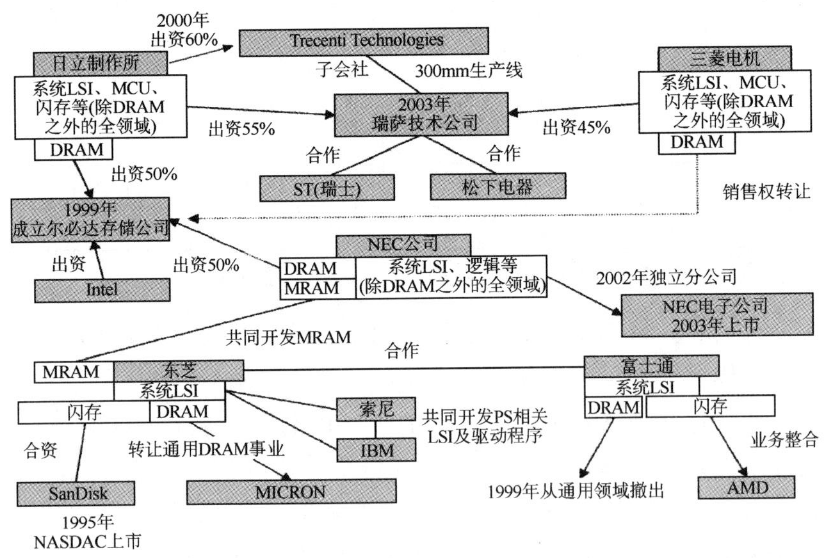

图6-2 日本半导体厂商战略调整与重组

资料来源：『JOYO ARC』2004年2月号。

以日本最大半导体厂商东芝为例，2000 年该厂商就将 DRAM 事业全部转让给了美国 MICRON 公司，而重点转向系统 LSI 开发。2002 年它又与美国 SanDisk 公司成立合资公司，共同开发 NAND 大容量闪存。2004 年又联手 NEC 公司，共同研发新一代非挥发性磁力存储器 MRAM。2008 年东芝公司毅然退出 HD DVD 事业，而着力发展 NAND 事业，它投入 1.7 万亿日元巨资，确立了 2009 年占领全球 NAND 市场 40% 的战略目标。如今，NAND、MCP、影像传感器、广域系统 LSI 以及单体半导体等五大领域成为东芝半导体战略支柱。

经过十几年的战略调整与产业重组，日本半导体产业得以复兴。在日本 GDP 构成当中，半导体产业产值约占 1%，而以半导体技术为支撑的关联制造业产值更是占 GDP 的 44% 比重。在半导体产业内，活跃着 45 家企业，而居前三位的东芝、松下和日立就占据了 45% 的市场份额。

除了半导体生产装置以及半导体材料之外，日本半导体产业的竞争优势还表现在系统 LSI、MCU 以及单体产品等。据调查，在 MCU 领域的世界十强中，日本就占到四家之多，其中，第一位的瑞萨电子的市场份额竟然达到 20%，而第二名美国飞思卡尔与日本 NEC 电子则势均力敌，均在 10% 左右。见表 6－3。

表 6－3　　日本半导体企业销售前十位排名

排名	公司名称	销售额（亿日元）	市场份额（%）
1	东芝公司	13091	18.1
2	松下公司	10053	13.9
3	日立制作所	9986	13.8
4	富士通公司	4946	6.8
5	瑞萨电子公司	4710	6.5
6	尔必达存储公司	4669	6.4
7	东京电子公司	4186	5.8
8	罗姆公司	3356	4.6
9	索尼公司	2778	3.8
10	尼康公司	1501	2.1

资料来源：業界動向 SEARCH. COM，http：//gyokai－search. com/4－handou－uriage. html.

同行救助与替代生产的可能性

很显然，此次地震使日本半导体电子产业遭受到严重损失。根据日本产业新闻社（Sangyo Times，Inc.）的统计显示，半导体液晶面板及其关联电子产业有34家企业在地震中受损，其中包括在日本的美国德州仪器等厂商。受损较为严重的企业如东芝公司，其旗下三个生产基地至今仍未完全复工；瑞萨电子也有8个基地受损，最严重的茨城那珂工厂要到7月才能复工；索尼也有7家工厂受灾，但已经逐步复工。此外，半导体装置及材料企业也有33家受损，其中东京电子、信越和尼康等受损较重。

迄今为止，虽然大地震过去已经一月有余，但是，因为余震不断、电力不足以及福岛核危机等问题，导致日本半导体电子产业难以迅速恢复，这就造成中断的全球电子产业链也难以在短时期内迅速修复。那么，这种现状是否就产生了替代机会呢?

事实上，早在日本大地震发生后不久，国际资本市场就表达了这种意愿。韩国三星、海力士、LG等半导体电子部件厂商的股票均出现大幅上涨。2001年，三星公司就超过德州仪器和东芝，一跃而成为仅次于Intel的全球第二大半导体厂商。尽管在系统LSI、MCU等半导体开发以及装置和材料领域，三星和海力士等韩国企业仍与日本厂商之间存在一定的技术差距，但对于可以在技术水准上打些“折扣”的替代而言，它们还是非常具有竞争力的。此外，中国台湾半导体厂商也在IDM领域积累了一定优势。

但是，短时期内，这种替代仍然存在一定的技术壁垒，因此全球半导体厂商仍对日本半导体的复苏给予极大期望。这也是美国为首的世界半导体厂商纷纷向日本伸出援手的重要原因，其反应速度甚至不亚于日本企业。3月14日，美国半导体装置企业Novellus就宣布向日本提供100万美元捐款；3月15日，美国半导体厂商Spansion宣布捐助25万美元并提供食品等援助；3月16日，戴尔公司也宣布捐出100万美元；3月22日，英特尔宣布提供总计170万美元的资金和物资援助。韩国三星也早在3月15日就表示捐款1亿日元，还向日本派出救助和医护人员，3月20日，它再次表示将向日本提供总额相当于6.2亿日元的援助；LG电子也于3月16日宣布捐助1亿日元。

正如Novellus首席执行官理查德·希尔所言，没有日本，改善人类生活质量的全球半导体产业就将难以展开。[①] 显然，日本半导体产业对于世界而言，仍具有极其重要的影响力。

---

① NOVELLUS主页，http://www.novellus.com/jp/News/JapanRelief.aspx.

对于中国半导体产业而言，虽然在整体实力上尚不具备对日本的替代能力，但是，此次地震仍然提供了重要的发展机遇。首先，代工额度可能会出现增加趋势，这将有利于增加销售利润，从而积累企业实力；其次，产生了技术转移的可能性，尽管部分日本企业已经或正在复工，但受核危机影响仍然难以恢复正常，这将促使日企以及那些驻日企业产生转移意向，从而出现技术转移的效果；再次，出现了投资并购机会，因为部分日本中小企业会出现资金困难，这就提供了投资的可能；最后，韩国及中国台湾企业的替代行为也能促进产业内的技术转移，从而产生技术进步的机会。

不过，就长期而言，中国半导体产业要想获得实质性发展，还必须强化基础研究，不断加大人才培养，不断优化产业环境。这既需要官、产、学、研等各界的紧密合作，同时也必须制定科学合理的发展战略。对此，日本模式和韩国模式都为我们提供了很好的借鉴，日本主要通过转移美国技术，在此基础上扎实推进技术创新，从而实现了技术进步。而韩国则更多地通过资本力量，加大资本投入，实现了跨越式发展。而对研发的大规模投入，则是两国的共同特征，如日本的研发投入占 GDP 的比重长期保持在 3%，2000 年之后进一步增至 4% 左右。韩国在 2000 年以来也出现大幅增长，2007 年达到 3.2%，排名世界第三，仅次于日本和瑞典。①

动摇的世界经济基础

全球能源战略被迫调整

3 月 12 日福岛第一核电发生的爆炸，引发了全世界的瞩目，特别是那些核电大国以及准备在核电领域大发展的新兴国家，都对福岛核危机发展动态高度关注。

1973 年第一次石油危机成为全球发展核能发电事业的重要契机，发达国家都试图通过核电来纾解能源困境。然而，进入 20 世纪 80 年代之后，由于受 1979 年美国三里岛核事故以及 1986 年前苏联切尔诺贝利核事故的影

① 経済産業省．平成 22 年版通商白書［R］．2010 年，p. 257.

响，欧美各国核计划一度受阻，核步伐大举放慢。但是，在亚洲日本和韩国的核电事业却继续呈现迅猛发展势头。日本在80年代相继建立起了16座核电站，90年代又建成了15座核电站。① 如今，在全球电力供应体系中，核能已经成为重要支柱，成为仅次于煤炭、天然气、水力的第四大来源，并在80年代超过了传统的石油发电。参见图6－3。

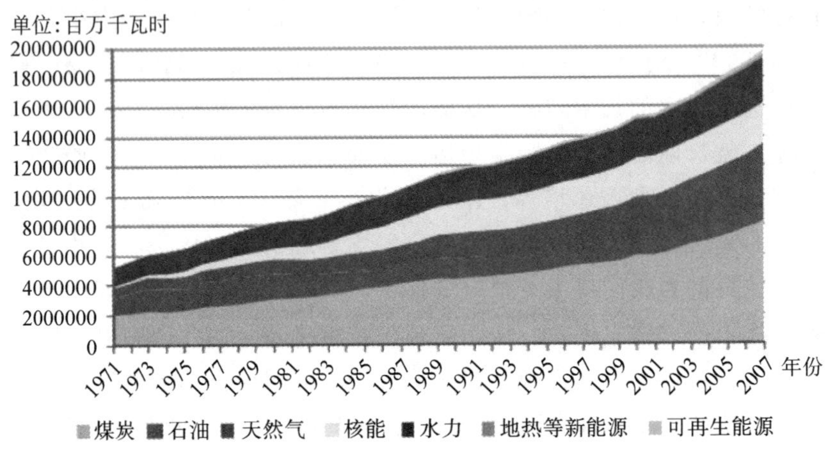

图6－3 1971～2007年世界电力来源构成

资料来源：エネルギー白書2010，経済産業省2010年版，p.18.

作为全球核发电最大的国家，美国已经就是否继续发展核电陷入摇摆之中。目前，美国31个州共65处104座核电站处于运转之中。核电供电规模达到10606万千瓦，是世界最大的核发电国家，但在电力供应结构中，核电还仅占19%的比例。② 但在1979年美国三里岛核事故之后，美国核电事业一度中止。小布什上台之后，提出要重新发展核电，奥巴马政府则以减少温室气体排放为由，继承了这种发展核电方针。

福岛核危机发生之后，面对有议员及环境组织提出要重新思考美国能源政策的说法，奥巴马于3月15日明确表示，在强调安全性和有效性的基础上，仍然重点发展核电事业。3月17日，美国核能管理委员会（NRC）主任雅克也在众议院听证会上表示，没有必要对美国核电进行严格审查。但是，鉴于福岛危机，对于是否继续大举发展核电事业，美国政府事实上已经陷入犹豫不决之中。而且，奥巴马政府对于日本政府发布的相关信息也持怀

① 原子力委員会．平成21年版原子力白書［R］．pp. 199～200.

② 震災と経済 Part1 日本経済の耐久力［J］．週刊エコノミスト2010. 4. 5，p. 30.

疑态度，在强调核电重要性的基础上，命令 NRC 全面检查国内相关设施。

在欧洲，德国是最先对福岛核危机做出反应的国家。日本大地震的第三天即 3 月 14 日德国总理就宣布冻结关于延长相关核电设施的措施。而且立即对运行中的 17 座核电站进行安全检查，对其中 7 座建于 20 世纪 80 年代的核电实施暂时关闭措施。法国是欧洲国家中对核能发电依赖最强的国家。2007 年法国供电构成中，78% 来自于核电，而德国为 32%、英国为 18%、西班牙为 20%、瑞典为 48%。福岛核问题之后，法国国内立刻出现了对核安全性的质疑声音，但法国总统则无奈地表示，法国是难以摆脱核发电的。3 月 16 日，法国议会专门就国内核安全问题召开了紧急会议，第一大在野党社会党提出，20 世纪 70 年代建设的较老核电站应该立刻废弃。

亚洲国家在近年纷纷提出了庞大的核电发展计划，受此次日本核电事故的影响，各国的核电开发计划将出现滞缓现象。泰国最早做出反应，宣布暂时停止计划于 2020 年投入运营的第一座核电站的建设。与日本同属地震国家的印尼，也迅速采取了与泰国同样的态度。韩国是亚洲除日本最早引进核电的国家，目前核电占其电力供应的 35.5%。尽管有民众提出反对呼声，但韩国政府仍然坚持核电事业。

综上，在能源价格日趋高涨、环境问题日趋严峻的今天，世界上很多国家都提出了核电发展计划。然而，福岛核危机可能会导致全球核电事业再次受挫，因为，毕竟日本在核电技术方面已经非常领先，而且，作为世界三大核电技术先进国家的美、俄、日等，均已出现过核危机问题。显然，安全性成为对各国核战略的严峻考验。不过，考虑到煤炭、石油等传统能源的日趋紧张形势，开发新能源已经成为全球发展面临的迫切问题。

全球债务危机风险被推高

2010 年度日本的公债余额对 GDP 比值达到 180%。金融市场对于公共债务持续增加的担心逐步扩大，这就形成了长期利率上升以及日元贬值趋势的看法。日本大地震之后，伴随着经济低迷以及税收减少，而政府为了支持灾后重建又必须扩大财政开支，因此公共债务将呈进一步膨胀趋势。但是，现状却是地震之后，长期利率下降、日元升值。这可能是资本层面为了规避风险而将资产转为现金，那么今后是否会出现卖出国债和日元的趋势呢？

地震之前，日本财政赤字已经开始膨胀，出现极度不平衡现象。但是市场表现却是“日元升值、长期利率低下、通货紧缩”，而按照惯例，背上前所未有的债务负担的日本本应是“日元贬值、长期利率高企、通货膨胀”的形势。之所以如此，关键原因是日本劳动人口持续减少，因此市场产生了经济增长下降和通货紧缩的预期，于是，民间资金需求不高，导致金融机构持续购入国债。而且，日本银行的货币供给量一直维持在较低水平，特别是2007 年以后，在世界各国通货供给大幅增长之际，日本央行却保持了异常的稳定供给，甚至几乎没有任何增加迹象（参见图 6 –4）。

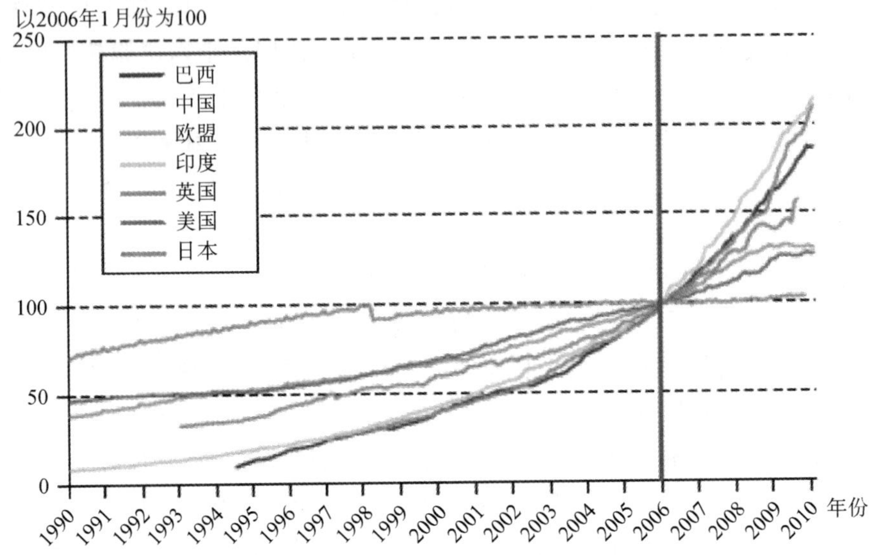

图 6 –4　1990 ~2010 年各国通货供给的变化

资料来源：通商白書/平成 22 年版、経済産業省 2011 年，p. 18.

但是，日本的这种通缩现象也不是可持续的。因为在通缩形势之下，政府发行的债权以及央行发行的货币都是在增值的。但事实上，这些债券和纸币都是不能增值的，对于安全资产而言，这些增值都是泡沫的积累而已。因此，当债券发行到一定规模，或者说到了某个临界点，这种通缩形式也将被彻底改变。

如今，面对这场大地震之后的重建工作，日本政府必然要投入大笔资金。尽管可以通过某些政策调整来筹集部分资金，如暂时搁置民主党选举时所提出的大幅增加儿童补贴来作为重建资金，也可以停止其高速公路免费的政治口号，但这些资金对于庞大规模的灾后重建而言，显然只是杯水车薪。发行国债举措，显然是民主党政府无法绕开的问题。而增加发行国债，显然就等于更临近了通缩转向通胀的临界点，而且，日本政府还一直面临着现行社会保障制度的巨大压力。因为自 2020 年开始，战后出生的所谓“团块一代”就进入 75 岁高龄[①]，政府的财政压力将达到空前状态，而且，届时日本的财政危机可能将一触即发。参见图 6 – 4。

日本政府的债务危机显然会增加世界经济的不稳定性。自从 2008 年美国次贷危机以来，冰岛、希腊、西班牙、葡萄牙等国家先后陷入主权债务危机，其政府债务问题的严峻性，威胁着整个世界经济的发展。事实上，包括德国、法国在内的欧盟主要经济国家，均已陷入政府债务问题的困扰，其余额占 GDP 的 60% 以上。事实上，日本才是发达工业七国中债务余额对 GDP 比值最严重的国家，加上地方政府债务余额已经接近 GDP 比值的 180%。此次地震又将加大政府债务负担，显然这种情况将会进一步恶化了全球经济的复苏环境。参见图 6 – 5。

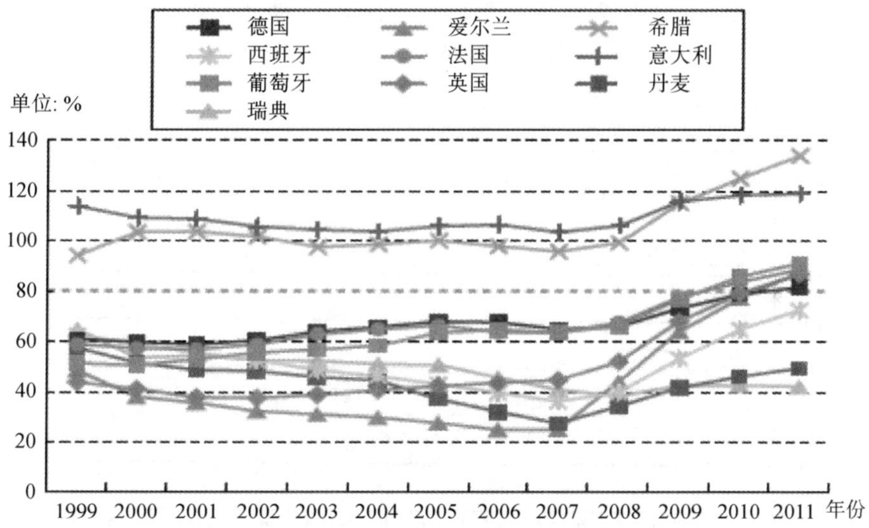

图 6 – 5　1999 ~ 2011 年欧洲各国政府债务余额对 GDP 比值

资料来源：通商白書/平成 22 年版、経済産業省 2011 年，p. 72.

全球消费市场的断层

2008 年美国次贷危机的爆发，导致全球经济陷入衰退之中。各国纷纷采取减税、财政刺激等措施。为了实现景气复苏，日本在 2008 年度和 2009

① 团块一代，是指战后 1947 ~ 1949 年日本高出生率的一代，他们曾为日本经济发展发挥了重要作用。

年度分别增加投入 12 万亿日元和 20 万亿日元的财政支出。[①] 由于对亚洲各国出口的增加以及日本国内家庭消费的增长，日本经济逐步呈现复苏势头，2010 年实际经济增长率为 -0.3%，远远好于 2008 年的 -4.1% 和 2009 年的 -2.4%。

然而，真正推动家庭消费增长的动力源于汽车和家电等耐用消费品，其原因是在于日本政府对此类商品实施了减税等措施。而日本国内雇佣状况以及收入状况并没有得到根本改善，日本的经济并没有走上自律性复苏的道路。1990 年以来，泡沫崩溃后的日本经济就一直处于停滞或负增长状态，2010 年在经济总量上被中国超过，沦为世界第三大经济体。而且，从占全球经济比重来看，日本经济也经历了严重下滑。1994 年日本经济总量占全球经济总量的 18%，当时世界形成了鲜明的美日欧三极主导的经济格局。然而，到了 2009 年，日本经济总量已经下滑到全球 9% 的规模，基本与中国相当，世界经济呈现出多极化发展的趋势。参见图 6-6。

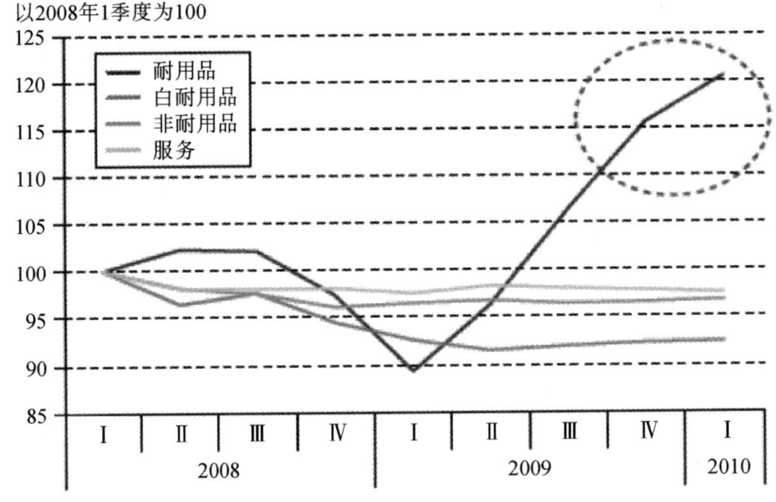

图 6-6　1990～2009 年日本国内家庭消费水平的下降

资料来源：経済産業省：『平成 22 年版通商白書』2010 年，p，229.

从人均 GDP 状况来看，尽管日本仍然位列全球前列，但已经从 2000 年的全球排名第三，下降到 2009 年的第十七位，而且 2008 年甚至降为全球第二十三位。日本经济所以出现长期低迷状态，除了受 20 世纪 90 年代泡沫经

① 経済産業省．『平成 22 年版通商白書』［R］．2010 年，p. 17.

济崩溃的影响之外，步入老龄少子化社会更是其深层原因。2005 年日本总人口为 1.2 亿人，而预计到 2050 年将降至 1 亿人以内，这种人口结构的变化极大影响了日本经济发展。在老龄化趋势日益严重的形势之下，日本储蓄率也开始随之下降，已经从 1980 年的 18% 下降至 2008 年的 2.3% 。[①] 老龄化社会无疑将使日本传统的储蓄型社会崩溃，从而也将把整个社会的消费水平拉下来。

人口减少、储蓄率下降等将造成社会的劳动力和资本不足，从而使日本国内的消费能力下降，最终会制约日本发展为财产与服务的生产中心。无疑，此次地震将加剧家庭消费层面的这种不利形势。尽管会出现因为灾后重建而投资所带动的 GDP 增长。但是，在消费层面，由于雇佣等问题很难仅仅依靠灾后重建就得到解决，因此家庭消费水平反而会更加恶化。

地震影响很快传导到实体经济之中。地震第二天就是周六，当时东京的商业活动似乎还未受到直接冲击，而食品、运动鞋、自行车等商品甚至因为停电而出现脱销现象。然而，从周一（3 月 14 日）开始，一些非日用品商店，特别是那些高端服装、香水、箱包等欧洲品牌专卖店相继关门谢客。

在东京的表参道和银座等繁华区，集中了全世界最时尚的品牌专卖店。往常，这里总是人头攒动、熙熙攘攘的热闹场景，是年轻人的聚集地。地震发生之后，这里的欧美品牌店相继停业，如路易 · 威登（Louis Vuitton）、普拉达（Prada）、香奈儿（Chanel）、卡地亚（Cartier）、古奇（Gucci）、宝格丽（Bulgari）、米索尼（Missoni）和迪奥（Dior）等为数众多的外国奢侈品牌都大门紧闭。

自从上世纪 80 年代以来，日本市场成为全球最大的奢侈品市场。根据矢野经济研究所的调查数据显示，1996 年日本进口奢侈品销售额曾高达 1.89 万亿日元，12 年之后的 2008 年却降至 1.06 万亿日元。[②] 事实上，奢侈品在日本的渗透率非常高。根据波士顿咨询公司（Boston Consulting Group）的分析显示，工作年龄的日本成年人当中，有 40% 的人每年至少要买一件奢侈品，而中国的这一比例仅为 2% 。另据意大利奢侈品贸易集团的数据显示，即使在泡沫经济崩溃、经济长期低迷的当今日本市场，其昂贵时装和配

① 経済産業省.『平成 22 年版通商白書』[R].2010 年，p229.

② 矢野経済研究所. 国内インポートブランド市場に関する調査結果 2010 [R] 2010.5.19.

饰的销售额仍然仅次于美国，占全球11%的份额。[①]

但是，此次大地震无疑经再次冲击日本作为奢侈品市场的地位。例如，作为酩悦轩尼诗—路易·威登集团（LVMH Moet Hennessy Louis Vuitton）旗下的豪华箱包连锁品牌路易·威登，在全日本共有57家专卖店。据其驻日本客服代表说，由于断电和出于对员工家人的关心，自上周一以来这些专卖店中已有23家停止营业。

全世界的灾后重建

由于日本经济与世界经济的紧密联系，特别是全球产业链根本不能离开日本，因此，日本的灾后重建工作可以说也是一次全球性的灾后重建事业。而且，在产业链条上的诸多结点——企业甚至会出现转移、替代现象，因此，原来那些彻底被日本企业所垄断的领域，有可能出现形势改变，全球产业格局或许因为日本地震而做一次彻底调整。迄今为止，至少像瑞萨电子和日产汽车等日本企业甚至也做出向海外转移的准备。

此外，作为世界经济根基的全球能源格局也可能会发生改变。如今，日本政府已经将福岛核电事故的级别升级为与前苏联切尔诺贝利相同的7级，这无疑将对全世界核电事业形成巨大冲击。日本是当前世界核电技术的领头羊，东芝公司甚至已经吞并了美国核电巨头西屋公司。而且，日本还具有相当高端的制造业基础，并具有非常先进的危机管理体制。所以，日本核事故无疑会让所有核电国家深深思考，人类是否已经完全具备了安全使用核发电的先进技术。因此，全球能源格局也必然面对新的调整。显然，技术创新以及更深层次的全球化，将成为人类有效解决当前环境问题、能源问题从而走向新的发展道路的关键所在。

全球性产业格局调整

此次日本大地震披露了两大问题：其一，在全球产业链中，日本仍然具

---

① 强震冲击在日欧洲奢侈品牌，华尔街日报：http：//cn. wsj. com/gb/20110321/bas163735. asp? source = NewSearch.

有极强的竞争优势；其二，经济全球化发展程度已经非常之深，全世界已经形成一个相互依存的产业链。正是由于这种原因，此次日本地震才给全球产业链造成巨大冲击。因此，日本在进行震后产业重建的同时，全球也必须进行产业重建。

美国调查公司 IHS iSuppli 就此次大地震给全球半导体产业影响做了调查，其结果显示，因为日本地震导致目前全球硅板生产能力的1/4处于停产状态。[①] 其原因是信越化学工业公司的白河工厂被地震严重损毁，而该公司占有该产品全球市场份额的20%。此外，生产同样产品的美国 MEMC 公司在栃木县的宇都宫工厂也同样受灾停产，而该公司则占有5%的份额。此外，由于地震灾区恰好是日本的半导体电子产业的重要基地，相关领域的企业聚集在该地区，因此，地震给全球半导体行业的冲击还未完全显露出来。

由于半导体产业关联到几乎所有制造业领域，半导体技术和产品与整个制造业的发展息息相关，因此，此次日本大地震将对整个全球制造业产生深远影响。以日立汽车系统公司（Hitachi Automotive）为例，它主要生产车用发动机、变速器的控制单元、启动马达以及空气流量传感器等产品，尤其是空气流量传感器在2007年产量达到1亿台，占到整个汽车产业的40%的市场份额。它不仅为日本汽车厂商供货，同时也为通用、标志、雪铁龙等公司供货。此次地震中，该公司佐和事业所（茨城）和福岛事业所（福岛）均受到严重损毁，尽管已经在3月25日部分恢复生产，但全面恢复尚需较长时间。

此外，瑞萨电子公司是全球最大的微电脑产品（MCU）生产商，其市场份额高达20%左右，其产量相当于排名第二的美国 Freescale Semiconductor 公司和排名第三的日本 NEC 电子公司两家之和。而今，车用 MCU 显然已经成为汽车必备产品，特别是高端以及那些新能源汽车，更离不开微电脑产品。此次大地震中，瑞萨电子的最重要生产基地那珂工厂严重受损，该工厂承担着瑞萨电子公司15%的生产量[②]，因此，日产、本田以及丰田等汽车厂商，包括一些国外汽车厂商均将造成 MCU 产品供应链的中

---

① 世界のシリコンウェハー生産、4分の1が停止 HIS iSuppliが報告［J/OL］. 日本経済新聞 2011.3.22：http：//www.nikkei.com/tech/business/article/g = 96958A9C93819499E0E0E2E3878DE0E0E2E1E0E2E3E3E2E2E2E2E2E2；p = 9694E3EAE3E0E0E2E2EBE0E7EBEB.

② ルネサスの主力工場は死んでいない［J］. 週刊ダイヤモンド、2011.3.26：http：//diamond.jp/articles/－/11638.

断。例如，日前，丰田公司不仅国内产量尚未恢复到正常值的一半，而且，还宣布海外生产基地，如北美和中国等地，均可能出现减产 50% 甚至 70% 的现象。①

对于构建新的全球产业格局而言，如何实现供给安全将成为一个非常重要的指标。而认真总结此次日本大地震的经验教训，将有利于新的产业格局的构建。仍以半导体产业为例，20 世纪 70 年代以前，世界半导体产业几乎就是英特尔等美国企业的独角戏，而到了 80 年代日本企业迅速崛起，1986 年全球半导体十强中有 6 家来自日本，NEC、东芝、日立、富士通、松下、三菱电机等日本企业实力迅速发展。此后，美国为了防止和抑制日本企业份额的过度膨胀，曾与日本签署了日美半导体协定。但是，真正使日本企业份额降低的却是技术创新，90 年代由于美国 IT 革命的兴起，日本半导体优势开始大幅下降。然而，90 年代末期 21 世纪初期，日本企业通过战略调整以及产业重组，再次实施了赶超美国，于是，日本重新成为半导体产业的强者，尽管这并不充分体现在半导体生产份额上。于是，全球都把日本作为半导体产业的重要研发与生产基地，甚至美国的德州仪器以及 Freescale Semiconductor 公司都在日本投资设厂。

为了实现产业链的供应安全，就有必要调整全球产业布局。例如，韩国和中国台湾同样也是半导体产值较高的地区，并向全球提供着大量半导体产品。然而，中国台湾半导体产业又严重依赖来源于日本的相关材料。据中国台湾工业研究院经济信息服务中心的调查显示，日本向全球提供了 70% 的电子材料。② 此次地震中受灾的 JX 日矿日石金属公司、旭电化工业（ADEKA）以及日本化成等公司，都是中国台湾半导体生产的重要供货商。而若要日本实现正常供应最早也需要三至四个月的时间，而中国台湾企业一般零部件存货都只是维持在 30 ~40 天的量，因此，4 月中旬开始到 7 月前后，将是最考验这些依赖日本部件的厂商的时间。如今，中国台湾的宏达国际（HTC）、积体电路（TSMC）、联华电子（UMC）、力晶科技、宏基、欣兴电子（UNIMICRON）以及景硕科技等半导体相关企业都陷入了供应链不稳定的困境。此外，台湾汽车产业同样也严重依赖来自日本的汽车发动机相关部件。

鉴于日本大地震的沉痛教训，严重依赖日本产品的企业，特别是那些产

① トヨタ自動車 2011. 4. 20：http：//www2. toyota. co. jp/jp/news/11/04/nt11_ 0417. pdf.

② 大震災は台湾企業にも打撃［J］. 週刊東洋経済 2011. 4. 2，p. 130.

业巨头势必会积极调整产业链战略，构建更加安全的生产体系。但这也并非易事，因为替代或是产业转移都需要面对一系列问题，其中技术壁垒就是最大的难题。因此，可以想见，日本大地震之后，全球产业势必会出现重建趋势，但是，也不可能建立绝对安全的产业链体系。

人类能源问题的反思

能源战略首先要建立在安全的基础之上。福岛核危机告诉我们，已经成为全球能源支柱的核电事业并不安全，甚至在自然灾害面前简直是弱不禁风。事实上，自从核电事业诞生以来，就一直伴随着各类隐患问题，甚至酿成悲剧。

早在1957年前苏联和英国都发生过核事故，英国温德斯凯尔核设施是因发生火灾而造成部分泄漏，前苏联则是秘密核工厂“车里雅宾斯克65号”的一个核废料仓库发生爆炸事件。此后，1961年在美国、1963年在法国、1966年在美国都发生过核事故。而较为严重的就是1979年美国三里岛核电事故以及1986年前苏联的切尔诺贝利核事故，前者被确定为5级、后者则属最高的7级核事故。切尔诺贝利核事故曾一度让欧美国家停下了核脚步，因为它造成8吨多强辐射物质外泄，周围数十公里被严重污染，有上百万人口受到核辐射，其中数十万人被夺去了生命。

日本其实也发生过多次核事故。如1978年福岛第一核电站事故、1989年福岛第二核电站事故、1991年美浜核电站事故、浜冈核电站事故、1997志贺核电站事故、2004年美浜核电站事故、2007年柏崎刈羽核电站事故等，但均因属于3级以下事故而没有产生较大影响。1999年JCO东海村临界事故达到4级，并酿成2名作业人员死亡的悲剧。此次福岛事故已经被日本政府升级为7级，显然形势依然非常严峻。

诚然，核能发电有着两大优势：一是发电成本低；二是二氧化碳排放低。因此，对于当前国际能源紧张形势以及全球温暖化而导致的环境问题而言，无疑发展核电事业是最佳选择。根据日本电气事业联合会的数据显示，在各种发电形式当中，核能发电的成本最为低廉，每千瓦仅为4.8日元，而煤炭为5日元、天然气为5.8日元、水力为8.2日元、石油为10日元、风电为14日元、地热发电为15日元，太阳能发电成本最高，为46日元。① 而

① 電気がない！［J］．週刊エコノミスト2011.4.19，p，29.

在二氧化碳排放中，在成本上几乎与核能相同的煤炭却最高，达到每千瓦排放 943 克二氧化碳，接下来是石油 738 克、天然气则为 599 克和 474 克，[①]其他几种方式都较低，如太阳光发电二氧化碳排放为每千瓦 38 克、风力发电为 25 克、核能发电为 20 克、地热为 13 克、水力最低为 11 克。显然，二者结合起来，核能发电成为最佳选择。

因此，进入 21 世纪以来，全世界出现了核电事业新的高潮，许多国家都计划引入或扩大核电事业。如今，全球运转中的核电机组达到 432 座，而正在建设中的达 66 座，计划中的达到 74 座。[②] 其中，全球最大核电国家美国已有 104 座，正在建设中的 1 座，计划建设 9 座；第二大核电国家法国已有 58 座，在建 1 座，计划建设 1 座；第三大核电国家日本已有 55 座，在建 2 座，计划建设 11 座，预计将达到 68 座。作为新兴工业国家也试图大力发展核电，包括中国、印度、越南、委内瑞拉以及印尼等国家在内，都计划增建或新建核电站。

在人与自然的斗争过程中，人类总在不断地认识自身的局限性，于是，就产生了人类要与自然和谐相处的哲学思想。福岛核电危机再次告诉人类，人类的核电技术尚难以抵抗自然力的袭击。根据《读卖新闻》3 月 30 日的一份调查显示，当前日本使用中的 54 座核电站，均不足以抵挡 10 米高的海啸[③]，而此次袭击福岛核电站的海啸高度为 14 米。这就等于，此次海啸发生在日本任何地区，那里的核电站就将面临与福岛第一核电站相同的命运。

根据东京电力公司的资料，福岛第一核电站的防海啸大堤高度设计仅为 5.4～5.7 米。因此，此次海啸轻而易举地就冲破这道人工阻拦，瞬间吞噬了海拔高度为 10 米的 1 至 4 号反应堆。海水浸泡不仅使油库发生严重泄漏，为反应堆冷却系统供电的外部柴油发动机也被彻底摧毁。冷却系统失效最终导致了炉心熔解、氢气爆炸。

严峻且残酷的现实，彻底打破了日本核电监管机构以及核电运营商们长期以来的乐观判断。事实表明：日本核电并不安全，面对巨大地震和海啸，它是不堪一击的。日本核电危机也为全世界的核电事业发展敲响了警钟：人

---

① 天然气发电有两种方式，一种是直接燃烧发电方式，排放二氧化碳较高；另一种是复合方式发电，二氧化碳排放相对较低。

② 電気がない！［J］．週刊エコノミスト2011.4.19，p，42.

③ 10m 津波想定せず、全国 54 基電源喪失恐れ［N/OL］．読売新聞 ONLINE，http://www.yomiuri.co.jp/feature/20110316－866921/news/20110330－OYT1T00130.htm.

类的想象总会被严酷的现实所冲击。

技术创新与更深层次的全球化

那么该如何解决人类面临的诸多困境呢？一是技术创新和技术进步，二是更深层次的全球化，前者是解决发展问题的根本所在，后者则是全世界共同发展的必由之路。人类自从进入资本主义社会以来，技术层面获得了突飞猛进的发展，正如马克思和恩格斯所形容的一样，资产阶级在它不到一百年的阶级统治中所创造的生产力，比过去一切世代创造的全部生产力还要多、还要大。事实上，这种力量恰恰源于人类的技术进步。

面对灾后重建，索尼集团副会长中钵良治指出，日本东北的振兴应靠高科技来实现。他指出，在日本东北地区，不仅有着意志坚强的日本人民，而且，以东北大学先进的材料科学为依托，这里的零部件产业非常发达，具有非常良好的技术环境。索尼公司早在 1954 年就在这里创立了仙台工厂，与东北大学携手研究开发磁带录音机以及磁头装置，此后又着手开发了半导体激光以及蓄电池等技术。如今，东北地区已经成为索尼集团最重要的零部件生产基地，它与日本中部地区的组装基地以及东京圈研发与市场基地共同构成了索尼不可分割的三大部分。

正是凭借强大的技术力量，日本地震重灾区的物流网络被迅速重建，尽管面对着地震、海啸以及核辐射的三重危机，但这项工作仅仅用了 10 天就彻底完成。如今，通往岩手、宫城、福岛等三个重灾县的陆路有 15 条道路通达，东京通向东北的高速公路也已修复，只是部分路段仅允许救灾专用车辆通行。相对于道路修复而言，铁道修复非常艰难，因为某些部件需要等待企业生产供货。在水路方面，临海的 15 个港口中，已经有 5 个可以使用，但仍有 10 个港口不能使用。在航空方面，除严重受损的仙台国际机场仅允许救灾救援飞机起降之外，其余 12 个机场均已投入正常使用。伴随着交通设施的相继修复，物流网络也迅速得以重建。两家日本最大的物流企业，大和运输（YAMATO）和佐川急便在东北 6 县的营业网点全部恢复正常，不过，针对每个家庭的门对门服务，还仅限于青森、山形、秋田等为受灾地区。但是，民营化后的日本邮政却在此次地震重建中表现卓越，该公司已经表示已开通此项服务。参见图 6－7。

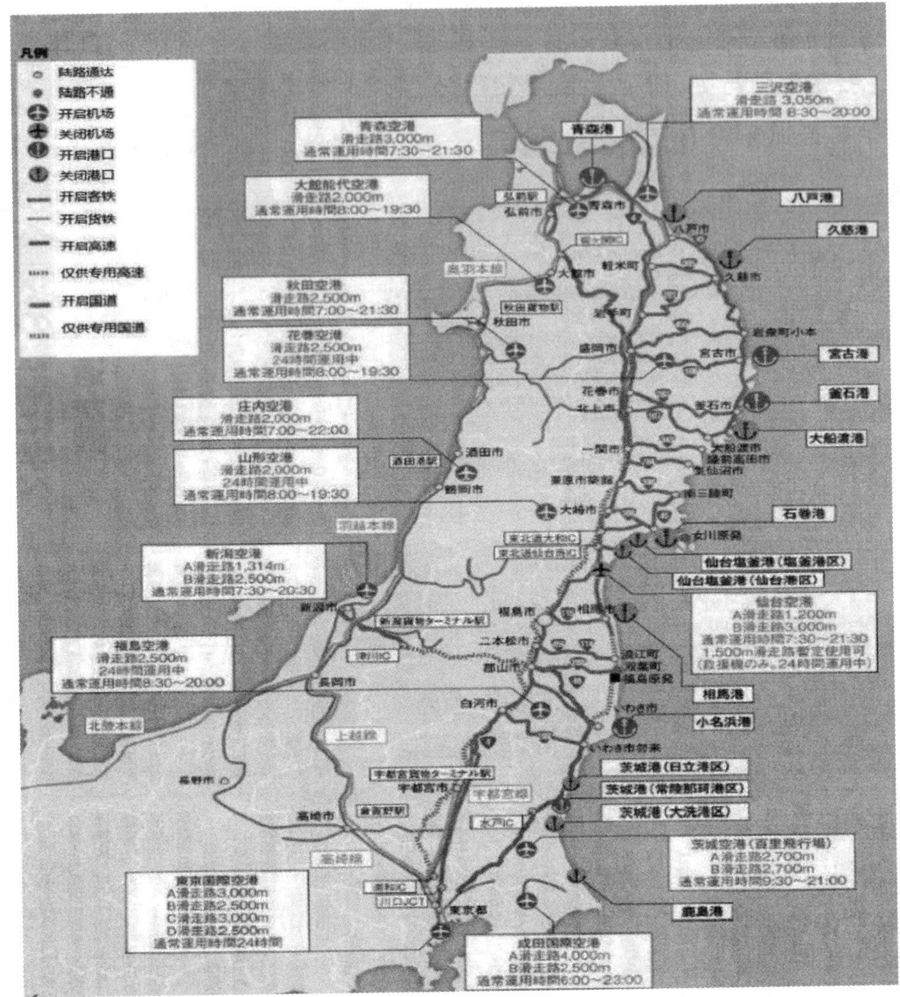

图 6－7　日本地震灾区的物流网重建（截至 3 月 22 日）

资料来源：特集/負けるな日本．週刊ダイヤモンド2011. 4. 2，p. 43.

面对艰巨的灾后重建工作，日本应该充分发挥自身的技术优势，实现新的跨越。灾后重建不是简单地复建，而应该实现一个跨越，这是许多日本专家提出的建议。如名古屋大学教授林良嗣提出，灾后重建要考虑可持续性战略，要借此机会实现提高生活质量（QOL）① 的目标，这不仅要考虑到全球气候变动带来的严峻的环境问题，同时也要结合日本正在迅速进入老龄少子

① QOL，Quality of Life，即旨在提高人的以及整个社会的生活质量为目标。这一概念近年在发达国家引起极大重视。

化的现实社会背景，在此基础上，创造出新的QOL社会机制。[①] 显然，这种创新构想是离不开该社会的技术基础以及技术创新的。

对于整个世界而言，技术进步以及世界各国之间的技术转移，成为人类成功克服环境、能源等诸多课题的关键所在。习惯了现代技术带来的便利性与享受性的人们，是很难为了环境以及能源等问题而放弃这种生活的。就像人们难以为了保护环境而放弃驾驶汽车、乘坐飞机一样，最好的解决办法就是更进一步的技术创新，开发出节能环保型的汽车等交通工具。

以新能源发电事业为例，作为不安全的核电、高污染的煤电以及油电等传统电力能源的替代，发展新能源是最佳的选择。然而，关键问题就是来自于技术瓶颈。例如，日本拥有大量的地热资源，但是由于地热发电技术的不发达，导致这些地热资源并没有很好地利用。不过，另一方面也可以看到，受益于技术进步，德国、美国等很多国家已大举进入了太阳能发电、风能发电等领域。虽然，在电力供应构成中这些新能源发电事业尚处于极小份额，但伴随着技术进步以及市场扩大所带来的规模效应，新能源发电具有广阔前景。

表6-4　　2009年全球太阳能、风能事业十强国家

太阳能发电			风能发电		
排名	国家	发电量（万千瓦时）	排名	国家	发电量（万千瓦时）
1	德国	984.5	1	美国	3515.9
2	西班牙	352.3	2	中国	2601.0
3	日本	262.7	3	德国	2577.7
4	美国	164.2	4	西班牙	1914.9
5	意大利	118.1	5	印度	1092.5
6	韩国	44.2	6	意大利	485.0
7	法国	43.0	7	法国	452.1
8	澳大利亚	18.4	8	英国	409.2
9	葡萄牙	10.2	9	葡萄牙	353.5
10	加拿大	9.5	10	丹麦	349.7

资料来源：週刊エコノミスト2011.4.19，p.26.

除了技术创新之外，更深层次的全球化，也将更有利于整个人类社会的发展。纵观人类社会发展的历史我们可以看到，全球化进程极大促进了整个

① 林良嗣．復興は持続可能性を考え［J］．週刊東洋経済，2010.4.16、p.30.

世界的发展。这样的历史事例俯首皆是，例如，以中国为中心的炼铁及农耕技术的传播过程，正是整个东亚文明圈构建和发展过程；而近代的英国工业革命成果，迅速扩及法德及整个西欧，并迅速越洋传导至北美和日本。而且，这种全球化发展趋势，也是在伴随着技术进步而逐步扩展和深化的。尽管在其发展过程中，也会遇到各式各样的问题，比如贸易壁垒问题、非正当贸易导致的失业问题等等，但是，全球化趋势是难以阻挡的。诚然，我们必须正视全球化带来的各种问题，但同时更应该看到，正是因为全球化才极大促进了技术进步在全球的广泛传播，从而带动了全球经济的发展。在环境以及能源等关乎整个人类发展问题的课题面前，全球化显然是必不可少的。在这一过程中，狭隘的经济目的并不是唯一目标，特别是那些掌握着先进技术的发达国家，也应该积极向其他国家进行技术转移。

Ⅳ

核安全与能源战略

七、改天换地

——核危机下的农业及食品安全

得益于清洁的自然环境，加之世界最严格的食品安全管理体系，日本食品一直以品质和高安全系数而广受世界各国的欢迎。然而，一场大地震却骤然改变了这种局面。3 月 12 日福岛核危机以来的一个月期间，美国、中国、新加坡、韩国等 25 个国家和地区宣布限制进口日本农产品和加工食品。

这场被冠之以“史无前例”的空前大灾难，不仅给日本东北部的灾区居民带来了生命与财产的巨额损失，它还使得包括灾区在内的日本工农业生产、行政体制、意识形态等方方面面受到巨大冲击。其中核泄漏问题使日本农业及食品安全受到的打击几乎无法估算。面对这场灾害，人类应该思考的问题太多了——如何对待社会以及科学技术的发展？如何保证人与自然的和谐？如何应对天灾？如何防止人祸？……

对此，本节将通过对震灾及核危机前后日本农业及食品安全体系的详细分析，与读者共同思考：这场灾害将给日本农业及其食品安全体系带来怎样的影响？核危机之后，日本农业及其食品安全体系将如何抚慰重创之伤？又将朝着怎样的目标发展？

保护农业传统及其四大沉疴

日本农业深受四大沉疴之困

与其说3·11震灾使日本农业遭“新患”而陷入困境，不如说其早已因“沉疴”而疲困不堪。证明这一观点并不困难，从日本农林水产省（以下简称“农水省”）发表的各种文件中，随处可见相关依据。例如在《平成21年度食品·农业·农村白皮书》中①，其中，关于日本农业现状的分析表述如下：

目前农业，不仅存在农业生产人员减少、呈现高龄化趋势、农业生产额及农业收入骤减等问题，而且，农地面积也在不断下降、新参加务农者人数停滞不增。当前的日本农业正遭遇着丧失作为产业而难以持续发展的危机……。1965年度，按照供给热量为基准，当时日本食品自给率为73%……而到了平成12年度（2000年度），这一数字则降至40%……此外，由于精细饲料②的海外依存度高，所以，伴随肉类及牛奶、乳制品等消费量的增加，日本的饲料自给率也比1965年度有了极大下降，2000年的这一数字为26%。

通过上述的简短分析就可以清楚地看到，日本农业已经面临着四大问题：（1）农业生产人员的减少及其老龄化现象；（2）农业生产产量以及农业收入额度的减少；（3）农地面积的减少；（4）农产品自给率的减少等。四个问题不仅有着各自不同的深层原因，同时，它们之间也具有非常紧密的相互连带关系。其关联性可以用如下因果方式表述，“农业生产产量及收入额减少⇒农业失去产业魅力⇒农业就业人员减少⇒农业生产人员减少并出现老龄化⇒农地面积也在减少⇒农产品自给率不断降低⇒农业生产及收入也随之减少”。陷入这种恶性循环之后，也就意味着日本农业将失去作为产业的可持续发展的特征。

---

① 「平成21年度食品·农业·农村白皮书」，日本农林水产省2010年6月11日，http://www.maff.go.jp/j/wpaper/w_maff/h21_h/trend/part1/intro.html.

② 指玉米、油粕、糠类等饲料。与牧草类粗饲料相比营养价值高，含有较高的碳水化合物蛋白质。

不仅如此，日本农业所面临“四减一老”问题并非“一日之寒”，而是长期以来的顽疾。表 7－1 是日本《农业基本法》通过实施后，1965 年至 2008 年上述四大问题的相关统计，这些具体数字，可以帮助我们找到问题出现和逐步严重的发展轨迹。见表 7－1。

表 7－1　　日本农业人口、产值、耕地面积及农产品自给率①

年度	农业人口			农业产值		耕地面积（千公顷）	农产品自给率（%）
	总数	60 岁以上人口（万人）	60 岁以上人口占总人口比重（%）	产值（10 亿日元）	占 GDP 比重（%）		
1965	1151	253	22.0	2304	6.8	6004	73
1970	1035	281	27.1	3277	4.4	5796	60
1975	791	250	31.6	6152	4.0	5572	54
1980	697	250	35.9	6287	2.5	5461	53
1985	543	220	40.5	7574	2.3	5379	53
1990	482	244	50.6	7938	1.8	5243	48
1995	414	248	59.9	6864	1.4	5038	43
2000	389	256	65.8	5591	1.1	4830	40
2005	335	232	69.3	4887	1.0	4692	40
2008	260	192	73.8	—	—	4628	41

上述数字清楚地反映了日本农业中的四大问题——即所谓“四减一老”问题，它已经是长期困扰日本农业的沉疴积弊。而且，伴随着时代发展，特别是日本老龄少子化问题的严重化，这“四大沉疴”也在逐步升级而丝毫不见任何转机。

那么，对农业长期采取保护态度的日本政府，难道没有看到这些问题的严重性吗？其实不然，长期以来，日本政府制定了各种各样的政策，采取了各种各样的手段，试图解决其农业中出现的各种问题。然而事与愿违，似乎日本政策总是难以见到成效，这些问题一直未能根除。其原因何在？这不仅是我们想诠释的问题，更是日本政府及相关省厅、日本地方自治体及相关农业行政人员、日本农业问题专家想要理清的问题。应该承认，农水省官员及

① 根据日本农林水产省官方网站发表《平成 21 年度食品农业农村白皮书参考统计表》（原文「平成 21 年度食料・农业・农村白皮书参考统计表」）、《农林调查累年统计书》（原文「農林センサス累年統計書」）、《2010 年农林调查》（原文「2010 年農林センサス」）制成，农产品自给率以总合热量为基准。

各界相关人士作了各种努力，这也是日本农业政策不断调整、相关农业新法不断成立的主要原因。以下通过梳理其主要农业政策调整意图及其实施成效，探讨其农业沉疴的产生及无法治愈的原因所在。

农业政策缘何屡屡失效

首先，1961年日本《农业基本法》[①]（以下简称农基法）的颁布实施，在日本农业政策史中具有划时代意义。该法的成立标志着日本农业政策体制中宪法的问世，表明今后所有农业政策均将围绕贯彻农基法的基本方针目标而制定实施。

农基法的第一章第一条明确指出："鉴于农业及农业从事者在产业、经济及社会中所应肩负的重要使命，为了顺应国民经济的成长发展以及社会生活的进步向上，为了矫正由于自然、经济、社会的制约对农业产生的不利，为了减少或消除农业与他产业在生产性上存在的差距，国家的农业政策，以提高农业生产性以及增加农业从事者收入、使其生活水准与他产业从事者相同为目标，促进农业的发展以及农业从事者地位的提高。"

由此可见，农基法的基本方针目标在于减少工农业生产性以及工农业从业者收入之间存在的差距，即提高农业的生产性及农民的生活水平。直至1999年《食品·农业·农村基本法》（以下简称新农基法）颁布，其基本方针目标一直被放在提高农业生产性及农民收入之上。因此，新农基法颁布后的日本政府，均围绕目标制定政策，并且为了解决不断出现的新问题而屡次进行调整，其具体过程可整理为表7-2。

如表7-2所示，农基法颁布后的20世纪60年代起至20世纪末，日本农政曾经有过3次大的调整，即农基法农政向综合农政、综合农政向80年代农政、80年代农政向新农政的调整。对其调整内容及过程进行具体分析则能够得出以下几点结论。

其一，其调整政策目标的目的仅限于解燃眉之急，并且该调整是通过制定或修改相关子法的方法实施；对农政体系中的纲领性法律农基法的政策目标并未做过任何修改。这种被动的调整方法使其农政法律体系缺乏整合性，也是其政策目标无法实现的原因之一。

其二，前面表7-1中的数字表示，在农基法实施过程中，农业总生

---

① 《农业基本法》于1961年6月12日颁布实施，之后曾于1962年、1968年、1983年做过3次修改。在1999年7月16日《食品·农业·农村基本法》颁布实施后失效。

表 7－2　　日本农业基本法颁布后农业政策调整进程表[①]

时间	1961～1969	1970～1979	1980～1989	1990～1999
政策时段	农基法农政	综合农政	80 年代农政	新农政
法律依据	农基法	农振法	农地利用增进法	农业经营促进法
政策目标	• 减少工农业生产效率差距；• 减少工农业从业者收入差距	• 解决大米生产过剩问题；• 解决农民兼业化问题	• 扩大农业生产规模；• 制定兼业农家对策	• 农业产业化自立⇒培养高效率、安全性农业经营体
主要施政	•“选择性扩大”农业生产⇒确保农产品价格稳定；• 培养“自立经营农家”[②]⇒确保农业收入；• 改革农业结构＝机械化生产⇒提高农业生产效率	• 大米生产调整政策＝“减段政策”的实施；• 培养“中坚农家”[③]＝扩大农业经营⇒允许租赁农地从事农业生产；• 农业结构改革⇒高能效机械化	• 培养扩大“中坚农家”经营规模，促进兼业农家；• 促进农地流动化⇒农地集团化利用；• 农业结构改革⇒提高生产效率	• 培养“认定农家”[④]＝扩大经营规模；• 通过合理化法人制度推动农地向认定农家的汇集；• 农业结构改革⇒农业、农村整顿⇒活性化农械
施政结果	• 农产品升级与价格稳定，扩大大米、蔬菜、水果、鸡蛋、畜产品、乳制品生产；• 农业从业者及农地流失；• 农业从业者的兼业状况增加。	• 农业生产的“选择性缩小”状态发生；• 农地荒废状态增加；• 农民兼业化的扩大及农业从业者的减少	• 兼业农家的增加⇒农业外收入的增加；• 土地价格的升高⇒农地资产化⇒农地流动不畅	• 农地的流动不畅⇒农业生产规模扩大无法实现；• 农产品贸易自由化⇒农业生产减少⇒农产品自给率下降
时代背景	重化学工业高度增长	世界石油危机	广场会议、日元升值	通过乌拉圭协议

① 根据日本《农业基本法》、《农业振兴法》、《农地利用增进法》、《农业经营基础强化促进法》（简称《农业经营促进法》）、《粮食法》、《食品·农业·农村基本法》、1965 年至 2009 年日本《农业白皮书》制成。

② “自立经营农家”指经营范围平均为 1－1.5 公顷中的农业经营体。

③ “中坚农家”指经营范围平均为 4－5 公顷的农业经营体。

④ “认定农家”指经营范围平均为 10－20 公顷的农业经营体。

产额处于不断上升的趋势。但这并不是提高农业生产性的结果，而是“选择性扩大”农业生产的产物；即该结果是由扩大生产市场需求增大、价格稳定农产品带来的。这种农产品生产的选择性扩大正是之后大米生产过剩的原因之一，其带来的后果是农业生产的“选择性缩小”——即大米生产的“减段政策”①。该政策的实施造成休耕地增加乃至耕地面积的减少，成为日本耕地面积减少的原因之一，给农业带来了更大的问题。

其三，农业构造改革一直是日本农政体系中的重要组成部分，其目的在于提高农业生产性。但是必须注意的是，农业生产性的提高必须有两部分组成，一是农业的机械化生产，二是农业经营规模的扩大，两者缺一不可。然而，表7－2中各时期的政策重点表明，其扩大农业经营规模问题一直未得到解决。因此农民对农业生产机械的投资，带来的是经营困难与农产品成本的提高，为此农民不得不靠农业生产以外的收入维持生活，这也是日本农民兼业现象不断增加，农产品在国际市场上缺乏竞争力，乃至农产品自给率下降的原因之一。

其次，1999年7月新农基法的颁布，是日本农政领域的又一次根本性改革。该法第一条中明确指出，今后将“综合性、计划性地推行有关食品、农业、农村政策”，使其达到“促进国民生活的安定提高及国民经济的健全发展”之目的。新农基法成立后的主要政策实施及内容调整可整理为表7－3。本文对新农基法农政作以下两点分析。

其一，新农基法的施政目标表明，今后的日本农政将为促进“国民生活的安定提高及国民经济的健全发展”而实施；换言之，该政策将从“为农业及农民而实施”转向“为所有消费者及国民经济而实施”。“为消费者”就必须“保障食品的安全供给”；“为国民经济的健全发展”就必须“发挥农业的多功能性”、争取“农业的持续性发展”、促进“农村的振兴”；而以上两者的“安定与健全”均必须保证拥有稳定的国际贸易关系。因此可以说新农基法农政的政策实施重点在于上述“保障食品的安全供给”、“发挥农业的多功能性”、争取“农业的持续性发展”、促进“农村的振兴”的四点之上；同时其中任何一点均与国际贸易环境有着不可分割的关系。

其二，虽然受篇幅所限，作者不便说细分析表7－3中每一项政策的具体内容与功效，但至少表中数字表明，2000年农政基本计划的实施，并未

① 由于大米生产过剩现象的出现，农水省为了保证市场米价的稳定实施的大米生产调整政策。该政策的主要内容是，限制水稻的耕种面积，对休耕及转耕其他农作物的大米生产农家给予补助金，以保证农民的收入水平。

表 7-3 新农基法颁布后日本农业政策及调整要点①

政策要点	针对问题	2010 年农政基本计划	2000 年农政基本计划
农村振兴	农业从业者的减少及老龄化	培育、确保有务农欲望及多样性的农业生产者 = 导入户别收入补偿制度→培育、确保具有竞争力的农业经营体 + 适地适耕政策 + 放宽新务农者获得土地的限制	培育、确保有务农欲望及能力的农业生产者 = 导入经营稳定对策→明确生产者 + 集中重点支援 + 推进法人化 + 培育、确保人才
多功能性	农业生产及收入减少	确保生产的经营政策 = 防止农业生产的超成本现象 + 整顿环境，使所有有务农欲望的农业生产者能够继续务农→灾害补助 + 整顿基本用水设施	促进经营稳定对策 = 品种横断性政策→着眼点放在经营体整体之上、导入调整价格直接补偿政策 + 农业灾害补助
可持续发展	农地面积减少	制定确保优良农地及其有效利用政策 = 严格农地转用规制 + 消除放弃耕种地→确保优良农地、扩大耕种面积→提高耕地利用率	促进农地的有效利用 = 促进农地向生产者及新务农者汇集 + 防止、消除放弃耕种现象发生 + 确保优良地及其有效利用
食品安全供给	农产品自给率降低	农产品自给率提高至 50% = 导入户别收入补偿制度→依靠进口原料的食品改用国产原料 + 扩大大米消费量②	农产品自给率平成 22 年（即 2010 年）达到 45% = 扩大国产农产品消费 + 理想农产品消费 + 食品产业与农民的协作

① 根据日本农林水产省官方网站公布 2000 年与 2010 年《农政计划》制成。

② 小麦 88 万吨→180 万トン + 米粉用米 0.1 万吨→50 万吨 = 1 成→4 成；飼料用米 0.9 万吨→70 万吨 = 26%→38%；大豆 26 万吨→60 万吨 = 3 成→6 成；扩大主食用米消費 = 改善不进早餐的 1700 万人的饮食习惯.

能使日本农业中的“四减一老”问题出现任何转机。同时 2010 年新农政计划中，除实施户别收入补偿制度与提高农产品自给率目标之外，并未出现更大的根本性改变。很难想象如此缺乏新意的政策调整，能够使长期以来困扰日本农业的沉疴得到圆满的解决。

保护农业与保护农民的错位

包括日本人在内的很多人都认为日本是农业保护大国，其农业保护水平极高；然而事实并非如此。理清这个问题，必须从几个层面对其进行具体分析。

首先，国际上对各国农业保护度的衡量标准。1987 年经合组织（OECD）制定了“农业保护指标 PSE = 生产者支持评价”，用来计算各国的农业保护率。图 7－1 是该组织公布的 2010 年各主要国家及欧盟成员农业保护率，中间的浅颜色曲线是该组织成员的平均值。该图所示内容表明，20 多年来，日本的农业保护水平一直最高。

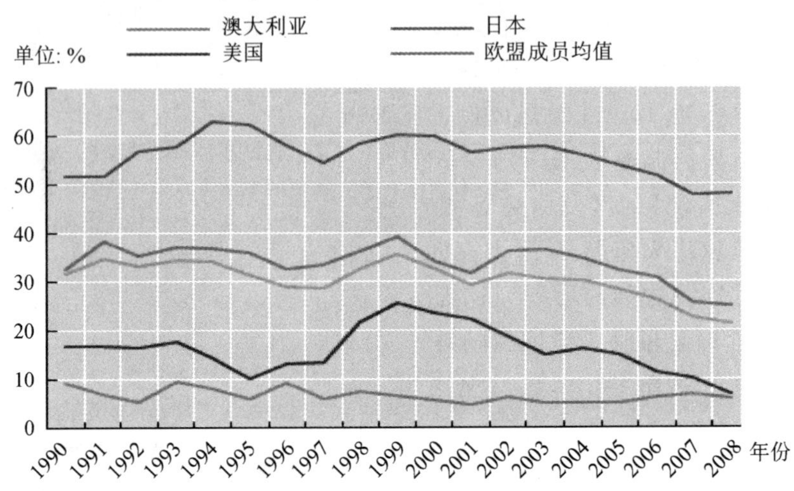

图 7－1 OECD2010 年发表主要国家农业保护指标

资料来源：经合组织（OECD）官方网站，http://www.oecd－ilibrary.org。

不过，问题的关键在于该 PSE 是指“政府补助在农业生产者的农业收入中所占比例”；而政府补助部分不仅包括政府的财政支援，同时包括关税在内的所有政府价格管理造成的农业增产额。由于该计算方法忽略了农产品出口国与进口国立场之差，农作物对不同国家的重要性之差，不同国家的气候、土地条件之差，受到农产品进口国的强烈反对。

1993 年 GAAT《乌拉圭回合农业协议》通过，其中农业保护的“综合性衡量尺度 AMS = 支持总额评价”出台。该衡量标准将政府补助部分重新界定为“应削减的国内支持总额 = 黄箱支持政策①，即市场价格支持 + 应削减的农业补助金”。该协议对应削减的国内支持总额制定了明确的削减目

① 对农产品贸易及农业生产产生直接影响的农业补助政策，该政策被称为黄箱政策。此外的农业补助政策被称为绿箱政策，即对农产品贸易及农业生产不产生直接影响的农业保护政策。例如：对农业研究、教育、普及、土地改良、农村及农业基础设施建设、国内粮食援助、粮食储备、环境保护等不直接影响农产品贸易及农业生产的政策、或政府财政支出，概支出不被计入该衡量标准之中。

标，即1995～2000年的6年间，各国削减的黄箱国内支持总额为1986～1988年平均水平的20%。之后2001年11月召开的WTO“多哈回合”，制定了新的黄箱支持的削减目标，以1995～2000年国内支持平均值为标准，美国削减60%，日本削减70%。如果用该衡量标准衡量日本的农业保护率，则会得出完全不同的结果。图7－2是各主要国的国内支持水平统计。其中上部分图中，浅颜色柱表示农业总生产额，深颜色柱表示乌拉圭回合削减目标，界于二种颜色之间的颜色柱表示当年黄箱支持；下部分表中，第二行为黄箱支持＝AMS、即应削减的国内支持总额，第三行为农业生产额5%以下的支持、被认为不会对农业生产产生影响，第四行为蓝箱支持＝与生产调整同时进行并满足一定条件的直接补助，第五行为绿箱支持。对其具体数字进行分析可以得出以下结论：（1）日本2004年的黄箱支持水平，已经超过“多哈回合”制定的标准，达到削减85%的水平；（2）2004年日本的AMS为7%，虽高于美国的5%，但却低于EU的12%；（3）即使是包括黄箱支持之外国内支持的财政支出总额也低于欧美。

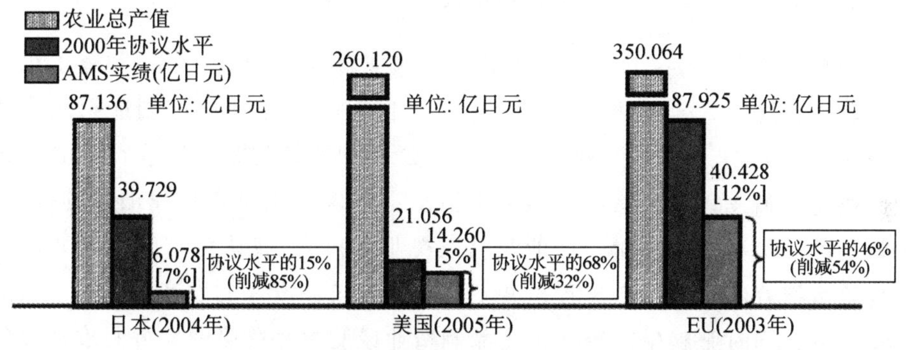

图7－2 乌拉圭回合日、美、欧黄箱国内支持总额及支持率

资料来源：日本农林水产省网站，http：//www.maff.go.jp/j/kokusai/taigai/wto/pdf/ref_data.pdf

其次，对PSE及AMS的具体分析。如上所述，关于日本的农业保护度有着两种截然不同的解释，那么究竟哪一种解释更加接近真相？应该说两种解释都是真相，因为不同的结果来源于以上着眼点不同的两种评价方法。经合组织的PSE值的着眼点在于政府对农业的所有保护政策；而WTO的AMS值则基于对可能歪曲农产品贸易及农业生产自由的农业保护政策进行削减的意图，把着眼点放在该种农业保护政策之上。问题的关键在于，如何在允许的范围内采取有效的农业保护政策，以保证本国农业生产的持续性。毫无疑

问，日本农基法农政实施以来的农业政策特别是农业保护政策，虽几经改革但对保证农业生产的持续性发展没有起到任何效果。

笔者认为，日本农业保护政策失败的主要原因在于，在很长一段时期内其农业保护政策中存在严重错位问题，即其重点被单纯地放在农民保护上。(1) 大米生产调整政策 = “减段政策”。该政策并非通过支持农业生产达到保证农民收入之目的，相反采取生产调整政策减少大米生产量，保证大米市场价格稳定之政策，以保证农民收入水平。然而，针对以上政策实施后出现的减耕后农地使用问题，政府却未能采取有效的措施，造成农地休耕现象严重。(2) 扩大农业规模政策。实施大规模农业是农水省多年的夙愿，但其促进农地汇集之政策却迟迟达不到预期的效果。其原因仍在于农地法中存在的保护农民之理念，即为了保证农民对农地的权利，该法对农地的所有权及使用权均作了相应的规制，因此导致其促进农地汇集的政策缺乏整合性，因而达不到政策预期的效果。

以“第六产业化”来拯救日本农业

1996 年 11 月的《月刊地方建设——摸索新型农业》[①] 中，刊登了东京大学名誉教授、著名农业经济专家今村奈良臣的题为《通过创造第六产业将农业打建为21 世纪的尖端产业》[②] 一文。该文率先提出日本农业的“第六产业化”概念。今村教授在该文中指出：第六产业概念是我最近的提议，也就是说“第一产业、第二产业与第三产业之和”，我认为“至今为止的农业仅仅承担着农业的生产过程，并不包括属于第二产业的农产品加工及食品加工部分，同时肥料生产等亦被食品制造业或肥料品牌吸收，并且农产品的流通、农业情报及服务等第三产业部分，被归入批发、零售及情报服务企业范畴。现在应该能尽最大可能把以上产业吸收到农业中来”。

2011 年 3 月 1 日，日本《第六产业法》[③] 即《促进农林水产业者利用地方资源创造新事业以及促进地方农林水产品利用的相关法律》（简称出台）。该法为了促进农山渔村的第六产业化而制定，以建设农林渔业生产者

---

① 『月刊地域作り一特集「新しい農業への模索」』，1996 年 11 月第 89 号，http://www.chiiki-dukuri-hyakka.or.jp/book/monthly/index.htm.

② 「第六次産業創造を21 世紀農業を花形産業にしよう」.

③ 「第六次産業法」即「地域資源を活用した農林水産業者等による新事業の創出等及び地域の農林水産物の利用促進に関する法律」.

对农林水产品及其副产品进行生产、加工以及贩卖的一体化为目标；该法的出台预示着日本农业的第六产业化正式开始。

关于该产业化实施的原因，《平成21年食品·农业·农村白皮书》作了明确说明："由于农业、农村活力的降低，我国整体最终饮食费趋于减少倾向，其在国内农林水产业中所占比例从1980年的25.7%、1995年的14.2%降至2005年的12.8%。今后对于农业与农村的再生、活性化……有效利用农林水产品等农村资源，由农业部门主导的生产、加工、贩卖一体化的形成——即第一产业的农业、第二产业的制造业、第三产业的贩卖业融为一体的地方商机"的形成非常重要。由此可见，《第六产业法》的立法目的在于促进农业及农村的再生及其活性化。其方法是与食品产业、贩卖业及服务业联合，利用地方农林水特产品以及景观等创造商机，同时创造就业机会、扩大农业生产、促进农村活性化，提高农产品自给率。

事实上该法出台前，由各地方主导的农业第六产业化已经开始。2010年6月农水省生产局公布的《第六产业化项目事例集》中，记载了全国47个都道府县的125项成功事例，其中包括加工、产地贩卖、餐饮、长期签约、出口、研究成果利用等多种形式，为当地农民创造了就业机会，收入亦非常可观。除此之外，为了第六产业化的顺利进行，2007年农水省与产经省联合发起了"农商工联合计划"，为农林水产业创造寻找具有加工、贩卖等技术知识的合作伙伴之机会。表7-4是该计划历次实施内容及成功件数，其中应海外出口带来的市场扩大成功件数5期共6件，在总成功318件中占极少的比例。见表7-4。

表7-4　农林水产省与经济产业省历次农商工联合计划实施概况　单位：件

内　容	第一期	第二期	第三期	第四期	第五期	合计
疵品及未利用农产品的加工利用	13	8	14	6	19	60
因明确生产履历及低农药栽培使价值增加	5	6	13	5	7	36
因利用新品种特点使需要增加	7	6	2	18	17	50
因新增用途使地方农林水产品需要增加	27	24	34	28	24	137
因利用IT等新技术实现的贩路扩大	7	1	3	7	0	18
旅游观光等活动带来的销路扩大	3	2	4	1	1	11
因海外出口带来的销路扩大	2	2	1	0	1	6
合计	64	49	71	65	69	318

注：第一期为2008年6~9月，第二期为2008年10~12月，第三期为2009年1~3月，第四期为2009年4~7月，第五期为2009年8月~2010年1月。

资料来源：根据农林水产省《平成21年食品·农业·农村白皮书》制成。

以上农业的第六产业化努力，无疑对促进农业、农村的活性化有着一定的作用；特别是农业生产与食品工业的接轨，对促进食品产业利用国内农产品进行生产、加工，提高农产品自给率，能够起到一定的作用。但是，如表 7－5 所示，国产农产品原料的使用额，从 1990 年的 8.5 兆日元降至 2005 年的 5.8 兆日元，该减少并不伴随进口原料购入额的增加；同时虽一次加工原料的进口数额渐增，但是食品制造业原料的总购入额处于减少的趋势，这说明该市场有可能本身开始处于缩减的状态。另外，国产农产品销往饮食业的数额一度呈上升状态之后转为下降趋势，并且其直接面向市场的销售额也在减少。在此，可以清楚地看出国产农产品在国内销售市场的缩减内容。

表 7－5　农产品销售路径、食品制造原料购入路径表　单位：10 亿日元

内　容	1990 年	1995 年	2000 年	2005 年
国产农产品销售路径、（直接消费）	40000	37000	35000	30000
食品制造业	85000	74000	64000	58000
饮食业	5000	7000	7000	6000
食品制造原料购入路径（国产）	85000	74000	64000	58000
进口	8000	7000	7000	7000
一次加工品进口	11000	11000	12000	14000

资料来源：根据日本农林水产省《平成 21 年食品·农业·农村白皮书参考统计表》制成。

以上分析表明，农业的第六产业化虽然在一定程度上能够促进农业及农村的活性化，但由于国内食品制造业生产总量处于下降状态，因此该政策能否达到使日本农业复苏、提高农产品自给率之效果，前景应该不很乐观。

日本“农业开国”进程会因天灾而夭折吗

农业开国的长期斗争

提到门户开放，大概都会想到贸易自由化及世界贸易组织（WTO）。众所周知，WTO 是其成员为了开展自由、公正的贸易行为而进行多国谈判的平台，也是解决国际贸易纠纷的机构。二战后日本的贸易自由化，正是在

WTO 的框架下步步展开，应该说走过了艰难的历程。日本通商产业省（现经济产业省）《昭和 45 年度通商白皮书》（1970 年度）中，对其贸易自由化的历程作了如下的评价："我国的贸易自由化，以 1960 年《贸易外汇自由化计划大纲》以及 1961 年的《促进贸易外汇自由化计划》的制定为起点。1960 年 4 月仅为 41% 的自由化率，至 1970 年 4 月已经接近 94%。但是，与欧美诸国相比我国的进口限制数量仍属首位。这虽与我国的自由化开始甚迟有关，但与其他先进诸国相比我国的经济、社会面临的困难太多，例如农产品经营规模的零星性、气候等自然条件的特殊性等……"

以上文字告诉我们，日本的贸易自由化起步于 20 世纪 60 年代，并且用了近 10 年的时间将其当时仅有 41% 的贸易自由化率翻了一番；然而尽管如此，与其他发达国家相比，其自由化率仍较低。同时上文还告诉我们，日本政府对该落后状况的解释是"困难太多"，值得注意的是日本的门户开放政策从一开始就走的非常困难，而且从一开始所面临的"困难"中就已经包括了农业问题。

当时欧洲经济合作机构（OEEC）制定了对贸易自由化的评价体系，被称为贸易的"自由化率"。其具体内容是：进口自由的商品总额在所有进口商品总额中所占的比例。其中进口自由的商品中包括需缴纳关税的商品，而非自由进口商品是指非自由化义务的进口商品，如武器、麻药等。日本该衡量体系下的贸易自由化率，在 20 世纪 70 年代初达到如前引《通商白皮书》所示的 94% 之后，将面临的是更大的挑战，即如何按照"GAAT11 条"的规定，降低关税水平。

如图 7－3 所示，20 世纪 60 年代至 70 年代，日本贸易自由化的重点是废除进口限制数量以及外汇管理自由化；70 年代开始，其重点是减低关税率同时撤销非关税性贸易堡垒。从图 7－3 中能够看到两种对贸易自由化的评价方法：（1）相对进口总额的平均关税负担率指，关税收入在进口总额中所占的比例；图中上方白色曲线。（2）相对课税品进口额的平均关税负担率，指关税收入在课税品进口额中所占的比例；图中下方黑色曲线。20 世纪 60 年代开始的日本贸易自由化，在此之后很长一段时间内是在 WTO 的框架下展开的。其间相对进口总额的平均关税负担率在 20 世纪 90 年代初期，已经从 60 年代的最高点 21% 左右降到 6% 左右；相对课税品进口额的平均关税负担率则从 7% 左右降到 3% 左右。

然而，鉴于 WTO 对于所有加盟国均赋予最惠国待遇的原则，上世纪 90

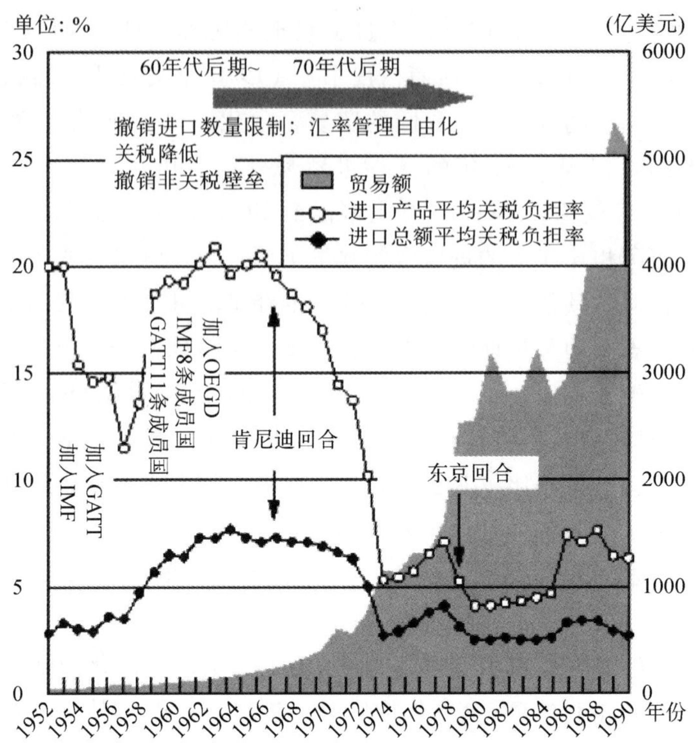

图7-3 日本贸易自由化过程与关税的推移

资料来源：日本经济产业省http://www.meti.go.jp/report/whitepaper/index_tuhaku.html。

年代开始自由贸易协议[①]（FTA）数量急剧上升，地区经济统合愈演愈烈；同时，多哈回合谈判受挫，使WTO框架下在农业、知识产权、服务、开发等领域上的多方谈判陷入困境；为此，FTA成为世界各国贸易自由化的主要手段。在以上背景下，进入21世纪后日本的贸易自由化终于开始在FTA框架下展开，特别是其在东亚地区的以FTA为轴心的经济合作协议[②]（EPA），已经成为其目前门户开放的主要手段与目标。

截至2010年，日本已经与15个国家（地区组织）签署了EPA协议，包括新加坡、墨西哥、马来西亚、智利、泰国、印度尼西亚、文莱、东盟、菲律宾、瑞士、越南、印度、秘鲁、海湾合作委员会、澳大利亚。其中，以

① 自由贸易协议。在两国间或地区范围内，为了促进相互之间废除关税以及进出口数量限制等贸易堡垒签订的贸易自由化协议。

② 经济合作协议。特定国家或地区之间制定的关于贸易以及投资、人力资源流动、商标登录等经济活动的协议。

2002年1月日本与新加坡签署EPA协议为开始，日本正式开启了EPA·FTA谈判历程。截至2010年12月，日本与上述13国或机构的谈判已经结束，其中与11个国家或地区的协议已经生效，另外，与韩国、澳大利亚等3个国家或机构的谈判也正在进行之中。

必须注意的是，与WTO“必须对所有组织成员赋予最惠国待遇”框架下的谈判不同，FTA框架下谈判的主旨在于促进谈判国“之间的经济关系更加密切，扩大贸易自由”化，为此，该谈判应该以“在适当的时期内，在实质上撤销所有贸易堡垒”为条件。因此，该框架下衡量贸易自由化的标准，一般使用“相对进口总额的免税率”即免税商品总额在进口总额中所占的比例。可见FTA框架下的贸易自由化目标，已经从减少关税水平转向免除关税之上，这也是日本目前的门户开放所面临的真正考验。

菅直人的“平成开国”

从日本EPA·FTA谈判的进展状况来看，日本与其主要贸易对象国相比有着非常大的距离，这一点从表7-6中也可以清楚地看到。日本已经生效的EPA·FTA协议仅有11个；同时日本的FTA谈判是以EPA为主要目的展开的，因此其已经生效的11个EPA协议中FTA仅占16%的比例。相反其主要贸易对象国的状况则远在其之上。其中韩国虽缔结EPA协议的仅有7个，但是FTA的比例却远超过日本为36%，之外中国的21%、美国的38%、欧盟的30%（包括地区内FTA在内的FTA比例是76%）均超过日本。

表7-6　日本及其主要贸易对象国的EPA·FTA缔结状况

	日本	韩国	中国	美国	欧盟
EPA/FTA数量	11	7	8	14	29
FTA比例	16%	36%	21%	38%	76%
日本	-	△			
韩国	△			○	○
中国					
美国		○			
欧盟		○			
ASEAN	◎	◎	◎		△
印度	△	◎			△
澳大利亚	△	△	△	◎	

续表

	日本	韩国	中国	美国	欧盟
NZ		△	◎		
加拿大		△		◎	△
墨西哥	◎	△		◎	◎
智利	◎	◎	◎	◎	
秘鲁	△	△	◎	◎	△
瑞士	◎	◎			◎
GCC	△	△	△	◎巴林、安曼△UAE	△

注：△交涉中；○签署；◎生效

资料来源：日本内阁官房，http://www.npu.go.jp/policy/policy08/archive02.html。

2010年11月9日，日本内阁会议决定的《关于全面性经济合作的基本方针》① 出台，该方针指出："我国正面临着一个巨大的变化，该变化可以称之为'历史的分水岭'（略）主要贸易国之间一张高水平的EPA·FTA网正在张开。但是，在这种趋势中我国的动作非常缓慢（略）我们必须坚定'开放门户'、'开拓未来'的决心，从迄今为止的态度中开始大踏步地前进（略）推进高水平的经济合作，使其不会逊色于当今世界的潮流"。该方针认为现在日本正站在"历史的分水岭"之前，分水岭的一边是与贸易自由化背道而驰，另一边则是站到贸易自由化的浪尖之上。并且表示，日本应该与迄今为止对贸易自由化的消极态度决裂，要赶上潮流，要创造"不会逊色于当今世界潮流的"高水平的经济合作。

那么，当前日本政府追求的"不逊色于世界潮流的高水平"经济合作又是怎样的经济合作呢？该基本方针中对该问题作了以下说明："……特别是具有重要的政治性、经济性意义，能为我国带来重大利益的EPA以及大区域经济合作，在照顾到敏感物品问题的同时，将所有物品作为自由化谈判的对象，通过谈判达到高水平经济合作之目的"。由此可见，所谓"高水平"经济合作就是要争取最大的利益。为此，虽然有"敏感物品"问题存在，但仍争取将"所有物品"作为谈判的对象。

具体到亚太地区的经济合作谈判时该基本方针指出："在整顿国内环境的同时，积极推进目前仍未开始的与主要国家、地区的两国间EPA谈判。

① 「包括的経済連携に関する基本方針」，日本经济产业省，http://www.meti.go.jp/topic/data/tpp20101109.pdf。

关于 FTAAP① 里程中唯一开始谈判的环太平洋经济合作协议（TPP），有必要在收集相关情报的同时采取相应的措施，尽快边整顿国内环境边开始与相关国家进行协调。”因此可知，日本在亚太地区的“高水平”经济合作，便是在“整顿国内环境”的同时，尽快开始 TPP 协调。

可以推测，《关于全面性经济合作的基本方针》所称“开放门户，开拓未来”，事实上就是被称为“高水平”的经济合作，而这“高水平”的经济合作在亚太地区目前就是 TPP；而对此菅直人首相给了更加高调的定义。菅直人首相在 2011 年 1 月 24 日国会的年头讲演中说：我治理国家的理念是“平成开国”，日本在过去一百五十年间，经历了明治开国和战后开国，现在我要挑战此后的第三次开国，“开国的具体化，是从贸易和投资的自由化、人才交流畅通化开始。为此要推行全面性经济合作。打开经济门户是共享世界繁荣的最好手段……关于 TPP、环太平洋经济合作协议，继续与以美国为首的相关国家之间的协调，争取在今年 6 月拿出是否参加谈判的结论。”

值得注意的是，被菅政权称之为“平成开国”的贸易、投资的自由化，人才交流的畅通化，必须在“整顿国内环境”的同时，摸索实施的方策；在照顾“敏感物品”的同时，争取将“所有物品”作为谈判的对象。其原因何在呢？其实非常简单，问题出在农业问题上。不错，针对以上政府的态度，首先地方共同体的反对极其强烈。据《日本农业新闻》2011 年 1 月 12 日报道：“关于参加以废除所有关税为原则的环太平洋经济合作协定一事，已经有 39 个都道府县决定采纳‘反对’和要求‘慎重对待’的意见书以及特别决议，占所有地方自治体的 80%……”。

同时农水省以参加 TPP 为前提，提出了《由于撤销国境措施对农产品生产等产生的影响试算》②，该试算指出参加 TPP 将使“农产品生产减少 4 兆 1 千亿日元，农产品自给率（供热标准）从 40% 降到 14%，农业的多方面机能损失 3 兆 7 千亿日元，农业及相关产业的国内总生产减少 3 兆 9 千亿日元，就业机会减少 340 万个。”该试算无疑代表了农水省在参加 TPP 问题上所持的态度。

事实上，日本现在缔结的所有 EPA · FTA 中，均在农产品中设置了免撤关税品种，这是日本在 EPA · FTA 谈判中的决不让步的态度。但是，目前菅政权下正在探讨的 TPP 参加，将使该态度无法继续维持，这也是以上

① 即所谓亚太自由贸易圈。

② 日本经济产业省，http：//www. meti. go. jp/topic/data/101027strategy. htm。

反对产生的主要原因。

如何搬开“开国的绊脚石”

如上所述，农业问题被作为反对 TPP 参加的理由提出，因此被打上了开国之障碍的烙印。如何搬开这块开国的绊脚石，如何实现“平成开国”，这是摆在菅政权面前的重要问题。正因为如此，上述内阁的《关于全面性经济合作的基本方针》，特别提出 TPP 的参加要以“整顿国内环境”为基础。该方针第 3 节“经济合作谈判与国内对策一体性实施”中的农业部分指出：“为了达到推进高水平经济合作与我国的粮食自给率上升、国内农业农村振兴两目的，为了制定能够培育具有持续性、有力的农业对策，设置由内阁总理大臣担任议长、由国家战略担当大臣及农林水产省大臣担任副议长的‘农业结构改革推进本部（假称）’，以平成 23 年 6 月为期决定其基本方针。”

以上是菅政权制定的搬开“绊脚石”的重要对策，即成立专门研究农业问题对策的“农业结构改革推进本部”。该本部的议长由总理大臣担任，副议长则由国家战略担当大臣与农水省大臣担任；并且要从上任开始至 2011 年 6 月的 7 个月中，制定出农业构造改革的基本方针。这完全可以证明，制定农业问题对策不仅是国家战略问题，而且还是当务之急。

其实仅有 4 页的《关于全面性经济合作的基本方针》，仔细读来却颇有感触。先是讲述被主要贸易国超越的 EPA · FTA 缔结状况，然后分析其不利；再来表示一定要创造在潮流浪尖上的高水平经济合作，因为它会带来极大的利益。然而翻开手中的牌，却是主张参加全面废除关税，原则上不允许特别对待的 TPP；重要的是该 TPP 中将有美国、澳大利亚这样的农业大国——农户的户均耕地面积澳大利亚在 2836. 3he 左右，美国是 198. 1he，而日本是 1. 91 he 左右[①]——的参加。遭到强烈的反对，也是意料之中的事。所以才有上述“农业构造改革推进本部”的成立，才有以下这段对解决农产品关税问题的专门说明：

同本部将以强化竞争力为目的，探讨必要、适当、根本的国内对策，同时探讨该对策必要的财政措施以及财源，平成 23 年 10 月迄制定立足于中长

① he 是面积单位，1 he 等于 1 万平方米。中国户均耕地面积 3. 1 he。日本农林水産省『平成 21 年食品 · 农业 · 农村白皮书参考统计表』.

期视点的行动计划，并迅速实施。届时，对目前采用的为了维持国内生产而以消费者负担为前提的关税措施等国境措施进行重新审视，当该审视认为其具有合理性之时，将探讨比确保安定财源阶段性向财政措施转变更具有透明性的纳税者负担制度，并向其转变。

以上内容说明政府认为，应该为加强农产品竞争力实施财政上的措施，表示愿意寻找确保该财源的方法。但是，同时提及要重新讨论关税所具有的本质性问题，指出为了维持国内生产而设置的现行关税，其由消费者负担的性质如果被认为合理，将不采用确保财源逐渐向财政措施转移的方法解决国境措施问题；原因在于其不具有透明性，届时将探讨更具透明性的纳税者负担的制度。

总之，菅政权正在探讨的是在撤除农产品关税后，采取怎样的方法来维持已经几乎失去持续发展可能的农业，而其正在策划的方法是，将现在由消费者负担的关税，转变为由纳税者负担的制度。可见政府加入 TPP 的心情，不是在探讨而是已下了决心，因为这意味着农产品关税的全面撤除，所以必须寻找代替关税的制度。

但对日本农业来讲，农产品的关税已经可以说是日本农业的最后堡垒了，并且图 7－4 告诉我们，这个最后堡垒其实比想象的低得多。日本的农产品平均关税率甚至低于农产品出口国的欧盟、泰国、阿根廷等国家。同时，虽然日本的平均关税率高于美国，但是，已经废除大米及乳制品价格支持的日本黄箱政策的财政支出为 7300 亿日元，远低于美国的 1.8 兆日元、欧盟的 4.3 兆日元。

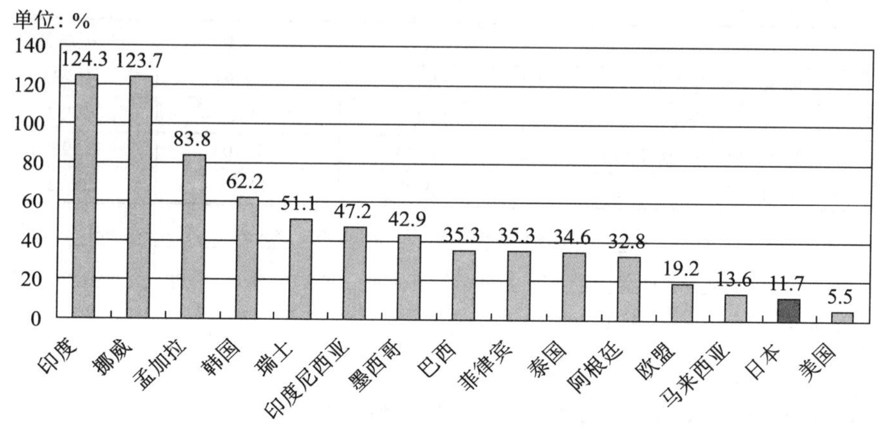

图 7－4　1999 年主要贸易国农产品平均关税率

资料来源：OECD：Post－Uruguay Round Tariff Regimes（1999）.

如果说农业问题是日本开国的“绊脚石”的话，要想搬开它应该不是一件容易的事情。因为对一个国家来讲农业的价值不仅仅在于生产粮食上，它还与环境、自然、人类生存的空间有着无法分割的关系。如果日本因加入TPP撤除现在仅有的关税措施，而不实施更有效措施的话，日本的农业将受到致命的打击。

先天脆弱的农业与食品安全

重灾三县的巨大损失

本次大地震及其引起的海啸与核泄漏，给日本东北地区①带来了极大的灾难。特别是宫城、岩手、福岛三县遭到无以言尽的损害。据日本警察署截至4月24日10时整的统计，上述三县的遇难者人数——宫城县8644人，岩手县4148人，福岛县1439人，共为14231人，占总数的99.6%。同时，其失踪者人数——宫城县6940人，岩手县3514人，福岛县1568人，共为12022人，占总数的99.9%。可见本次地震及其海啸的主要受害区域在宫城、岩手、福岛三县。关于以上三县受灾之前的土地面积、居住人口、主要产业状况可见表7-7。

表7-7　　日本东北重灾三县基本情况

项　　目	宫城县	岩手县	福岛县
面积（平方公里）	7286	15279	13783
人口（千人）	2340	1352	2052
工业总产值（百万日元）	1820214	1419902	3129673
农林水产业总产值（百万日元）	178849	213490	206157

资料来源：岩手县，http://www3.pref.iwate.jp/webdb/view/outside/s14Tokei/top.html；宫城县，http://www.pref.miyagi.jp/toukei/toukeidata/toukeidata.htm；福岛县，http://www.pref.fukushima.jp/toukei/data/02/kenmin20/2008nenpou.pdf。

① 日本东北地区由青森、岩手、宫城、秋田、山形和福岛等六个县组成，总面积63856平方公里，占日本总面积17%；人口937万人，占日本人口总数7.3%。日本总务省，http://www.stat.go.jp/data/nenkan/01.htm。

宫城县东侧与太平洋三陆海岸相邻，水产资源非常丰厚。该县不仅是日本屈指可数的水特产产地，还是品牌大米的产地，更拥有像仙台牛这样的畜产品牌以及草莓等果实品牌。宫城县的第二产业，以食品及水产加工业、电气机械、石油石炭制品、制纸工业为主，每年的总产值可达7兆日元左右，占县内总产值的22%左右。

岩手县位于日本东北地区北部，该县部分地区与太平洋三陆海岸邻接，是本次海啸肆虐的重点地区。岩手县面积仅次于北海道，在日本47个都道府县中居第二位。20世纪80年代，东北新干线、东北高速公路等交通设施的增加，给该地区的经济带来了繁荣。丰田、东芝、富士通等大品牌的工厂相继在该县建设并开始生产，使居民的就业机会增大，收入水平有了很大的提高。而该地区的农林水产业与其制造业相比，有着较悠久的传统和产业优势，特别是在当今日本农产品自给率低下的状况中，该县的农产品自给率高达104%。

福岛县位居东北地区的最南端，距东京仅有约200公里。福岛县的面积仅次于岩手县，在日本位居第三。该县由南向北被阿武隈高地和奥羽山脉分割为三部分，分别称为浜通、中通、会津。被高地和山脉隔开的三个地区，气候、风土、生产环境亦不尽相同；其中会津地区面向日本海；而另一方浜通地区则面向太平洋，本次发生事故的福岛核电站即位于该处。

至于以上三县的土地面积、居住人口、主要产业等相关信息可见表7－8。

表7－8　　日本东北重灾三县震前基本情况表

	面积（平方公里）	人口（千人）	农业人口率（%）	制造业产值（百万日元）	农业产值（百万日元）	农产品自给率（%）
宫城县	7286	2340	4.2	1820214	178849	76
岩手县	15279	1352	8.2	1419902	213490	106
福岛县	13783	2052	6.5	3129673	206157	85
全国平均	—	—	2.4	5375000	103978	41

资料来源：宫城县、岩手县、福岛县官方网站及经济产业省官方网站。

表7－8中的数字表明，该地区战后70年代开始的制造业引资工程已经初见成效；同时该地区的农林水产业与他地区相比，在就业人口、农产品生产量及其自给率上均占一定优势；所以本次灾害的重灾三县是日本农业生产大县，其对日本农业来讲有着非常重要的意义。然而，2011年3月11日灾难突然降临，在经历了地动山摇之后三县的部分地区又被巨浪吞噬，留下的

则是一片惨不忍睹的荒原（表7－9）。

表7－9　　重灾三县受灾损失表

县名/内容	遇难者（人）	住宅损坏（户）	农林水产业损失（亿日元）	道路港湾等设施损失（亿日元）
宫城县	8644	75490	92996	4640.6
岩手县	4148	18805	13317	2567.4
福岛县	1439	39082	24230	3130.1

核污染厄运悄然降临

3月11日，福岛第一核电站因感到地震的摇动而停止工作，1－3号机组的紧急炉心冷却装置的电力系统出现故障。为此，日本政府依照《核能源灾害对策特别处置法》的原则，发表"核能源灾害紧急事态宣言"。12日，第一核电站1号机组发生氢气爆炸；13日，3号机组的燃料棒露出；14日，3号机组发生氢气爆炸。至此，日本东北重灾三县在被地震和海啸留下无数条伤痕之后，不得不再去面临一次更大的、无形的威胁——即核泄漏引起的核放射威胁，甚至全日本乃至整个世界至今仍在为此事担忧。

以下是以日本《读卖新闻》、《每日新闻》发表的相关消息为线索，对本次福岛第一核电站事故给福岛核电站周边、特别是重灾三县的农业及食品安全带来的损害整理成表7－10。

表7－10　　核泄漏与农产品安全问题相关时序表

时间	问　　题
3月11日	因地震海啸，1～3号机组停止工作，炉心冷却装置供电电源发生故障，对此政府发表"核能源灾害紧急事态宣言"，指示该核电站方圆3公里住民开始避难
12～13日	核电站正门附近放射线量升至事故前的8倍，政府决定将避难范围从方圆3公里扩大为10公里，共8万人避难。之后避难范围再次由10公里扩大为20公里，17万人避难开始。向1、3号机组压力容器内注入海水降温。日本经产省原子能安全保安院把本次核电站事故定为4级
14日	3号机组氢气爆炸，工作人员11人负伤、1人重伤；2、4号机组爆炸，1和4号机组注入海水降温。文科省设置放射线观测器，测出宫城、茨城、枥木、埼玉4县大气中放射线值超过平常。18日，日本原子能安全保安院将事故级别提升为5级
15日	政府决定20～30公里范围内居民室内避难

续表

时间	问　　题
18 日	厚生省制定食品的“放射线污染暂定标准”，通知各都道府县以及政令市，禁止超过该“暂定标准”的食品出厂与贩卖，首次对国产食品进行放射线检查。该标准根据原子能安全委员会的《关于饮食物摄取限制指标》制定
19 日	厚生省公布《关于福岛县及茨城县产食品中检测出超过食品卫生法放射性物质暂定标准之事》，指示对其贩卖途径进行检查并禁止上市
21 日	福岛县部分地区生产原浆牛奶被禁止上市，福岛县生产的菠菜等蔬菜被禁止上市与进食
23 日	福岛县生产的油菜等所有非结球性菜叶及圆白菜、蓝菜花、菜花、圆萝卜被禁上市与进食。同日，福岛县饭馆村自来水中测出超标放射性物质
24 日	1 号机组中央控制室外部电源供电，1、2 号机组注水降温，2 号机组中央控制室外部电源供电，3 号机组涡轮机房工作人员受伤住院
25 日	政府决定 20～30 公里范围内居民从室内避难改为域外自主避难
28 日	农水省副相筒井在参议院预算委员会上发言指出，东电核电站事故造成的农产品损害，因严格的计算需要时间，所以应该尽快制定预付措施
28 日	4 号机组中央控制室外部电源供电，受伤工作人员出院。核电站内土壤中发现放射性物质“钚”
30 日	官房长官枝野幸男在记者会上指出，对福岛核电站附近农畜产品的上市限制应该更加细化，要注意把损失限制在最小范围内。同日，东电会长向附近居民道歉时提及，1 至 4 号炉将废炉，而官房长官则指出 5～6 号炉亦应废炉
31 日	日本农相鹿野道彦在记者会上指出，针对“传闻受害”计划实施由农协的金融机关先向农户无息融资，然后一揽子向东电申请赔偿措施；特别是对福岛县与茨城县酪农的救助应该尽快开始
4 月 1 日	政府制定解除福岛核电站对农畜产品的上市措施，指出“通过检查，如果三次连续低于暂定标准”则考虑撤销禁止令
4 日	低浓度污染水 11500 吨排入海中
5 日	农相针对放污染水入海问题答记者问指出，并未得到任何通报。次日，渔业相关者对海水污染问题深感不安
6 日	官房长官枝野本男明确指出，渔业被害亦列为补偿对象。饭馆村孕妇及乳儿开始村外避难。农水省要求超市等食品贩卖团体，销售蔬菜等农产品之时，产地的记载应该细化到市町村，以避免“传闻受害”

续表

时间	问　　题
7 日	福岛等地菜农在东京主办蔬菜现场贩卖会，很快售光
11 日	政府决定在 20 公里以外实施“计划性避难区域”措施，对因风向、降雨等影响造成一时性放射性物质浓度增大地区实施“计划性避难”。因此，该区域内住民情绪混乱，养殖业农民的生产受损
12 日	农水省决定限制“计划性能性避难区域”的水稻种植。政府成立“经济被害对策本部”，制定本次核电站事故被害对策；菅直人首相任命经济产业大臣海江田兼任部长。同日，政府将本次核电站事故级别提升至 7 级
13 日	福岛县饭馆村生产香菇被禁止进食，同时 13～25 日间，福岛县部分地区生产香菇被陆续禁止上市
19 日	神户的食品工厂销往海外的产品被退货，出口食品业受到很大的损失
22 日	农水省通知福岛县，停止该县 12 个市町村的水稻耕种；其对象农户大约有 7000 户，耕地面积 1 万 he。同时决定对该县农地中的放射性物质“铯”的数值进行检验
24 日	福岛县产玉筋鱼被禁止上市与进食。“饭馆牛”因“计划性避难”饲养出现问题
25 日	福岛县决定对放射性物质警戒区域内家畜进行“安乐死”处置，其对象畜产农户 376 户，牛 4000 头、猪 3 万头、鸡 63 万只、马 100 匹。同日，福岛县再次决定对警戒区域内家畜实施“安乐死”，对象家畜有牛 887 头、猪 6200 头、鸡 26 万只

以上是福岛核电站事故延续过程，也是周边地区农林水产品不断被放射线污染的过程。同时，因核泄漏而起的“传闻受害”的影响甚至扩散到世界范围。本次核电站事故对已经疲惫不堪的日本农业来讲，无疑是一场极其严重的“雪上加霜”。

“核海啸”席卷全球

福岛核电站的核泄漏事故，使日本食品安全体系受到了极大的挑战。事隔仅一个月的时间，曾经堪称世界第一的日本食品安全神话似乎已经成为远古之谈。福岛、茨城、千叶、枥木等县生产的牛奶原乳、叶类蔬菜、菌类蔬菜、部分水产品陆续从日本国内市场上消失。从表 7－10 中可以看到，3 月 19 日起日本厚生、农水两省先后发布禁止福岛核电站附近农畜水产品上市或进食的命令；4 月 22 日农水省决定，停止福岛县 12 个市町村、7000 农户、10000 平方万米水田的播种；4 月 25 日，福岛县决定对其管下“放射性物质警戒区域”内的畜产农户饲养的家畜实施“安乐死”处置。其处置对象有 376 户畜养的，牛 4000 头、猪 3 万头、鸡 63 万只、马 100 匹。可见其食品安全危机逐日升级，甚至开始危机到食品链的最顶端。

不仅如此，对日本食品安全产生怀疑而禁止其进口的国家也与日俱增。据日本外务省统计，截至 4 月 18 日，已经有 15 个国家，对包括东京、神奈川在内的整个东日本生产的生鲜食品、制造食品、药品甚至医疗器械实施禁入。被禁地区中甚至包括居于西日本的兵库县。具体内容可参见表 7－11。该表内容似乎在暗示我们，食品安全在核泄露面前是何等的脆弱！

表 7－11　　日本核泄漏在食品安全方面产生的国际影响

国家（地区）	具体措施
中国	• 禁止进口福岛、枥木、群马、茨城、千叶、宫城、山形、新潟、长野、山梨、埼玉、东京等地生产的食品、食用农产品和饲料。• 其他地区生产的食品、食用农产品、饲料进口须提交《放射性检查合格证明书》与《产地证明书》。• 水产品进口要进行检疫审查。
韩国	• 禁止进口群马、枥木、茨城等地产的菠菜、花卉，福岛、千叶等地产的叶类蔬菜，福岛产菌类蔬菜进口。• 上述五县外，进口宫城、山形、新潟、长野、埼玉、神奈川、静冈、东京等地生产或制造的食品，须出示政府相关证明。• 进口其它地区生产或制造的食品，须提交《产地证明书》。• 所有日本食品进口均须进行放射性检查。
泰国	• 进口福岛、枥木、群马、茨城、宫城、山形、新潟、长野、山梨、琦玉、东京、千叶等地生产食品须出示《放射性水平证明书》和《产地证明书》。• 进口上述地区外所生产食品须提交《产地证明书》。
新加坡	• 临时禁止进口福岛、枥木、群马、茨城等地生产的果类、蔬菜、牛奶、乳制品、水产品、肉类，千叶、琦玉、东京、神奈川、静冈、兵库等地生产的果类与蔬菜类。• 进口上述地区以外的果类、蔬菜、牛奶、乳制品、水产类，均须提交《产地证明书》。
马来西亚	• 禁止进口福岛、茨城、枥木、群马、千叶、东京、埼玉、神奈川、山形、新潟、宫城等地生产或加工的所有食品，进口福岛、茨城、群马、枥木、千叶等地生产的医药及化妆品均须提交《放射性水平证明书》。• 进口上述地区之外的生产或加工食品均须提交《产地证明书》。• 对所有日本进口的食品进行抽样检查。
印度尼西亚	• 进口日本的新鲜农畜产品须提交《放射性水平证明书》，若无证明书则由印尼政府负责检查；进口日本水产品时，除提交证明书之外，还要进行抽样检查。• 进口日本药品（包括半成品和产成品）均须提交《无放射性污染证明书》。
印度	• 对日本食品实施停止进口行政劝告（劝告期 3 个月、或能够证明其放射性污染在允许范围值之内为止）。
美国	• 禁止进口日本国内禁止上市食品。• 临时禁止进口福岛、群马、茨城、枥木、千叶、琦玉等地生产的牛奶、乳制品、水果、蔬菜及其加工品。• 对日本进口产品强化监督检查。

续表

国家（地区）	具体措施
加拿大	• 4月1日开始对日本产品进口实施提交《申报书》措施：①福岛、群马、茨城、栃木、宫城、山形、埼玉、东京、千叶、新潟、长野、山梨等地制造、饲养、加工或包装、保管的非食品或饲料产品；②3月11日前上述地区制造、饲养、加工或包装、保管的食品与饲料产品，在抵达加拿大之前曾经在日本其他地区运送或保管；③3月11日后上述地区制造、饲养、加工或包装或保管的食品与饲料，除申报书外还要符合加拿大食品放射性标准。• 对所有来自日本的进口商品进行抽样检查。
俄罗斯	• 临时禁止进口福岛、栃木、群马、茨城、千叶、东京、长野等地所生产食品。• 临时限制进口青森、岩手、宫城、福岛、茨城、千叶、新潟、山形等地242家日本水产加工基地生产的鱼类及其制品、水产品。• 强化监督检查来自宫城、山形、埼玉、新潟等地生产的农产品及动物性制品。
欧盟	• 对于进口福岛、群马、茨城、栃木、宫城、山形、新潟、长野、千叶、琦玉、东京、山梨等地生产的食品、饲料产品，均须提交《放射性水平证明书》。• 进口上述以外地区所生产的食品、饲料产品，须提交《产地证明书》。• 对提交《放射性水平证明书》产品实施10%以上的抽样检查、提交《产地证明书》的产品实施20%以上的抽样检查。• 对3月11日以后从日本离港的船舶、集装箱进行放射性检查。• 对超出欧盟基准值的进口物品将进行追加检查。
巴西	• 对日本进口产品实施《申报书》措施：①3月10日前制造或包装的食品及其原料；②3月11日后，福岛、栃木、群马、茨城、千叶、琦玉、山形、宫城、东京、新潟、长野、山梨等地生产、且符合CODEX标准（出示该《分析诊断书》）的食品及其原料；③对进口上述地区以外所生产的产品，须进行抽样检查。
墨西哥	• 对于进口福岛、栃木、群马、茨城4县及千叶东北部（旭市、香取市、多古町）等地的产品，须提交《放射性水平证明书》。• 对上述以外地区的产品，须提交《产地证明书》。• 对上述商品实施抽样检查。• 对于进口日本产品将限定在两个港口和一个机场。

资料来源：日本外务省经济局《东日本大震灾主要国家及地区的进出口等相关措施（截止5月16日）》，外务省官方网站。

安全标签下的日本食品管理体系

事实上应该承认日本的食品安全体系是世界一流的，原因在于其不仅具有完整的监管体制、系统的安全指标，而且还有敏感的社会舆论与尖锐的消费者意识。因为，在食品安全这样一个非常脆弱的问题面前，没有绝对的安全；问题在于如何避免出问题，如何少出问题，遇到问题时又如何去对待。

首先，相比之下日本的食品安全监管体制健全、有效。该体制由3部分组成：

（1）《食品安全基本法》[①]。该法是日本食品安全监管体制的法律依据，颁布于2003年，此后作为日本所有食品安全相关法律的宪法性法律存在。该法第一条明确指出：食品安全基本法的目的是“制定确保食品安全的基本理念，明确国家、地方以及食品事业相关者的责任、义务以及消费者的作用，同时制定政策的基本方针，综合促进确保食品安全政策的实施”。

（2）食品安全委员会。《食品安全基本法》第三章规定，在内阁府中设置“食品安全委员会”，负责调查、审议食品安全政策的制定、实施与成效，同时对食品安全风险进行评估、向总理大臣陈述意见、向各相关大臣进行劝告。该委员会不具有行政权利，是食品安全领域立法、食品安全标准建立、食品安全风险评估之时的政府咨询机构。

（3）消费者厅。食品安全体制中的最高行政机构，是2009年9月成立的消费者厅。消费者厅的成立，是日本食品安全监管体制的一次改革。其成立使日本食品安全监管体制从以生产者为中心，各相关省厅相互协调、分管的状态，转变为以消费者为中心的统一行政监管体制，即能够最大限度地保证消费者利益，又能够保证其更加顺利、有效地运行。

消费者厅下设有“国民生活中心”，该机构负责与全国的消费者生活中心通过24小时热线连接，收集来源于消费者的举报、分析研究相关情报，并将情报提供给消费者厅。消费者厅根据消费者生活中心的情报，一方面向全国的消费者公布，以期防患于未然；另一方面对各相关省厅进行通令、劝告并有权要求各相关省厅对重大问题进行处理。

其次，日本拥有非常严格的食品安全指标体系。该体系由2部分组成。

（1）食品安全指标。日本国产食品安全指标以《食品安全法》为依据制定。目前共有大约30条相关法律，其中主要相关法律如下：

◆《食品安全法》——1947年制定。

◆《乳制品及乳制品成分规格等相关省令》——1951年制定。

◆《食品、添加物等规格基准》——1959年制定。

◆《食品卫生法第25条第1项的检查方法及合格基准》——1970年制定。

◆《食品添加物制造加工过程中有毒、有害热媒体混入防治措施的基准》——1974年制定。

◆《转基因技术应用食品及添加物的制造标准》——2000年制定。

---

① 此前，日本食品安全体制法律依据是1947年颁布的《食品卫生法》。

◆《牛奶加工品相关表示基准》——2001 年制定。

◆《关于营养机能表示基准》——2001 年制定。

◆《根据食品卫生法第 11 条第 3 项对不损害人体健康的量性规定》——2005 年制定。

日本的进口食品检验标准同样非常严格，甚至时常被食品出口国家指责为“贸易堡垒”，其原因之一在于其国内标准无法与进口食品的检查相对应而部分另成体系。例如，对日本国内禁用残留农药的检验标准必须另行制定等，因此与出口国之间的协调非常重要。

（2）食品表示标准。为了保证食品安全、防止伪劣食品的出现，货架上的食品必须严格按照食品表示标准明确各项相关内容。该表示标准分为三个体系，即 JAS 法、食品卫生法、健康增进法。其主要表示内容见图 7－5。JAS 法要求明确表示原材料名称、原产地等，便于消费者选择欲购的商品。食品卫生法注重的是食品安全性，因此，要求表示可能引起过敏症的原材料以及添加物的名称，以免引起患有过敏症的消费者出现非常状况。健康增进法的视角在于增进国民健康之上，因此要求明确食品的营养成分等相关数据。

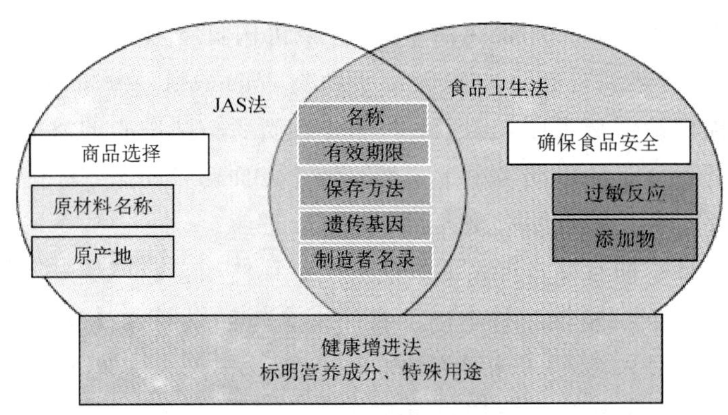

图 7－5　日本食品安全指标体系

（3）社会舆论与消费者意识。日本食品安全监管体制中不可忽视的一个特点，是非常重视对消费者的教育。除消费者厅之外，各相关省厅、地方消费生活中心利用各种方式进行消费安全宣传，消费者厅的“消费者教育推进会议”、各相关省厅的消费者热线等都成为消费者汲取安全意识的场所。同时，食品安全问题是日本媒体非常关注的问题之一，一旦发生食品安全问题，媒体会对肇事企业或个人进行毫不留情的追究，很可能使肇事者因失去消费者的信任而失去市场。

以上日本食品安全监管体制，是二战后60多年几经改革、不断调整的结晶，食品安全神话并非一日之功。但是，就在2009年消费者厅成立、该监管体制再次改革不到两年的今天，迎来的是福岛核电站事故与食品安全危机的到来。

日本农业与食品的“传闻受害”

的确，上述食品安全监管体制下日本的食品安全神话，在福岛核电站的核泄漏面前竟毁于一瞬之间。日本食品被拒他国门外、日本国民惶恐不安，使得官房长官等政府要人不得不在大庭广众面前食用不被问津的蔬菜，可见“传闻受害”情况严重。

核泄漏事故发生后的3月18日，厚生省制定了食品《放射物污染暂定标准》，该标准是根据原子能安全委员会的《关于饮食物摄取限制指标》制定的。与此同时，日本开始首次对国产食品进行放射线检查，并通知各都道府县以及政令市，禁止超过该“暂定标准”的食品上市与贩卖。该检查工作开始后，东日本各县的蔬菜、牛奶、水产品相继因超标而被禁上市或摄取。一时被禁产地以外的同种蔬菜、水产品等开始亦在各地市场无人问津，“传闻受害”开始蔓延。3月25日，日本《读卖新闻》对“传闻受害”的具体事例作了如下的报道：

（1）距核电站35公里的福岛县南相马市鹿岛区的农民镰田芳彦种植的草莓，并未“超标”，但仅因“风传影响”使南相马地区农产品价格大跌，不得不放弃收割。

（2）全国农业协作组合中央会的茂木守会长等干部，14日赴东京电力本店，就东北关东地区部分农产品被限上市以及“风平影响”的蔓延，向东电表示抗议并要求尽快对受灾农户给予补偿。

第一例是农户受到的具体损失，第二例是全农协对东电的抗议，均表明“传闻受害”已经给农户造成了极大的损失。为此，日本政府及各大媒体开始对核污染知识进行讲解、宣传未超标食品、饮品、蔬菜的安全，试图缓解“传闻受害”的扩大。

《每日新闻》的官方网站还开展了一项以《政府的非合理对策引起“传闻受害”毁灭农业》为题的国民意识调查。在报道的调查结果中有如下表述：

起于东北地区太平洋海域地震的影响的东京电力、福岛核电站事故，给我们的饮食生活带来了极大的影响。21日，茨城、枥木、群马县内生产的菠菜因超过暂定值被命令“停止上市”。并且23日又发出指示，禁止摄取该超值农产品。为此，本网站以“对农产品的摄取禁令是否合理”为题开始民意调查，目前收到1504份回答，其中认为“不合理”的回答占总数的70.1%，认为“合理”的回答占总数的29.9%。

同时，该网站公布了参加者认为“不合理”的理由。其中多数人认为“除禁止上市、禁止摄取之外未对国民作任何解释的政府，根本没有尽到应尽的责任。”正因为如此，才造成“传闻受害”蔓延。另一方面认为“合理”的理由中更多的是“暂定基准值本身并不具有很大的意义，问题在于政府此时应该做点什么”。

可见，行政监管行为与安全指标是否被社会理解、是否能被社会理解很重要，否则很可能会造成“传闻受害”，使局面更加混乱。

八“核”去何从

——日本能源战略以何转型

世界上没有一个国家像日本这样对“核”既无比恐惧却又青睐有加。

能源不仅是人类生存、经济发展、社会进步不可缺失的重要资源，也是关系国家经济命脉和国防安全的战略物资。纵观人类社会发展的历史，人类文明的渐次进步和逐步提升都与能源的改进和更替相伴而行。在工业文明社会，能源以直接或间接的方式，推动或制约经济的发展，如果没有能源，一切现代物质文明也将随之消失。因此，如何通过能源政策确保稳定、持续的能源供应成为世界各能源消费大国的重要课题。

比邻而居的日本，在弱化、规避和消除能源风险以及打造“能源安全”平台的过程中，把“核能”作为重点考虑选项，并建设了21座核电站。核电作为一种清洁能源，与风能等间歇性能源相比，供电稳定而且连续，技术相对成熟、成本低廉。因而，核电被视为控制温室气体排放和应对气候变化的重要能源之一。然而，在2011年3月11日日本东部的九级大地震、海啸以及受其影响而引发的福岛“核危机”让日本遇到到了战后以来最为严重的国家危机。

日本第四个“神话”的破灭

在20世纪的人类发展史上，资源匮乏、国土狭小、人口众多的日本创造了诸多“神话”。其中，最受世人所关注的是“经济神话”、“治安神话”、“防灾神话”和“核安全神话”。然而，这些“神话”在不到20年的时间内，好像“多米诺骨牌”一样相继破灭。

第一个是“经济神话”。日本在战后短短30多年间，神话般地发展成为世界第二大经济体，并开创了东方黄种人的世界经济奇迹。然而，正当世界为之惊叹之时，1990年日本泡沫经济的破灭，不但给日本带来了“近乎失去20年”的经济低迷，也打破了日本高速增长的“经济神话”。

第二个是“防灾神话”。1995年1月17日清晨5时46分，以日本神户市为中心的阪神地区发生了里氏7.3级地震。这次强震中，共死亡5400余人，受伤约2.7万人，无家可归的灾民近30万人，毁坏建筑物约10.8万幢，经济损失约1000亿美元（总损失达国民生产总值的1%～1.5%）。在此之前，国际社会普遍认为日本在防震抗灾方面处于世界各国前列。然而，阪神大地震的震害打破了日本是“世界防灾强国”神话。

第三个是“治安神话”。日本良好的社会治安一向被世界各国所感佩和羡慕。但是，这一认识，随着1995年3月20日上午7时50分，发生在东京地铁内的一起震惊全世界的投毒事件也烟消云散。事发当天，日本政府所在地及国会周围的几条地铁主干线被迫关闭，26个地铁站受到影响，东京交通陷入一片混乱。事件造成12人死亡，约5500人中毒，1036人住院治疗。这是日本历史上严重的恐怖事件，它打破了日本社会治安的“安全神话”。

2011年3月11日14点46分，一个让所有日本人无法忘记的时刻，9级大地震引起的海啸灾害和福岛核危机，不仅完全改变了日本人的生活，也打破了日本“核安全神话”。

东电由“巨无霸”变成“猪无能”

东京电力株式会社（The Tokyo Electric Power Company，Inc，TEPCO，

东京电力、东电、东电公司均为简称——著者注)，成立于 1951 年 5 月 1 日，是日本十大电力公司之一（其余九大公司为：北海道电力、东北电力、东京电力、北陆电力、中部电力、关西电力、中国电力、四国电力、九州电力、冲绳电力)。该公司垄断着日本首都圈内一都七县，即东京都、群马县、枥木县、茨城县、埼玉县、千叶县、神奈川县、山梨县及静冈县富士川以东地区的电力供应。

目前，东京电力公司有 3 个原子能发电站、160 个水力发电站、26 个火力发电站、1 个风力发电站和 1 个地热发电站。2007 年的电力销售量仅次于 E. ON、法国电力公司、RWE，排名世界第四位。

东京电力公司的核电站是指福岛第一原子能发电站（简称 1F)、福岛第二原子能发电站（简称 2F）以及新潟县柏崎刈羽原子能发电站（简称 KK)。

福岛第一原子能发电站横跨福岛县双叶郡大熊町及双叶町，主要有 8 个发电机组（其中 2 个机组正在建设中）构成。福岛第二原子能发电所位于福岛县双叶君富冈町与楢叶町之间，主要有 4 个发电机组构成。柏崎刈羽原子能发电所位于新潟县柏崎市和刈羽郡村之间。截至目前，该核电站共有 7 个机组投入运营，是世界上发电量最大的核电站。三大核电站的发电机组运转时间参见表 8－1。

表 8－1　东京电力的 3 个核能发电站的基本情况

福岛第一核电站			福岛第二核电站			柏崎刈羽核电站		
机组（号）	开始运转时间	功率万千瓦	机组（号）	开始运转时间	功率万千瓦	机组（号）	开始运转时间	输出功率万千瓦
1	1971 年 3 月 26 日	46.0	1	1982 年 4 月 20 日	110	1	1985 年 9 月 18 日	110
2	1974 年 7 月 18 日	78.4	2	1984 年 2 年 3 日	110	2	1990 年 9 月 28 日	110
3	1976 年 3 月 27 日	78.4	3	1985 年 6 月 21 日	110	3	1993 年 8 月 11 日	110
4	1978 年 10 月 12 日	78.4	4	1987 年 8 月 25 日	110	4	1994 年 8 月 11 日	110
5	1978 年 4 月 18 日	78.4	–	–	–	5	1990 年 4 月 10 日	110
6	1979 年 10 月 24 日	110	–	–	–	6	1996 年 11 月 7 日	135.6
7	2013 年 10 月（予定）	138	–	–	–	7	1997 年 7 月 2 日	135.6
8	2014 年 10 月（予定）	138	–	–	–	–	–	–

资料来源：根据日本原子能相关资料制作。

东电既是日本最大的电力公司，也是世界上最大的核电公司，在2010年《财富》全球500强中名列第128位。东电供电区域虽然仅为全国面积的11%，但销售电量占日本10个电力公司总和的1/3还多。其中，核电发电量占到了日本核能总发电量的半壁江上。目前，东电资产总额达14万亿日元，员工人数4万余人。在现实社会中，可以说东电是日本电力系统中非常傲慢的、名副其实的“巨无霸”。

然而，9级特大地震引起的福岛核电站1～4号机组相继发生核事故，一时间，爆炸、核泄漏、堆芯熔毁、核辐射等让人恐惧的词汇不绝于耳，核危机的阴云不仅笼罩在日本整个列岛上空，也让日本邻国乃至全世界的人们陷入“谈核色变”的困境。

在应对这场核危机的过程中，这家所谓日本电力系统中的“巨无霸”，既没能迅速冷却核反应堆，更没能及时给急剧上升的民众恐慌情绪降温。反而，由于救灾措施“不给力”，还加速了这场灾难的不可控性，核危机步步升级，有效治理遥遥无期，仿佛瞬间由“巨无霸”变成了一个“猪无能”。

福岛“核事故”的最后一根“稻草”

福岛第一核电站从选址建设到投产运营，东电都在向日本社会及其附近居民不断反复强调着一句话“绝对安全”。然而，3月11日地震、海啸所引发的核泄漏危机及其波及范围的逐步扩大，彻底打破了东电所标榜的“安全神话”。那么，除了天灾之外，是什么原因造成让全世界为之惊恐的福岛“核怪兽”出笼？催生福岛“核事故”的最后一根稻草又是什么呢？

其一，该退役却没退役，令人蹊跷。福岛第一核电站的1号机组是日本在20世纪60年代首期建设的发电站之一。到2011年3月25号，该机组寿命已有40年，属于“高龄”机组，本应该淘汰退役。但是，2010年3月，东电以设备良好、能正常运转为由，向日本政府提出申请，要求福岛第一核电站1号机组继续运营。对此，日本原子能安全保安院在2011年2月竟然批准了这一请求，随后福岛第一核电站出人意料地竟然把“延寿”又“人为”延长了20年。另外，2011年2月7日，东电对已经使用40年的福岛第一核电站1号机组进行了分析评估，其结论也认为该电站的部分设备严重老化。但是，主管领导对此项分析报告熟视无睹，仍然坚持让1号机组继续运行。遗憾的是，就是被延期服役的1号机组，成为了在此次事故中最早发生核泄漏的机组。

那么，是什么原因让有重大安全隐患的、本应该退役的 1 号发电机组，却能“合法”地“超龄”服役呢？

其二，有建议但不听取，令人费解。2004 年印度洋大海啸之后，素有具有强烈敏感意识的日本，也组建专家团，分析了福岛第一核电站的安全标准、防灾性能。当时，技术人员主要从概率角度，分析了海啸来袭的高度以及福岛第一核电站遭遇海啸袭击的可能性，结论认为福岛第一核电站存在遭遇海啸破坏的风险，提出有必要采取充分准备的建议。但东电对此未给予予充分重视。2007 年 7 月，日本共产党福岛县议团议员齐藤泰认为“女川核电站比较放心，福岛第一核电站不行”，强烈提出让“东电”进行防震安全性总检查，但是，“东电”的回答却是“没必要”。然而，3 月 11 日的地震引发海啸后，福岛第一核电站遭遇的海浪高度大约为 14 米。

那么，是什么原因使东电既没有依据研究结果修正任何安全方案，也没有认真听取日本共产党福岛“县议团”的质疑呢？

其三，该出手时不出手，令人失望。东电在处置核泄漏问题上的应急措施屡屡贻误战机，不断遭到外界质疑。3 月 11 日，福岛第一核电站 1 号机组受到地震和海啸冲击之后，由于紧急制冷系统的电源、柴油机和备用蓄电池都已失效，首先冒出白烟。这时，“东电”应该认识到事态的严重性，需要果断出手，对发电机组进行海水冷却。然而，直到 3 月 12 日上午，东京电力公司也未实施从附近取水冷却。直到 3 月 13 日，东电公司才被迫不得已开始进行海水冷却。其结果是贻误了用最小的代价解决最大危机的最好时机。

那么，是什么原因导致了东电花时间在公共利益和公司资产之间优先选择？而优先选择的后果又意味着什么呢？

其四，婉谢外部援助，令人无奈。核事故出现初期，除最了解核电站内部构造的核电机组制造商提出援助外，美国、俄罗斯等国家也向日本伸出了“橄榄枝”，但一直未被接纳。直到当危机失控、事态严重后，东电才开始与美国、法国等外国的技术专家进行交流和沟通。东电公司之所以没有在最初时接纳外援，是担心外来专家可能会出于保险目的，一上来就会建议用海水冷却反应堆，而东电最担心的就是发电机组设备在被海水灌入后将彻底报废，其损失会相当惨重。然而，当东电后来被迫接受海水冷却时，危机已无法控制。[①]

那么，东电在核事故最初爆发时，为什么婉谢外来核专家呢？这又意味着什么呢？

事实上，造成上述弊端的主要原因是东电作为企业有其逐利属性一面，在处理核事故时，本能地会在“成本”和“安全”之间花时间进行平衡选择。概言之，“福岛”核危机，除了源于天灾，还有人祸的成分。而造成人祸的真正原因，也许也是催生“福岛危机”并使之步步升级的“最后的那根稻草”——对“利益”的贪婪追逐。

对核能为何如此“恐惧无比”

世界上没有哪个民族对“核”既“无比恐惧”又“青睐有加”。日本是世界上唯一遭受过原子弹打击的国家，日本民族怕核、恐核、厌核、反核的思想意识比任何民族都严重。1945年8月6日和9日，美国为了终止日本对外侵略的脚步，加速其尽快投降，分别向日本广岛和长崎投下原子弹。

日本之所以成为世界上唯一遭受过核打击国家、美国之所以成为世界上最早拥有核武器的国家，二者在很大程度上都源于“曼哈顿计划”。

所谓“曼哈顿计划”[②]（Manhattan Project）是美国陆军部于1942年6月开始实施的利用核裂变反应来研制原子弹的计划。该工程集中了当时西方国家（除纳粹德国外）最优秀的核科学家，动员了10万多人参加这一工程，历时3年，耗资20亿美元，于1945年7月16日成功地进行了世界上第一次核爆炸，并按计划制造出两颗实用的原子弹。

1945年8月6日，美国飞行员保罗·蒂贝泽驾驶着载有代号“小男孩”原子弹的B-29型轰炸机，飞抵日本广岛上空。随着一声震天撼地的巨响，造成广岛市24.5万人中的20万人死伤，整个城市基本上被化为废墟。1945年8月9日上午11时，由5架B-29轰炸机组成的突击队将原子弹“胖子”投到了长崎市中心。“胖子”是一颗钚弹，长约3.6米，直径1.5米，重约4.9吨，梯恩梯（TNT）当量为2.2万吨，爆高503米。轰炸造成长崎市23万人口中的10万余人当日伤亡和失踪，60%的城市建筑物被毁。

广岛和长崎因原子弹轰炸造成的伤害遗留至今，许多幸存者饱受癌症、

① 罗滨：“东京电力被指‘六宗罪’”，新华网，http://we.nenu.edu.cn/dede/a/xinwen/tianx/2011/0411/4653.html。

② “曼哈顿计划”，百度百科网，http://baike.baidu.com/view/25659.htm。

血液病和皮肤病等辐射后遗症的折磨。

对核能为何又如此“青睐有加”

众所周知，能源是国民经济的血液，发展经济要靠能源作支撑，但位居世界第二经济强国的日本却是能源极其贫乏的国家。日本在空间和时间两个纬度上，通过不断地整合物质资源、社会资源以及精神文化资源，渐次地打造能源安全平台。

日本的一次性能源自给率仅为16%，1973年也有几乎100%的天然气和煤炭、99.4%的石油依赖进口[①]。1998年以来的国际原油价格不断飙升，但这既没有诱发日本出现严重的通货膨胀，也没有造成企业利润的急剧下降、失业率的上升，各经济指标不但没有很大的波动，而且还走出了长期经济萧条的困境。那么，日本规避能源风险的能力和实力是如何形成的呢？

首先，从石油进口源看，目前日本日平均石油进口量在430万桶左右，其中来自中东的占89%左右（阿联酋占24.5%、沙特占29%、伊朗13%、科威特7%、其他15.5%）[②]。日本很清醒地认识到，能源进口渠道的多元化是避免石油进口过度集中，进而保障能源安全的基本条件。如果中东地区长期动荡不安，必将影响日本石油的稳定供应，阻碍经济发展。为避免因石油进口受阻而导致能源供应链条断裂，日本始终致力于解决石油进口源过度集中这一问题。在海外，大搞“能源外交”，谋求进口能源的多元化，建立蛛网式的供应链，从而改变能源进口渠道单一化的脆弱性，降低能源进口源过度集中所带来的风险性。石油危机后，日本能源投资的重点逐渐从海湾地区转向俄罗斯、中亚、非洲、东南亚、南美等国家和地区，以便进一步确保日本的能源供应链不发生断裂。

其次，从能源进口结构看，天燃气进口量从1970年的9770万吨增加到2005年的57.9亿吨，增长了60多倍。煤炭的进口量从1970年的5.01亿吨增加到2005年的17.7亿吨，增长2倍多[③]。从消费结构看，石油所占比重在逐年下降。在城市燃气中石油所占比重从1973年的46%降到了2005年的

---

① 资源能源厅长官官房综合政治课：《综合能源统计》，通商产业研究社2006年版，第193页。

② 日本能源研究所：《能源经济统计要览》，财团法人节能中心2007年版，第162页。

③ 日本能源研究所：《能源经济统计要览》，财团法人节能中心2007年版，第178~188页。

6%，而天然气则从 27% 提高到了 94%，煤炭在城市燃气中从 1973 年的 27%，到 2005 年已经退出城市燃气。但是，在发电结构中煤炭所占比重则由 1973 年的 5% 上升到 2005 年的 26%，而石油从 71% 降至 9%（见图 8－1、图 8－2）。

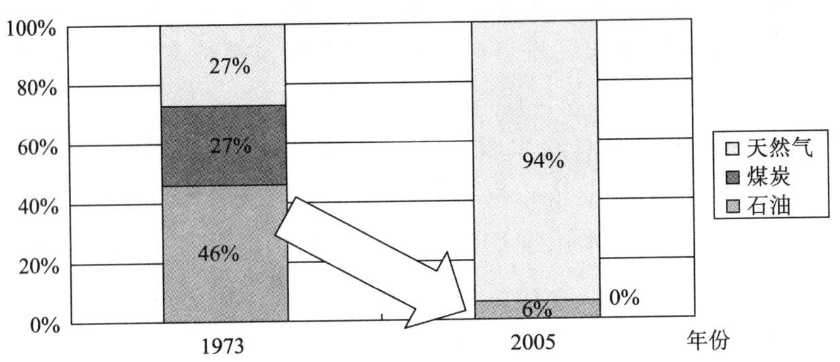

图 8－1　城市燃气的结构变化图

资料来源：经济产业省：《能源白皮书 2007》，行政出版社 2007 年版，第 14 页。

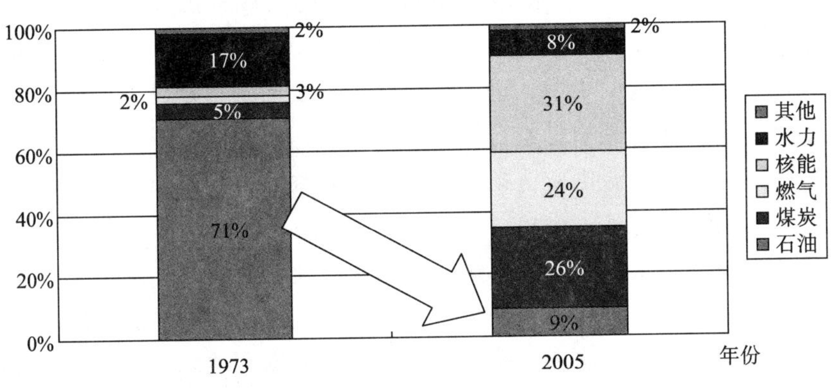

图 8－2　发电能源的结构变化图

资料来源：经济产业省：《能源白皮书 2007》，行政出版社 2007 年版，第 14 页。

再次，从核能发展角度看，石油危机后日本一直重视原子能发电。目前，原子能发电量已占总发电量的 30% 左右，日本计划到 2030 年达到 30% ~40%（见图 8－3）。为此，日本政府近年来加大了以中亚为重点的"铀外交"。

日本在中亚，既没有天然的地缘优势，也没有悠久的合作基础，加之日本的中亚政策起步较晚，故此，无论在政治还是经济领域的合作与大国相比

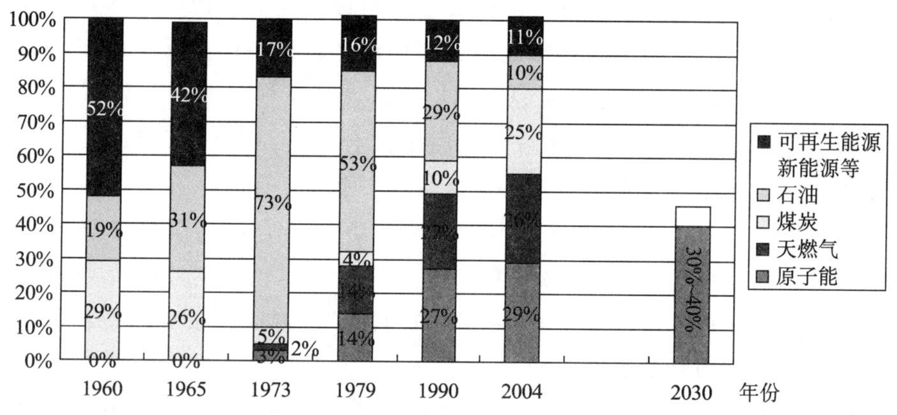

图 8－3　日本原子能发电比重及目标

资料来源：经济产业省：《能源白皮书 2006》，行政出版社 2006 年版，第 9 页。

都较为落后。但近年来，日本渐次认为中亚的稳定与发展对自己至关重要。在日本看来，中亚地缘政治上的不确定性，中亚地区宗教及民族构成的复杂性，恐怖主义活动的常态性，将在很大程度上影响对外依赖程度很高的日本。中亚国家拥有丰富的“铀”、石油、天然气以及矿产资源，是全球油气市场的重要一环，而且，依靠其丰富的资源，寻求经济快速发展已成为中亚国家的战略。从时间序列上看，主要体现在以下方面：

2006 年 6 月 1 日，时任外相的麻生太郎发表题为“把中亚构筑成和平与稳定的走廊”的演讲，系统地阐述了日本提升中亚外交的三大方针。其一，“从全局看地域”，强调日本的中亚外交必须具备全局视点。即，提出打通“南方路径”，将中亚的能源通过南方阿富汗、巴基斯坦后接入海港，通过海运输往日本。其二，“援助开放地域”。所谓的开放主要指中亚诸国，日本则是“中介”，负责提供各种援助。其三，“以普遍价值观构建合作伙伴关系”，其实质是打算将日本的民主主义、人权保障和市场经济制度植入中亚各国①。

2006 年 6 月 5 日，在东京举行了“中亚＋日本”第二届部长会议②。出席会议的国家有日本、吉尔吉斯斯坦、塔吉克斯坦和乌兹别克斯坦的外长及

① 日本外相麻生：“把中亚构筑成和平与稳定的走廊”，外务省网站，http：//www. mofa. go. jp/mofaj/press/enzetsu/18/easo_ 0601. html。

② “中亚＋日本”对话机制是各方外长级的对话框架，最早由日本提出。2004 年 8 月 25 日至 9 月 2 日，前外相川口顺子参加了在哈萨克斯坦首都阿斯塔纳召开的第一届“中亚＋日本”对话会议。“中亚＋日本”对话机制的设立，表明日本的中亚外交进入更为全面有序的阶段。

哈萨克斯坦的外务次官，阿富汗的外长也应邀以贵宾身份出席。该对话机制旨在建立日本与中亚四国的长期关系，深层次的经济意图则在于中亚国家丰富的资源。“对资源小国日本来说，强化战略性的资源外交是最重要的一个课题”①，显然，日本急于加强与中亚国家的合作，是旨在谋求加强与中亚在资源领域的合作与开发，以便获取短缺的“铀”、石油等资源。

2006年8月，时任日本首相小泉纯一郎访问了哈萨克斯坦（该国“铀矿”储量位居世界第二），此次访问也是历史上日本首相对哈萨克斯坦的首次访问，双方就日本参与开发哈萨克斯坦的铀矿资源交换了合作备忘录。备忘录称，哈方欢迎日本参与对哈境内的“铀”、石油等天然资源的探测、开发及加工。日本则表示将以技术、人才培训为中心加大对哈的ODA（政府开发援助）援助，双方还签署了关于和平利用核能的备忘录等②。

2007年4月30日，由时任经济产业大臣甘利明率领的约150人的访问团访问了哈萨克斯坦。该访问团由日本与核能相关的民营企业负责人组成。目前，日本从哈萨克斯坦进口的“铀”，尚不足其进口总量的1%。通过这次访问，日本希望把从哈萨克斯坦的进口“铀”提升到20%以上。

日本提升中亚外交战略主要借助了双边和多边（“中亚+日本”对话机制）平台，其实施的主要手段是ODA（政府开发援助），此外，还有直接投资、人才培训和技术交流等。在具体援助项目的设置上，日本是很注意研究受援国自身制定的发展战略的。日本在事先调查的基础上，通过精心设计，既照顾到受援国政府对基础设施建设、制度建设等领域投入的要求，又比较多地关注教育培训、医疗卫生等惠及普通民众的领域。

日本对中亚五国开展的ODA主要分为无偿援助、贷款援助和技术合作三大类，实施中是有重点、分层次的，哈萨克斯坦和乌兹别克斯坦是日本援助的两个重点国家。根据2006年统计，ODA总金额排名依次是哈萨克斯坦、乌兹别克斯坦、吉尔吉斯斯坦、塔吉克斯坦和土库曼斯坦。日本对哈、乌两国在技术合作方面的投入分别达到了96.19亿日元、83.07亿日元。

总之，日本在国内资源匮乏的情况下，通过提升“中亚外交”战略，以期获取更多“铀”、天然气等能源，是确保能源安全战略的一种选择。

---

① 《读卖新闻》社论，2006年8月30日。

② 首相官邸网：“关于日本与哈萨克斯坦进一步发展友好伙伴合作关系的共同声明”（2006年8月28日），http://www.kantei.go.jp/jp/koizumispeech。

核能立国战略下的“隐患”与“隐瞒”

发展核能的“历史源流”是“一个”还是“两个”

由于日本从历史上就是一个“好战”的民族，而且也是世界上唯一遭到核打击的国家。因此，坊间对日本发展核能的历史缘由问题上，始终都存在着两种声音：一是日本彻头彻尾地想和平利用核能，二是日本在和平利用核能的过程中，有制造核武器的设想和可能。

目前，日本在发展核能的历史“原点”问题上，似乎还找不到坊间那种“有意制造核武器”的有力证据。无论哪种说法，都必须承认，日本的核能建设既非一蹴而就的战略构想、亦非原有的既定方针、更非亦步亦趋的国外模仿，而是在确保发展经济所需能源的稳定供应的过程中，结合本国能源匮乏的实际特点以及世界原子能发展的趋势，逐步推进实施的。

20 世纪 50 年代，日本以人类第二次能源革命为契机，很快实现了能源消费主体从固体能源（煤炭）向流体能源（石油）的结构转型。然而，具有强烈忧患意识的日本，认识到过度依赖单一能源，将会导致过高的能源风险，影响国家经济安全。对此，日本在研究并结合国内外能源状况的基础上，把大力发展原子能、促进能源种类多样化，作为规避能源风险、确保能源安全的路径选择，并开始进行了相关政策设计和行动规划。

其一，加强国际交流和合作。早在 20 世纪 50 年代初期，日本就开始不断向海外派遣原子能“考察团”、“调查团”，并积极谋求加强与美国的合作关系，希望得到美国的技术支持。1955 年 1 月 11 日，美国便向日本提交了内容涉及建立核反应堆学校、同位素讲座以及其他相关技术和资料等 8 个援助项目的备忘录。之后，为进一步深化与两国原子能合作关系，于 1955 年 11 月 4 日在华盛顿，两国又签署了“日美原子能研究合作协定”。

该协定的签署，意味着日本发展原子能的技术性约束将会在美国的协助下得到解决，接下来关键是在于尽快构建出能促进发展原子能的“软环境”（发展原子能方面的政策法规）和“硬环境”（ 基础建设、选址等）。

其二，颁布“原子能三法”，设立原子能组织机构。1955 年 12 月，日本制定并颁布了《原子能基本法》和《原子能委员会设置法》，修改了《总理府设置法》，这三部法律被称作“原子能三法”。

《原子能基本法》是日本发展原子能的基本法。该法把“原子能的研究、开发和利用仅限于和平目的，并贯彻民主、自主、公开三原则”作为日本发展原子能的基本方针，并规定了核燃料物管理、核反应堆监督等涉及原子能行政方面的主要事项。《原子能委员会设置法》中明确提出了设置原子能委员会的目的和任务。该法颁布后的1956年1月1日，日本就成立了原子能委员会，并作为内阁大臣的咨询机构设置在总理府内。日本修改《总理府设置法》的目的在于为增设原子能行政机构“原子能局”提供法律依据。新成立的“原子能局”负责统一管理经济企划厅原子能室、工业技术院原子能课以及科学技术行政协会等事务。通过“原子能三法”的颁布和实施，日本在法律框架、组织机构、人员配置等方面为发展原子能提供了良好的基础保障。

其三，设立原子能研究所、核燃料公社，促进原子能发展。原子能委员会成立后，为了组建原子能研究开发机构和改组行政机构，日本颁布了《日本原子能研究所法》、《核燃料公社法》。

依据《日本原子能研究所法》，1955年11月成立的财团法人日本原子能研究所被定为永久性的原子能机构。考虑到资金预算及使用上操作便利等问题，日本原子能研究所在改组后，为便于接受民间出资，随时吸纳或补充有用的人才，建立官民一体的原子能体制，其性质由原来的“财团法人”也变成了“特殊法人”。另外，日本对原子能研究所的职能、权限以及与国家关系作了界定，即，在预算、资金计划、行动计划等方面，需要由内阁总理大臣的认可和审批，而具体业务操作方面则根据原子能委员会来决定。由此可见，日本原子能研究所采取“特殊法人”形式不仅为加快发展原子能提供了“智力支持”，而且还做到了“用民间的钱办国家的事”，真正实现了“官民一体”。另外，日本依据《核燃料公社法》，1957年8月27日成立了核燃料公社，这为“开发、生产及管理核原料物质”找到了实体依托。

其四，制定扶植原子能产业的政策。为研究制定原子能发电的长期预测计划和振兴、扶植原子能产业，1960年4月，通产省在“产业合理化审议会”内设立了“原子能产业部会”。12月14日，原子能产业部会在向通产大臣提交的报告中，提出在最近10年间要把扶植振兴原子能产业放在重要位置。政府应该在核反应堆设施、核燃料加工制造方面，通过技术研究、引进国外技术、提高生产效率等措施，完善具有国际竞争力的国产化原子能体制。

当时的通产省通过开发银行对原子能发电设备的购买、机械制造、燃料加工、实验证明用的设备等提供了长期低息贷款和融资。另外，1964 年 2 月 26 日，“原子能产业部会”又提出了在原子能发电成本较高的阶段，作为国家重要政策，应该大量投入财政资金，以此减轻企业的负担。在核燃料方面为了抵消高发电成本，制定了减免浓缩“铀”租赁费、收购过渡阶段的燃料余料费等诸多扶持政策。

另外，日本国内资源中缺少核发电中必不可少的铀，为了确保从海外进口“铀”，1968 年 3 月，综合能源调查会原子能部会提出了《关于确保核燃料的政策》的中间报告，报告认为“铀”的进口业务“应以民间企业为主”，但需要国家先采取扶植民间企业的做法。扶持民间企业的具体措施为建立国家资料信息网、从资金和技术上支持民间企业对产“铀”地区进行基础性调查、为采矿业者提供低息贷款、提供开发资金和债务担保，等等。

综上所述，通产省从发展原子能发电角度制定的一系列产业扶植政策，促进了更多的企业参与核电站建设，进而为此后原子能发电的兴起开辟了道路。

其五，积极引导电力公司建设核电站。在欧洲，1966 年经合组织（简称 OECD）发表了题为《能源政策——问题与目标》的报告，报告指出 70 年代初期，核发电基本上可以同煤炭火力发电竞争，70 年代后期可以与石油火力发电竞争”。受其影响，日本的原子能产业审议会和计划开发委员会发表了题为《对电力需求和原子能发电的展望》的报告，报告认为“在成本方面，国产核发电将在 1970 年最迟不超过 1975 年，与重油火力发电不相上下，甚至超过后者。”原子能发电的长期目标确定为：“到 1975 年达到 484 万千瓦，1985 年达到 4270 万千瓦，2000 年达到 16445 万千瓦”。根据该目标，日本核电占总发电量的比重将由 1975 年的 7%，提高到 1985 年的 27%，到 2000 年则要达到 47%。显然，当时包括日本在内的世界各主要发展原子能的国家对核发电的前景都持乐观的态度。

对原子能扶植政策的展开以及对核发电的乐观预期，使得日本诸多大企业都参与了到核电站的建设中。日本第一座核电站（东海一号）于 1961 年 6 月开工。1964 年，东京、关西、中部三大电力公司率先发表了建设核电站的计划。在其影响下，日本的四国、北海道、中国（以日本地区名命名的电力公司)、东北、九州等各电力公司也先后制定了原子能发展计划。之后，日本在2006年制定的《新国家能源安全战略》中，又明确提出了“核电立国战略”。

目前，日本原子能发电站中有55座机组正在工作、3座机组正在建设中、9座机组正在筹备建设中。在本次地震前，日本的核电占总电力供应的30%。然而，3月11日大地震引发的福岛核泄漏危机，将会引发人类对原子能安全的新一轮反思和担忧。

核能基地布局的安全考量与结构性缺陷

目前，日本所拥有的28个石油储备基地、21个核电站（共计55个发电机组，另有3个正在建设中、9个正在筹备建设的发电机组）、4个天然气储备基地，都分布在日本整个列岛沿岸（参见图8－4、图8－5、图8－6）。这种分布特点，有其在运营成本、占地规划、运输管理等方面的优势，但也存在布局、设计上的结构性缺陷。

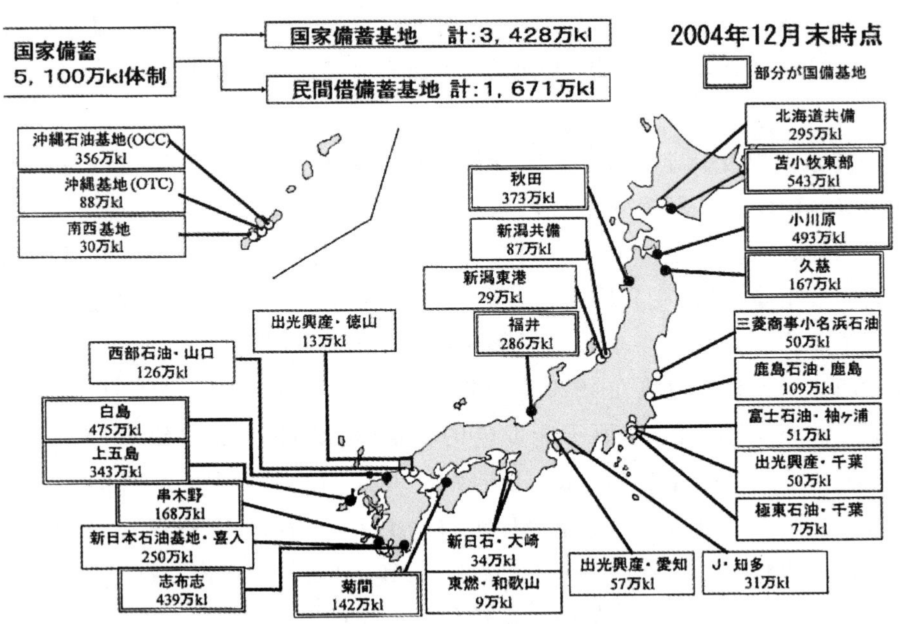

图8－4　日本石油储备基地分布示意图

一是对于石油、液化天然气储备基地而言，其布局理念在安全取向方面过于窄化。沿海布局的安全取向主要是基于为了规避和弱化“海外”的能源地缘政治动荡、能源海上运输通道受阻、能源生产国爆发战争等人为风险

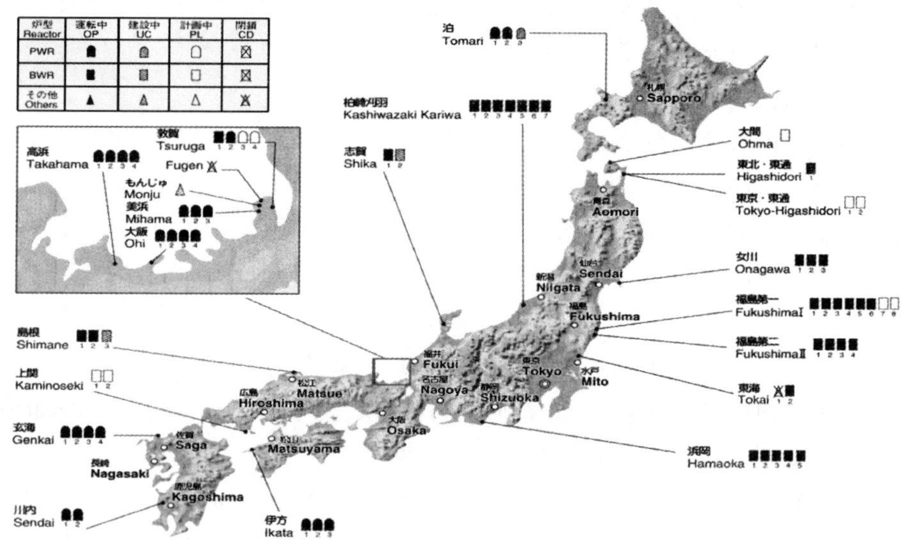

图 8－5　日本核电站分布示意图

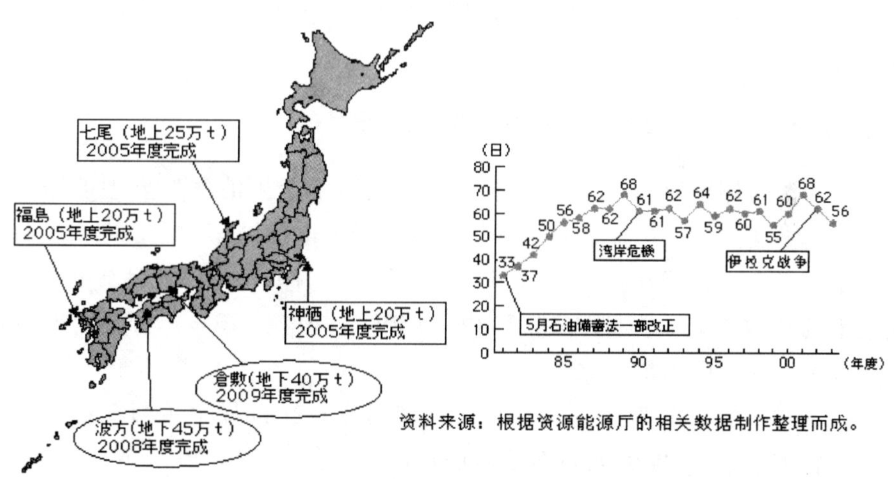

图 8－6　日本 LP 天燃气储备基地的分布示意图

因素进行建设的。而对石油基地本身以及国内能源基础环境遭受大地震、大海啸等因素危害的论证及其预防设计尚显不足。

二是对于核能发电站而言，其 64 座核发电机组分布在整个日本列岛沿岸，这一旦成为战争打击目标或遭到恐怖主义破坏，将给日本带来灾难性的后果。而且，日本核能基地大多建于 20 世纪 60～70 年代，由于在设计时虽然考虑到了地震、火灾等风险因素，但对大地震、大海啸、战争和恐怖活动等影响因素并未充分考量和论证。

对我国的启示：

一是中国石油储备基地在选址、建设和设计上，一定要综合考虑、统筹安排，做到沿海和内陆、东部和西部的协整性布局。在安全取向上做到既能规避和弱化海外能源供应链条的断裂风险，也能稀释和纾缓国内诸如火灾、大地震、大海啸等影响能源的风险因素。

二是中国核电站的布局和建设，必须要在确保安全的基础上，理性发展核能。当前，急需对现有4大石油储备基地（正在建设中的8个基地）、13座核发电机组的抗震强度、海啸预防、建设质量、设计要求等方面的安全标准进行重新评估，必要时要提高各项安全标准。

三是尽快规划、细化和完善针对由于地震、海啸、战争和恐怖活动所引发的核事故、核爆炸制定“事先预防管理”和“事后危机管理”的制度体系。如：人员疏散场所、疏散路线、疏散工具、后勤保障等方面的政策制定；以核电站为圆点半径20~80公里内的自然环境、社会环境的信息掌握制度，等等。

“核安全问题”上的记录篡改与事实隐瞒

在能源与环境双约束下，发展核能已成为了能源消费型大国的路径选择。目前，法、日、美、德是世界上主要核能发电的国家。上述四国，从发电机组数量而言，分别为58个、54个、104个、17个。从核能发电量占总发电量的比重而言，分别占到了80%、30%、20%、23%。可见，核电已成为日本重要的电力能源之一。

日本对核能安全非常重视，其安全技术水平在世界上可与法国并驾齐驱。尽管如此，在其核能的发展过程中，也发生多次核事故（参见图8-7）。

对日本的核事故报告件数中，若按照每台机平均计算的话，最多时的年份主要集中在1988年、1989年、1990年，为0.6件。从发展趋势上看，自1992年以后，渐次呈现下降趋势，最低的年份为0.2件，具体参见图8-8。

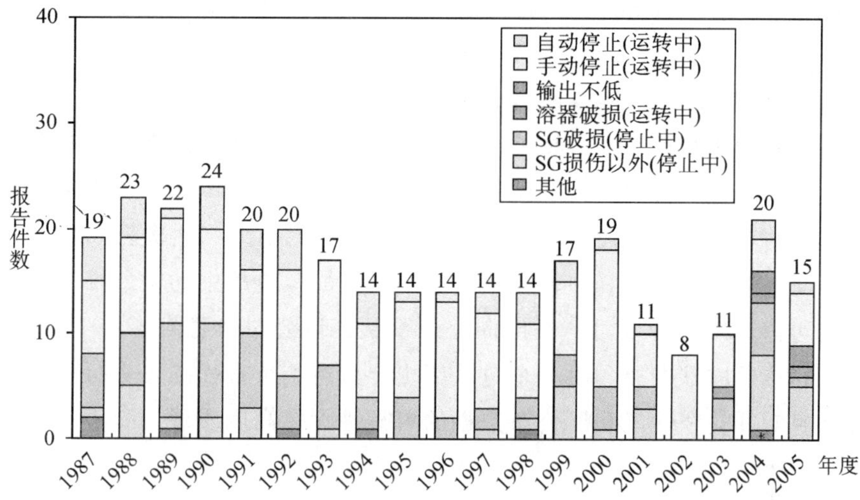

图 8－7 日本核能事故的报告件数及其类型

资料来源：根据日本原子能安全基础机构编发的《原子能设施运转管理年报》中的相关数据制作而成。

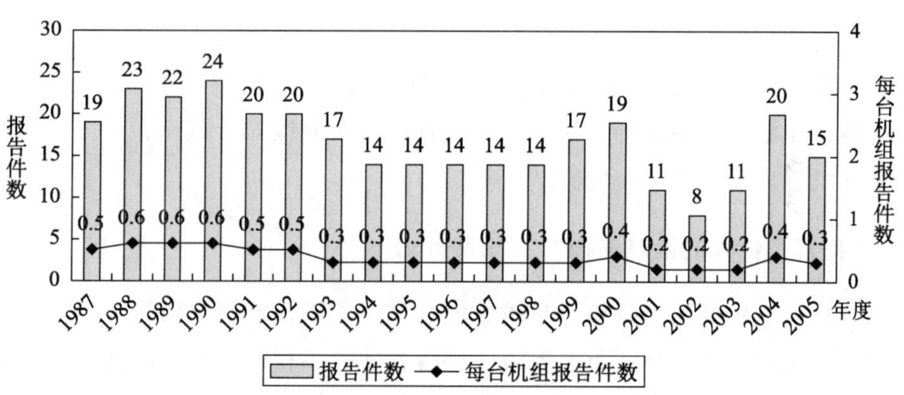

图 8－8 平均每台机组的核电事故报告件数

资料来源：根据原子能安全基础机构编发的《原子能设施运转管理年报》中相关数据制作而成。

必须指出的是，上述有关核事故的报告件数是各核电企业主动向政府和国民报告的件数。事实上，在日本就曾出现过有些核电站瞒报甚至篡改相关核数据的事例。如：2011 年 3·11 大地震中发生核泄漏的东京电力公司，曾在自主点检纪录、再循环配管系统安全检查、温度测定值以及原子炉容器检测等方面有过瞒报和篡改数据的事实。

东电在 1987～1995 年对下属核电厂进行维修和检查时，发现了一些反应堆管道有裂痕，但该公司未按规定向核安全管理部门报告，也没有及时检修。迫于外界的压力，2002 年东电被迫承认编造了多起虚假检查报告（约 100 名公司员工参与了篡改事件，公司董事长、社长等 5 名高管也相继辞职）。另外，2007 年 1 月，东京电力公司在向经济产业省提交的调查报告中承认，从 1977 年起，在对下属福岛第一核电站、福岛第二核电站和柏崎刈羽核电站的 13 座反应堆总计 199 次的定期检查中，存在 29 次篡改数据和隐瞒安全隐患的行为。这其中就包括造成本次福岛核事故中的紧急堆芯冷却系统失灵问题。2007 年 3 月，东电向公众承认，该公司曾隐瞒了 1978 年发生过严重的核反应堆事故。由于东电从历史上就有不负责任的卑劣行径，社会各界普遍对其安全性能和所公布数据的可靠性保持高度质疑。

福岛核危机“不是危机管理，而是管理的危机”

福岛核危机爆发后不久，国际社会以及诸多核能危机管理专家认为，日本政府和“东电”在应对核危机上明显缺乏决断力和执行力。日本内阁安全保障室原室长佐佐淳行的话指出，菅直人内阁的应对方式杂乱无章，“这不是危机管理而是管理的危机”①。

“掩耳盗铃式的遮遮掩掩”在规避什么

福岛核危机的初始阶段，日本政府和东电，不及时释放信息，发布暧昧信息、漏洞百出的解释、表态吞吞吐吐等做法，不仅没能够有效防止民众的恐慌心理，而且还让国际社会对此产生了很多猜疑。

福岛第一核电站 1 号机组发生爆炸后的很长一段时间内未对外公布。甚至就连政府高层都没能在第一时间了解现场的情况和及时掌握真实信息。而且，即使在 12 日下午 5 点 45 分，官房长官枝野幸男在向记者通报爆炸事件时，也未对危机进行详细说明，反而为了安抚民心，还一味强调“不能释放错误信息”。当晚 8 点多，不得已才对此次核危机做了详细说明。那么，

① 鞠辉：“日本政府在灾难面前陷入管理危机”，新华网，http://news.xinhuanet.com/world/2011-03/31/c_121247800_10.htm。

是什么原因让日本政府和东电不能尽早向公众说明事件真相并提供有价值信息的做法呢?

另外，日本政府、东电冒着危机升级的风险婉谢外国救援队进入核电站内部。而且，对福岛第一核电站核危机态势的解释前后矛盾、漏洞百出，所有这些怪相，是否孕育着福岛第一核电站内藏着不为人知的秘密呢?[①] 那么，又是什么原因让日本政府和东电表态吞吞吐吐、遮遮掩掩呢?

对此，日本著名记者岛津洋一，2011 年 4 月 6 日发表在美国《新美国媒体》上的一篇文章认为，“这也许正是一个绝密的核武器研发计划”。中国军事专家彭光谦 4 月 14 日对《环球时报》记者说，“不管日本核电站内是否藏有核武器，外国媒体的关注都表现了对日本的不信任，日本应该拿出切实有效的行动，给国际社会一个交代”。[②]

最后，通过日本政府和“东电”在此次核事故中的遮遮掩掩，也进一步暴露出了核电站在运营方式和监管机构之间存在严重问题。即：“负责福岛核电站运营的东京电力公司的顶头上司是日本经产省。而在日本负责核电站安全检查的部门是原子能安全和保安院，这个部门恰恰也直属日本经产省。这就形成了立项、项目运营、监督管理一体化的局面，自家监督管理自家运营的产业势必会更多地考虑部门和上层集团的利益，从而忽视国家利益。”[③]

政府在“核危机”管理中的决策“不给力”

日本的 21 座核电站是由民营企业在市场机制原则下负责经营管理，政府主要承担核能的发展规划、政策导向和监督管理等职能，基本属于“国策民营”发展模式。该模式在降低成本、利益分配、资金投入等方面有其优势。但是，在福岛核爆炸后，东电暴露出的“未能及时公布核泄露信息”、“核事故的定级偏低”、“动作迟缓、应对不力”、“对核事故淡化处理”等诸多弊端，直接影响到了公民安全和国家利益。

该模式出现上述弊端的主要原因可以归纳为：(1) 东电作为企业有其

---

① 陶短房：“日本记者提出猜测：福岛核电站内可能藏有核武器”，人民网，http://world.people.com.cn/GB/14396856.html。

② 陶短房：“日本记者提出猜测：福岛核电站内可能藏有核武器”，人民网，http://world.people.com.cn/GB/14396856.html。

③ 刘亚斌：“日本核电站在黑箱里运行 监督管理竟是一家”，中国网，http://www.china.com.cn/international/txt/2011-03/23/content_22202555.htm。

逐利属性一面，在处理核事故时，本能地会在“成本”和“安全”之间花时间进行平衡选择。（2）核电公司和监管部门之间容易形成“官企利益链”。在日本，东电与负责核电站安全检查的部门“原子能安全保安院”的行政主管同属于经济产业省。这在监管时，就势必会更多地考虑到部门和上层集团的利益，从而导致监管力度的弱化。事实上，在历史上东电也曾多次“隐瞒事实和提供虚假报告”。（3）利用信息不对称性，对福岛核事故进行“暧昧化”处理。日本政府的信息来源于东电，而东电提供的信息在一定程度上左右了日本政府的危机管理方式及其能力。

日本人在体制外的个人能力是很弱的，但是一旦形成体制或集团时的能力则是相当强大。日本在应对一般的火灾、地震时的应急管理水平是相当高的。然而，在重大的危机面前，往往由于缺乏有决断力的领导者，很难形成一个强有力的应对体制或团体（1995年的阪神大地震时，也是如此）。

日本政府和“东电”在应对福岛核危机时，由于既没有及时控制核事故的进一步升级，也未有效排除民众的恐慌情绪。这给包括日本在内的国际社会留下了“这不是危机管理而是管理的危机”的印象。

造成上述结果的原因主要是由于日本政府和东电在应对危机时“决断不给力”，其具体表现在：（1）菅直人内阁的应对管理混乱无序。曾一度出现“东电”、自卫队和警方这三方的职能划分不清、无序应对的局面。（2）制定紧急应对措施上不够决断、贻误时机。在危机管理初期，没能准确、果断地确定最佳的应急方案（是先通过引入海水为反应堆降温？还是先使用高压水枪喷射或用直升机抛洒水降温）。（3）在接受国外能源专家问题上犹豫不决、错过最佳时机。在是否接受国外核能专家问题上，经历“先沉默”——“再犹豫”——“最后求援”三个阶段，造成很多时间浪费。直到3月16号，日本才不得已向美国求援，这时距离核事故已过5天。

上述对我国的启示是：我国发展核电产业，绝对不能追求完全自由放任式的市场机制原则；亦不能持续停留在国家垄断经营上，而关键是要在“国家管制”和“市场机制”之间找到“安全”和“效率”的契合点和平衡点。

民众在“三大危局”中的“公序良俗”

2011年3月11日，日本东部发生的地震、海啸与核事故等三大危机的叠加效应，迫使日本进入战后以来最为严重的国家危机状态。然而，日本人在千年不遇的大灾面前，所表现出来的淡定自若、秩序井然、沉着冷静、有条不紊的“公序良俗”，被世界各国所关注和感佩。在感叹之余，还应该深度思考和理性分析日本人为何在灾难面前能够保持或维护社会的“公序良俗”？

（1）“自然灾害”让日本人必须携带“集团主义”基因。日本列岛不仅处在环太平洋造山带、火山带、地震带之上，还在欧亚板块和太平洋板块的交界处。因此，自古以来日本就不得不面对频繁发生的地震、火山、火灾、台风、海啸等灾害。当灾害侵袭之时，单个人的力量是渺小的，只有互助、合作、自律、协调才能求生存、谋发展，“集团主义”也自然地从中应运而生，“超越集体的价值决不会占统治地位”的思想也日臻完善和固化。

（2）“岛国环境”塑造了日本社会的“内组织化”。日本是四面环海、国土狭窄的岛国，长期生活在这种环境中的日本人，产生了一种过分强烈的自我认同感和缺乏包容性的个性心态，即强烈的民族凝聚力和狭隘的排他心理。这种“双重”性格，虽然在面临灾害时便于有序组织、凝聚共识、自律内敛，能够容易诠释和演绎“团结就是力量”，但另一方面也会形成孤傲、冷漠、自私、狭隘的“小集团主义”。

无论“自然灾害”还是“岛国环境”，对日本而言，都是无法规避的、不能改变的“刚性约束”条件。也正因如此，日本人才具有了强烈集团归属感。在他们看来，集体就是获取安全感的重要保障。在现实社会中，日本人不仅对于他人的异样眼光特别敏感，而且对于被集体隔离或疏远更感恐惧。人们甚至将疏远、隔离一个人作为惩罚措施。在日本古代农村社会中存在过一种叫“村八分”的制度，即全体村民对于违反生活秩序的人一致采取绝交行为。虽然已经废除该制度，但这种思维习惯却作为日本的一种文化基因存续至今。

（3）“教育培养”让日本人从小就具备了“公共道德意识”和“灾害应对技能”。日本人在灾害面前所表现出的“公序良俗”也得益于从小受到的“秩序教育”、“灾害教育”和“公共道德教育”。在日本的教育中，没有唱高调的、抽象性的说教，而是进行具体的、实在化的教育。特别是在公共空间的教育方面，从小就把“什么该做，什么不该做，在什么场合该做什么，在什么场合不该做什么”作为重点，培养和教育学生。在日本，一旦你不遵守公共秩序就会被他人用异样的眼光看待甚至被集体排斥出局。

（4）“模拟训练”预先为日本人提供了良好的“心理准备”与“秩序

演练”。日本人在地震中之所以能够保持良好的秩序，跟消防厅等相关部门对公众进行的日常训练、演习也是密不可分的。在日本，消防部门会定期、不定期地与学校、公司等部门开展联络工作并进行模拟演习训练。日本国民通过不断地演练、培训和教育，掌握了为预备地震应该准备什么、地震来临时应该做什么等常识，这为日本人面对大灾却能做到淡定自若、从容应对也提供了良好的精神准备与秩序演练。

（5）“防灾体系”成为日本人面对灾害时的一个“安定剂”。日本在与自然灾害抗争中，制定和颁布了许多灾害应对措施。1961年颁布的《灾害对策基本法》是日本应对灾害的根本大法。以该法为基础，日本从中央到地方又先后制定了《应对重大灾害特别财政援助法》、《防灾基本计划》、《地震保险法》、《关于支付灾害抚恤金的法律》、《活动火山对策特别措置法》、《石油等灾害防止法》、《大规模地震对策特别措置法》、《城市公园实施令》、《地震防灾特别措施法》、《大规模地震对策特别措施法》、《灾民生活重建援助法》、《核灾害对策特别措施法》等。上述措施，构成了具有“防火墙”功能的一整套防灾应对体系。

在战后发生的自然灾害中，由于上述防灾体系法都发挥了重要作用。因此，在此次大地震发生后的初期，在日本社会中确实起到了“安定剂”作用，日本人也表现出了与平时发生灾害时相同的“淡定”、“自律”和“有序”。但是由于“三大危机”的破坏程度远远超出了常人想象，特别是“福岛核危机”的影响，在短时间内并未得到有效治理和改观，这就突破了有些民众的忍耐、自律的底线，愤怒、不满、恐慌等情绪开始不断凸显，甚至发生了多起抢掠和盗窃事件。这些无疑给日本在地震中的“公序良俗”添了一抹涂鸦。

综上所述，日本国民在这次“三大危机”中表现出的“公序良俗”并非偶然，亦非与生俱来的本能，而是一个在与自然灾害不断抗争的过程中，通过教育、培训和制度等手段所形成的历史积淀。

另外，还应该理性认识到，日本民族所持守的“有序”、“协作”、“淡定”、“从众而非张扬个性”、“集体至上”等特点，是一把“双刃剑”。一方面，在灾害面前可以折射出良好的“公序良俗”，能够受到国际社会的普遍赞誉。但另一方面，在“集团主义”支配下，也会压抑人性、埋没个性，而且一旦被非理性、不正确的价值取向所引领时，就会失去“辨别是非”的能力，从而则表现出冷漠、残酷的特性，在战争期间将容易导致“集体无意识”的“盲从”。

日本“核危机”能否殷鉴全人类

人类发明原子弹并非是一蹴而就的创意，而是在一个漫长过程中经过几十万人的不断努力的历史积淀。原子弹（nuclear weapon）是利用核反应的光热辐射、冲击波和感生放射性造成杀伤和破坏作用，以及造成大面积放射性污染，阻止对方军事行动以达到战略目的的大杀伤力武器。主要包括裂变武器（第一代核武，通常称为原子弹）和聚变武器（亦称为氢弹，分为两级及三级式）。亦有些还在武器内部放入具有感生放射的轻元素，以增大辐射强度扩大污染，或加强中子放射以杀伤人员（如中子弹）。① 世界上第一颗原子弹的爆炸试验是1945年7月16日在美国新墨西哥州的阿拉莫可德沙漠中进行的。

核武器作为人类的“无情杀手”，在其另一面也被人类和平利用。目前，核电与水电、火电一起构成能源的三大支柱，在世界能源结构中占有重要地位。截至2009年，世界各国核电站总发电量的比重平均为17%，核发电量超过30%的国家和地区至少有16个，美国有104座核电站在运行，占其总发电量的20%；法国59台核电机组，占其总发电量的80%。日本有55座核电机组，占总发电量的30%。②

人类核事故“几时能休”

能让人类毁灭上千次的“核怪兽”的安全使用问题是全球生灵共同面对的重大课题。近日来，源于日本的爆炸、核泄漏、堆芯熔毁、核辐射等词汇不绝于耳，海啸致使日本福岛核电站告急，核电机组相继爆炸的消息让人惊慌。福岛“核危机”再次证明了“核能安全”已不再是局限于某一国或某一区域范围内的单独命题，而是全世界需要深度思考的共同问题。

尽管全世界的核专家反复强调，“核能”是可控的、是安全的、是可以

① 《原子弹》，百度百科网，http：//baike. baidu. com/view/3107. htm#sub3107。

② 刘慧：“核电：中国改善能源结构最优选择”，腾讯网，http：//news. qq. com/a/20091103/001888. htm。

利用的。但是，一次又一次的核事故（参见表 8－2），从现实角度不断证明“核能”仍处于人类未完全掌握的范围之内，“谈核色变”似乎要成为了人类一个永恒的、抹不去的沉痛话题。

表 8－2　　人类至今发生的“核事故”一览表

核事故爆发时间	核事故爆发地点及影响程度
1957 年 9 月 29 日	前苏联乌拉尔山中的秘密核工厂“车里雅宾斯克 65 号”一个装有核废料的仓库发生大爆炸，迫使当局紧急撤走当地 11000 名居民
1957 年 10 月 7 日	英国东北岸的温德斯凯尔一个核反应堆发生火灾，这次事故产生的放射性物质污染了英国全境，至少有 39 人患癌症死亡
1961 年 1 月 3 日	美国爱荷华州一座实验室里的核反应堆发生爆炸，当场炸死 3 名工人
1966 年 1 月 17 日	帕利马雷斯氢弹事故。在西班牙海岸上空进行加油时，美国一架 B－52 轰炸机与 KC－135 加油机发生相撞。撞击之后，加油机彻底毁坏，B－52 轰炸机惨遭解体，所携带的 4 枚氢弹“逃离”破裂的机身。其中两枚氢弹的“非核武器”撞地时发生爆炸，致使约合 2 平方公里的区域被放射性钚污染。搜寻人员在地中海发现了其中一个装置
1967 年夏天	前苏联“车里雅宾斯克 65 号”用于储存核废料的“卡拉察湖”干枯，结果风将许多放射性微粒子吹往各地，当局不得不撤走了 9000 名居民
1968 年 1 月 21 日	图勒核事故。由于舱内起火，美国一架 B－52 轰炸机的机组人员被迫作出弃机决定，在此之前，他们本可以进行紧急迫降。B－52 轰炸机最后撞上格陵兰图勒空军基地附近的海冰，所携带的核武器破裂，致使放射性污染物大面积扩散
1970 年 12 月 18 日	加卡平地核事故。在巴纳贝利核实验过程中，美国内华达州加卡平地地下一万吨级当量核装置发生爆炸，实验之后，封闭表面轴的插栓失灵，导致放射性残骸泄漏到空气中。现场的 6 名工作人员受到核辐射
1971 年 11 月 9 日	美国明尼苏达州“北方州电力公司”的一座核反应堆的废水储存设施发生超库存事件，结果导致 5000 加仑放射性废水流入密西西比河，其中一些水甚至流入圣保罗的城市饮水系统
1979 年 3 月 28 日	美国三里岛核反应堆因为机械故障和人为的失误而使冷却水和放射性颗粒外逸，但没有人员伤亡报告
1979 年 8 月 7 日	美国田纳西州浓缩铀外泄，导致 1000 人受伤
1985 年 8 月 10 日	K－431 核潜艇事故在符拉迪沃斯托克补充燃料过程中，E－2 级 K－431 核潜艇发生爆炸，放射性气体云进入空中。10 名水兵在这起核事故中丧命，另有 49 人遭受放射性损伤

续表

核事故爆发时间	核事故爆发地点及影响程度
1986 年 1 月 6 日	美国俄克拉荷马州一座核电站因错误加热发生爆炸，造成 1 名工人死亡，100 人住院
1986 年 4 月 26 日	前苏联切尔诺贝利核电站发生大爆炸，其放射性云团直抵西欧，造成约八千人死于辐射导致的各种疾病
1993 年 4 月 6 日	托木斯克 -7 核爆炸。这起发生在西伯利亚托木斯克的核事故是硝酸清洗容器时发生爆炸导致的。爆炸致使托木斯克 -7 的回收处理设施释放出一个放射性气体云团
1999 年 9 月 30 日	东海村核事故。发生在东京东北部东海村铀回收处理设施的核事故是日本历史上最为严重的核灾难。事故发生时，工人们正在混合液体铀
1998 年到 2002 年	印度在四年间核电站共发生了 6 次核泄漏事故
2003 年 12 月 29 日	韩国荣光核电厂 5 号机组发生核泄漏事故
2004 年 8 月 9 日	日本中部福井县美滨核电站再次发生蒸汽泄漏事故，导致 4 人死亡，7 人受伤
2005 年 5 月	英国塞拉菲尔德核电站的热氧再处理电厂因发生放射性液体泄漏事件被迫关闭
2011 年 3 月 13 日	福岛县政府 13 日发布消息称，新确认有 19 名从福岛第一核电站方圆 3 公里撤离的人员遭到核辐射，已确认遭核辐射的人数由此上升至 22 人

资料来源：《历史上的核事故》，搜狐网，http：//health. sohu. com/20110315/n304364763. shtml；《核事故》，互动百科，http：//www. hudong. com/wiki/% E6% A0% B8% E4% BA% 8B% E6% 95% 85。

期盼永远锁住“核怪兽”

1986 年 4 月 26 日凌晨，前苏联乌克兰加盟共和国首府基辅以北 130 公里处的切尔诺贝利核电站发生猛烈爆炸，反应堆机房的建筑遭到毁坏，同时发生了火灾，反应堆内的放射性物质大量外泄，周围环境受到严重污染，造成了人类“核电”史上迄今为止最严重的事故。

造成该事故的主要原因是人为所致。事故发生的前一天，切尔诺贝利核电站第 4 号反应堆的工作人员违反操作规程连续切断反应堆的电源，使主要冷却系统停止工作。于是堆芯温度迅速升高，造成氢气过浓，以至 26 日凌晨发生猛烈爆炸，爆炸引起机房起火，浓烟使人呼吸困难，放射性物质不断外溢。①

核电站发生事故后，大量放射尘埃污染到北欧、东西欧部分国家，瑞典、丹麦、芬兰以及欧洲共同体于 4 月 29 日向前苏联政府提出强烈抗议。据前苏联官方公布，这起事故造成的直接经济损失达20 亿卢布（约合29 亿美元），如果把苏联在旅游、外贸和农业方面的损失合在一起，可能达到数千亿美元。同时，在核事故的危害下有 33 人死亡，300 多人因受到严重辐射先后被送入医院抢救，有更多的人受到不同程度的辐射污染。为了防止进一步的辐射，当局将 28 万多人疏散到了辐射区以外。

另外，也有一组数据更能说明核爆炸的严重影响。如：绿色和平组织称切尔诺贝利核泄漏危害被低估 10 倍；专家称消除切尔诺贝利核泄事故漏后遗症需 800 年；一项建立在白俄罗斯国家科学院研究成果基础上的报告说，全球共有 20 亿人口受切尔诺贝利事故影响。②

不断发生的“核事故”也许真的证明了德国著名哲学家黑格尔的一句话“人类从历史学中学到的最大教训，就是人类没有从历史学中学到教训”。面对人类无法永恒“锁住”的核事故，我们不禁要问，日本福岛“核事故”真的能成为人类“借镜”吗？人类的清洁能源——“核能”能否永远都不会成为人类的“自毁武器”？

① 《核事故》，互动百科，http：//www. hudong. com/wiki/%E6%A0%B8%E4%BA%8B%E6%95%85。

② 《历史上的核事故》，搜狐网，http：//health. sohu. com/20110315/n304364763. shtml

参考文献

鲁思·本尼迪克特著，吕万和等译：《菊与刀——日本文化的类型》，商务印书馆 1990 年版。

新渡户稻造著，张俊彦译：《武士道》，商务印书馆 1993 年版。

吴廷璆等：《日本史》，南开大学出版社 1994 年版。

李卓：《中日家族制度比较研究》，人民出版社 2004 年版。

铃木范久著，牛建科译：《宗教与日本社会》，中华书局 2005 年版。

中村熊二郎著．孙彬译：《日本文化中的罪与恶》，北京大学出版社 2005 年版。

土居健郎著，阎小妹译：《日本人的心理结构》，商务印书馆 2006 年版。

辜鸿铭著，陈高华等译：《中国人的精神》，陕西师范大学出版社 2007 年版。

张玉来：《丰田公司企业创新研究——兼论日本汽车产业发展模式》，天津人民出版社 2007 年版。

高柳光寿．日本文化研究 8：武士道，新潮社，1960 年．

大野耐一．トヨタ生産方式——脱規模の経営をめざして，ダイヤモンド社，1978 年．

山折哲雄．日本人の霊魂観，河出書房新社，1994 年．

根本橘夫．心配性の心理学，講談社，1996 年．

生月誠．不安の心理学，講談社，1996 年．

藤本隆宏．生産マネジメント入門（全 2 冊），日本経済新聞社，2001 年．

日野三十四．トヨタ経営システムの研究——永続的成長の原理，ダイヤモンド社，2002 年.

藤本隆宏．能力構築競争－日本の自動車産業なぜ強いのかー，中央公論新社，2003 年.

週刊東洋経済，2011 年 3 月 26 日号.

週刊東洋経済，2011 年 4 月 2 日号.

週刊東洋経済，2011 年 4 月 16 日号.

日経ビジネス，2011 年 4 月 11 日号.

週刊エコノミスト，2011 年 4 月 5 日号.

週刊エコノミスト，2011 年 4 月 19 日号.

週刊ダイヤモンド，2011 年 4 月 2 日号.

週刊ダイヤモンド，2011 年 4 月 9 日号.

週刊ダイヤモンド，2011 年 4 月 16 日号.

週刊現代，2011 年 4 月 9 日号.

週刊現代，2011 年 4 月 23 日号.

FRIDAY，2011 年 4 月 15 日号.

SAPIO，2011 年 3 月 30 日号.

FLAS，2011 年 4 月 12 日号.

東洋経済，http：//www. toyokeizai. net/

日本経済新聞，http：//www. nikkei. com/

週刊ダイヤモンド，http：//diamond. jp/list/dw

読売新聞 ONLINE，http：//www. yomiuri. co. jp/

日本ビジネスプレス，http：//jbpress. ismedia. jp/

msn－産経ニュース，http：//jp. msn. com/？ ocid = hmlogout

朝日新聞社の速報にユースサイト，http：//www. asahi. com/

Tech－On！技術者を応援する情報サイト，http：//techon. nikkeibp. co. jp/

后　记

3·11大地震既重创了整个日本列岛，同时也对全球产生了深远影响。在本书的写作过程中，作为长期研究日本的笔者们也产生了诸多前所未有的深深感触：一个风景如画的美丽岛国，瞬间就变得残垣断壁、满目疮痍；一个世界先进技术的引领者和受益者，既承受了核打击的最惨痛历史经历，又面对着核危机最严酷的现实考验；一个全球化时代的今天，“蝴蝶效应”竟让此次大地震放大了数倍而深深影响着整个世界……

虽然上述感受也渗透在全书的字里行间，但我们深感还远不到淋漓尽致的境地。这不仅为我们今后的研究提出了新的任务，同时，这种遗憾也恰恰在激励和鞭策着我们不断前行。由于时间以及笔者能力等原因，本书难免会有疏漏或错误之处，在此还恳请诸位读者及学界同仁给予批评指正。

作为一项合作研究成果，本书浸透了诸位笔者及指导者的心血。全书各部分的撰写者是：张玉来：引言、第五、第六部分；乔林生：第一部分；刘轩：第二部分；张博：第三部分；郑蔚：第四部分；温娟：第七部分；尹晓亮：第八部分。同时，张玉来还负责全书稿的结构与内容的创意设计及修改与统稿工作，乔林生参与了全书稿的结构与内容的创意设计及审稿工作，刘轩参与了全书稿的结构与内容的创意设计工作。

在全书写作过程中，得到了南开大学日本研究院李卓院长、宋志勇副院长的大力支持和诸多指导。杨栋梁教授、莽景石教授、赵德宇教授、刘岳兵教授、王蕾副教授、臧佩红副教授、刘志强博士等，都对本书写作给予了指导和极大帮助。在此，谨向诸位领导和先生表示最诚挚的谢意。

这里，最需特别感谢的是中国财政经济出版社周桂元编审，他作为本书的核心策划者，为本书的创意、设计、创作、编辑、出版等付出了极大辛苦。出版社的领导和其他有关同志为本书出版给予了极大支持。在此，谨向中国财政经济出版社及诸位先生致以最衷心的谢忱！

著者

2011年4月27日